污灌区盐渍化农田汞污染及安全利用

WUGUANQU YANZIHUA NONGTIAN GONG WURAN JI ANQUAN LIYONG

郑顺安　杜兆林　倪润祥 等/ 著

中国环境出版集团・北京

图书在版编目（CIP）数据

污灌区盐渍化农田汞污染及安全利用/郑顺安等著.
—北京：中国环境出版集团，2020.7

ISBN 978-7-5111-4364-8

Ⅰ. ①污… Ⅱ. ①郑… Ⅲ. ①汞污染—农田污染—
研究 Ⅳ. ①X53

中国版本图书馆 CIP 数据核字（2020）第 118473 号

出 版 人　武德凯
策划编辑　丁莞歆
责任编辑　张秋辰
责任校对　任　丽
封面设计　岳　帅

出版发行　中国环境出版集团
（100062　北京市东城区广渠门内大街 16 号）
网　　址：http://www.cesp.com.cn
电子邮箱：bjgl@cesp.com.cn
联系电话：010-67112765（编辑管理部）
010-67175507（第六分社）
发行热线：010-67125803，010-67113405（传真）
印　　刷　北京中科印刷有限公司
经　　销　各地新华书店
版　　次　2020 年 7 月第 1 版
印　　次　2020 年 7 月第 1 次印刷
开　　本　787×1092　1/16
印　　张　17.25
字　　数　370 千字
定　　价　68.00 元

本书著者

主要著者： 郑顺安　杜兆林　倪润祥

参与著者： 郑向群　师荣光　吴泽嬴　李晓华

尹建锋　周　玮　邢可霞　贾　涛

李欣欣　鲁天宇　赵雅楠　马建忠

前 言

污水经过处理后作为灌溉的替代水源对缓解我国农业水资源危机具有重要意义，但在缓解农业灌溉用水不足的同时，污水中难以去除的有毒重金属和盐分等也随之进入土壤，对土壤环境和地下水安全构成威胁。第二次全国污灌区环境质量普查报告显示，受重金属污染的土壤面积占污灌区总面积的 64.8%，其中，汞是污染面积最大的重金属之一。汞及其化合物，特别是甲基汞，具有很强的生物毒性、较快的生物富集放大倍率和较长的脑器官生物半衰期，即使只有很低的浓度，也可经食物链被浓缩放大。与其他重金属相比，汞还具有很强的挥发性，会对大气、水、土壤及农产品等造成严重污染，直接威胁人体健康。

天津污灌区的污灌历史超过 50 年，是具有代表性的北方典型污灌区之一，同时也是土壤汞污染的重灾区之一。根据 1999 年的调查，在当时天津市典型污灌区的采样区域中，有 78%的区域土壤汞超出轻度污染水平，其中，重度污染为 33%，严重污染为 11%，污灌区土壤汞的最大含量超过背景值近 20 倍，部分农作物中的汞含量远超国家食品卫生标准。同时，天津市盐渍化农田的土壤面积占耕地面积的 54.4%，这还不包括重度盐渍化的盐田和滨海滩涂。污灌区土壤汞污染直接威胁着当地的农产品安全和人类健康，而日趋严重的盐渍化趋势可能会引起土壤汞形态的转变并向水体和大气释放，从而加剧汞污染的危害并增加其防治难度，进而影响当地土壤的生物有效性并产生毒害。因此，深入研究污灌区盐渍化土壤中汞的形态转化、释放规律，开展典型污灌区农田土壤汞污染健康评价及安全利用，对合理开发利用土地资源、开展污灌区盐渍化农田汞污染防治具有重要意义。

本课题组在国家自然科学基金项目（41203084、41371463）和国家重点研发计划资助项目（2017YFD0801401、2017YFD0801205）的支持下，于2012—2018年针对盐渍化农田汞的环境化学行为开展了大量相关研究。在这些研究的基础上，结合对国内外大量相关文献的分析完成了本书的撰写。全书共分10章，在全面分析我国农田污水灌溉、盐渍化土壤、土壤与农产品汞污染现状的基础上，选择具有代表性的天津市污灌区，开展了土壤盐渍化单因子及综合敏感性评价，得出天津市土壤盐渍化敏感性分级空间格局，重点研究了盐分累积对土壤汞的赋存形态、吸附行为、甲基化、释放通量的影响，并结合天津市典型污灌区农田土壤污染调查，开展了污灌区稻田汞污染健康风险评价。在综述农艺调控、生物修复、化学修复和联合修复等汞污染农田安全利用技术的基础上，基于课题组的研究成果，书中提出了汞污染农田安全利用和农艺调控的措施。此外，还从农产品质量安全的角度研究了秸秆还田对水稻汞吸收的影响。本书可供农业环境保护、农业资源高效利用等有关领域的科技工作者、大专院校师生及企事业单位相关人员阅读和使用。

作者在开展相关研究及撰写本书的过程中，得到了农业农村部农业生态与资源保护总站、农业农村部环境保护科研监测所、北京农林科学院、农业农村部规划设计院、中国环境科学研究院等单位的相关领导和研究人员的大力支持，在此表示衷心感谢。

由于作者水平有限，书中缺漏在所难免，希望读者批评指正。

郑顺安

2020年1月31日

目 录

第1章　我国农田污水灌溉历史与现状

我国是一个水资源十分短缺的国家，总量短缺、水资源时空分布不均等农业用水问题是制约农业可持续发展的重要因素。根据《2018中国统计年鉴》数据[1]，我国耕地灌溉面积从改革开放之初（1978年）的4 496.50万hm^2增长到2017年的6 781.56万hm^2，平均每年新增0.86%，而农业用水比例则从2000年的68.8%下降到2017年的62.3%。我国农业用水被严重挤占。另外，随着人口增长、经济发展、城市化进程的加快，水污染造成的水质性缺水越来越严重，农业用水的挑战更加严峻。在供水不足和地表、地下水污染加剧的双重压力之下，清洁的农业灌溉水源成为很多地区的奢望。为了保障农产品产量、弥补水资源不足的缺陷，农业生产者和研究人员开始尝试污水灌溉，尤其在北方地区，污水已成为农业灌溉用水的重要来源。

1.1　我国农田污水灌溉的发展

污水灌溉是指引用工业废水或城市污水灌溉农田、林地或草场，简称污灌[2]。污水经处理达到标准后，可以直接灌溉甚至补充地下水。然而在很多情况下，受区域气候条件、经济发展、技术和管理水平等因素的限制，污水灌溉也是无奈之举。纵观历史，可大致将我国农田污水灌溉分为五个阶段：自发阶段、备受重视阶段、谨慎发展阶段[2]、逐步规范阶段、规范发展阶段。

1.1.1　自发阶段（1949—1957年）

我国古代早有利用人畜粪尿积肥施肥和用生活污水灌溉的传统。近代以来，随着城市生活污水和工业废水的增加，部分城市周边农民零星地引用城市污水和工业废水灌溉农田。新中国成立以后，尤其是1955年以后，污水灌溉迅速发展。到1957年，全国污水灌溉面积已达到17.3万亩（编辑注：1亩=1/15 hm^2），占全国有效面积的0.04%。这一时期污水灌溉的面积呈不断扩大的趋势，主要有六个方面的原因。

一是工业化和城市化快速推进导致城市污水和工业废水的产生量和排放量迅速增长，工业用水量增长导致农业用水不足，特别是在干旱时期，工农业争水现象尤为突出。为了节约用水、发展农业，污水灌溉成为解决工农业用水矛盾的途径之一。

二是城市污水和工业废水处理设施配套滞后。直到1957年6月国务院发布《关于注意处理工矿企业排出有毒废水、废气问题的通知》，工业生产产生的废水才得到一定程度的处理。当时的废水处理设施大部分比较简陋，处理效果也很差，而绝大部分废水未经处理直接排入水体。在灌溉水源被集中倾入大量未加处理的工业废水和城市污水的情况下，用污水灌溉农田成为农民保障农业生产的无奈选择。

三是群众积肥运动的兴起。1956年1月，农业部发布的《1956年到1967年全国农业发展纲要（草案）》指出，实现农业增产的措施之一是“积极利用一切可能条件开辟肥料来源，改进使用肥料的方法”。在类似政策的推动下，很多地区将污水作为重要的肥料来源之一。

四是污水灌溉收益显著。城市污水中有含量较高的氮（N）、磷（P）、钾（K），致使污水灌溉初期农业普遍收益提高。例如，成都市从1957年开始在东郊工业区附近利用城市污水做灌溉田试验，统计结果显示，小麦增产40%～170%，水稻增产8%～67%，胡豆增产37%～78%，油菜籽增产11%，莲花白增产67%。污水灌溉带来的增收促使农民不断扩大污灌面积。

五是废物“综合利用”方针的确立。1951年，在毛泽东主席的号召下，全国掀起了增产节约运动。为节约资源，1956年我国政府又确定了废物“综合利用”的方针，重点包括“三废”（废水、废气和固体废物）的综合利用。这一方针的确立在一定程度上推动了污水灌溉的发展。

六是中央政府开始关注和提倡污水灌溉。1955年12月3日，农业部在《关于各地城镇粪便、垃圾及其他杂肥利用情况和意见》中指出，“城市污水含有一定肥分，也应提倡利用，灌溉近郊菜园农田，北京市试用效果良好，较清水灌溉增产15%左右。”1957年年初，建筑工程部在《工业企业和居住区外部给水排水工程设计规范（草案）》中曾规定，“污水处理方法的选择应结合当地具体情况，优先考虑利用污水灌溉农田的可能性和合理性。”中央政府对污水灌溉的提倡，将农田污水灌溉推向了新的高度。

1.1.2 备受重视阶段（1958—1966年）

1958—1966年是我国农田污水灌溉备受重视和提倡的阶段，也是发展最快的时期。然而，污水灌溉导致的环境问题也迅速凸显。这一时期，污水灌溉被认为是生活污水和工业废水治理的重要方式，从中央到地方均采取了一系列有关污水灌溉的宣传、推广和发展举措，主要表现在五个方面。

一是召开污水灌溉经验交流总结会。1958年10月，建筑工程部在济南、北京两地召开了全国城市污水灌溉农田现场会议。这次会议后，城市污水的处理研究方向从灌溉农田转向污水污泥的综合利用。1959年11—12月，建筑工程部、农业部、卫生部在武汉联合召开了全国工业废水处理和污水综合利用现场会议，会议认为“工业废水的处理，不仅有很大的经济意义，同时也是一项政治任务”，还要求工业废水治理应采取“变有害为无害，充分利用”的污水处理方式，并遵循“就地回收、因地制宜、适当处理、充分利用”的基本方针。1963年12月，中国土木工程学会市政工程委员会在长沙召开了污水灌溉学术会议，进一步明确了“利用城市污水灌溉农田，是城市直接支援农业的工作之一，不仅可以使农业增产，同时对污水也起到一定程度的净化作用”。这一时期的一系列会议不仅总结交流了污水灌溉的经验，还将污水灌溉视为工业支援农业、城市支援农村、综合利用废物、治理工业废水和节约农业生产成本等的重要方式，对推广和发展污水灌溉具有巨大的推动作用。

二是自上而下开展污水灌溉科学研究。1958—1960年，有关污水灌溉的科学研究连续三年被列为国家重点研究项目。同时，中央积极号召地方省市开展相关研究。例如，1958年3月，建筑工程部要求各省（区、市）人民委员会根据当地条件对利用城市污水灌溉农田开展试验研究。1958年，农业部召开的“终年利用城市污水及工业废水灌溉农田的研究”领导中心组会议在推动地方开展污水灌溉研究上发挥了重要作用。

三是兴建大量污水灌溉工程。这一时期，北京、天津、抚顺、沈阳、西安、长春、太原等城市兴建了一批专门的污水灌溉工程。其中，代表性的污水灌溉工程有北京高碑店污水处理厂、沈（阳）抚（顺）污水灌溉渠和天津清污分流工程。

四是成立与污水灌溉相关的组织领导机构。这一时期，北京、上海、黑龙江、天津、新疆、鞍山、包头、哈尔滨、齐齐哈尔、南京等地成立了负责组织协调各种与“三废”相关的研究、处理和综合利用工作的组织领导机构。这些机构的设立在一定程度上增强了污水灌溉的组织性。

五是大力宣传污水灌溉。这一时期，为了推广污水灌溉，我国政府开展了大力宣传。从1958年到“文化大革命”（以下简称“文革”）前夕，《人民日报》共刊载32篇宣传污水灌溉的报道，从而对其快速发展起到了推波助澜的作用。据不完全统计，全国污水灌溉农田的面积到1958年增长到20多万亩，到1963年已超过63万亩（占全国有效灌溉面积的比重超过0.14%）；全国开展污水灌溉的城市由1958年的28个增加至1963年年初的43个。

1.1.3　谨慎发展阶段（1967—1972年）

“文革”初期，政治经济秩序混乱，城市对污水灌溉的管理基本处于瘫痪状态，几乎从政府的视野中消失。1969年以后，政治局势相对稳定，污水灌溉又得到提倡。20世纪70年代初，在周恩来总理的推动下，我国政府开始有意识地开展环境保护，人们的环保意识开始觉醒，对待污水灌溉的态度也随之发生重大转变。

一是污水灌溉再次被提倡，同时其污染问题也显现出来。1969年年初编制的《一九六九年国民经济计划纲要（草案）》中提出了“利用污水，增加农田灌溉”的要求。这一时期，为了治理水污染和发展灌溉，齐齐哈尔、长春、上海、西安等地又兴建了一批与污水灌溉相关的水利工程。经过发展，这一时期我国污水灌溉的面积达到140多万亩，占全国有效灌溉面积的比重超过0.24%。但是，随着污水灌溉的长期开展和面积的扩大，其污染问题也逐步凸显，主要表现为污灌区普遍出现了水源污染、土壤破坏、作物死亡和农产品质量下降等问题。例如，北京市石景山人民公社将“首钢”含酚废水与永定河水混合后灌溉农田，导致灌区浅层地下水水质恶化、水味变苦、色泽微黄、细菌数目增高等。

二是我国政府的环保意识觉醒，污水灌溉方针开始转变。“文革”期间，我国环境问题凸显，引起了周恩来总理的关注，在其讲话中曾23次提到环境保护问题。1972年，我国政府派代表参加了联合国第一次人类环境会议。在此之后，我国政府开始关注经济建设中的环境保护问题，环保意识开始觉醒，随之悄然改变的还有人们对污水灌溉的态度。在1972年召开的城市污水灌溉农田经验交流座谈会上，有与会者提出“污水灌溉实际上是一种毒害转嫁”，主张停止污水灌溉。继续还是停止，是此次会议激烈争论的议题。虽然，会议最终主张继续推广污水灌溉，但在总结报告中又明确指出，污水灌溉应遵循“保护环境、造福人民”的方针，对工业废水灌溉农田也应该采取“积极而谨慎的态度，积极处理污水，慎重实行污水灌溉”，要求已经利用污水灌溉的城市开展污灌农田的水源、土壤、作物污染普查，在保证不污染的条件下逐步扩大污水灌溉面积。从“变有害为无害，充分利用”到“积极慎重”，这一时期我国污水灌溉的方针发生了一次重大转变。

1.1.4　逐步规范阶段（1972—1998年）

1972年以后，因城市和工业废水排放量迅速增加，我国农田污水灌溉得到快速发展，面积迅速扩大。全国第二次污灌区农业环境质量普查统计结果表明，1979年我国污水灌溉面积仅为33.33万hm^2，到1998年已经达到361.84万hm^2。大部分废水和污水未经处理直接用于灌溉，造成部分农田污染严重，对地表和地下水环境构成威胁。全国污水灌溉面积90%以上集中在北方水资源严重短缺的黄河、淮河、海河、辽河流域，大型污水灌溉区主要集中在北方大中城市的近郊县。当时，全国五大污水灌溉区分别为北京、天津武宝宁、辽宁沈抚、山西惠明和新疆石河子。

为降低污水灌溉的危害，保障农产品产量和质量，1979年农业部制定了《农田灌溉水质试行标准》，1985年修订后正式颁布实施。该标准针对污水直接灌溉给农作物和土壤带来的危害，强调重金属和一些有毒有害物质的参数。随着城市污水中含有的有机污染物越来越多，1991年又增补了有机物控制标准。1992年，经国家技术监督局和国家环保局批准，将《农田灌溉水质标准》（GB 5084—92）（以下简称1992年标准）列为国家强制标准在全国实施。1992年标准主要强调一些常规的参数和微生物参数，目的是防止再生水灌溉对土壤、地下水的污染，使污染物不至危害农作物的生长和产量，保障人体健康。1983—1996年，我国出台了一系列工业企业水污染物排放国家强制标准（表1-1）。《中华人民共和国水污染防治法》（以下简称《水污染防治法》）于1984年5月11日第六届全国人民代表大会常务委员会第五次会议通过。《水污染防治法》的实施以及灌溉水质和工业企业水污染物排放等一系列标准的出台，使我国农田污水灌溉得到一定程度的规范。

表1-1　1983—1996年发布的部分污水排放和污水灌溉相关标准[1]

类别	标准编号	标准名称	备注
灌溉	GB 5084—85	《农田灌溉水质试行标准》	被GB 5084—92替代
	GB 5084—92	《农田灌溉水质标准》	被GB 5084—2005替代
排放	GB 8978—88	《污水综合排放标准》	被GB 8978—1996替代
	GB 8978—1996	《污水综合排放标准》	部分内容被GB 20425—2006、GB 20426—2006替代
	GBJ 48—83	《医院污水排放标准（试行）》	被GB 8978—1996替代
	GB 3545—83	《甜菜制糖工业水污染物排放标准》	被GB 8978—1996替代
	GB 3546—83	《甘蔗制糖工业水污染物排放标准》	被GB 8978—1996替代
	GB 3547—83	《合成脂肪酸工业污染物排放标准》	被GB 8978—1996替代
	GB 3548—83	《合成洗涤剂工业污染物排放标准》	被GB 8978—1996替代
	GB 3549—83	《制革工业水污染物排放标准》	被GB 30486—2013替代
	GB 3550—83	《石油开发工业水污染物排放标准》	被GB 8978—1996替代
	GB 3551—83	《石油炼制工业水污染物排放标准》	被GB 31570—2015替代
	GB 3553—83	《电影洗片水污染物排放标准》	被GB 8978—1996替代
	GB 4280—84	《铬盐工业污染物排放标准》	被GB 8978—1996替代
	GB 4281—84	《石油化工水污染物排放标准》	被GB 8978—1996替代
	GB 4282—84	《硫酸工业污染物排放标准》	被GB 26132—2010替代
	GB 4283—84	《黄磷工业污染物排放标准》	被GB 8978—1996替代
	GB 4912—85	《轻金属工业污染物排放标准》	被GB 8978—1996替代
	GB 4913—85	《重有色金属工业污染物排放标准》	被GB 8978—1996替代
	GB 4916—85	《沥青工业污染物排放标准》	被GB 8978—1996替代
	GB 5469—85	《铁路货车洗刷废水排放标准》	被GB 8978—1996替代
	GB 13457—92	《肉类加工工业水污染物排放标准》	替代GB 8978—88中部分内容
	GB 13458—92	《合成氨工业水污染物排放标准》	被GB 13458—2013替代
	GB 3544—92	《制浆造纸工业水污染物排放标准》	被GB 3544—2008替代
	GB 3839—83	《制定地方水污染物排放标准的技术原则与方法》	现行有效

1.1.5　规范发展阶段（1999年至今）

2000年以后，环保、农业等部门相继对已有标准进行修订，并制定了新的强制或者推荐标准，进一步规范了我国农田的污水灌溉行为（表1-2）。例如，现行的《农田灌溉水质标准》（GB 5084—2005）于2005年发布，替代1992年标准。现行标准将控制项目分为基本控制项目和选择性控制项目：基本控制项目适用于全国以地表水、地下水、处理后的养殖废水和以农产品为原料加工的工业废水为水源的农田灌溉用水；选择性控制项目由县级以上人民政府环保和农业行政主管部门，根据本地区农业水源水质特点和环境、农产品管理的需求进行选择控制，所选择的控制项目作为基本控制项目的补充指标。与1992年标准相比，现行标准删除了凯氏氮、总磷两项指标，修订了五日生化需氧量、化学需氧量、悬浮物、氯化物、总镉、总铅、总铜、粪大肠菌群数和蛔虫卵9项指标。相关法律法规和政策文件也对农田污水灌溉提出了明确要求。2013年国务院办公厅印发的《近期土壤环境保护和综合治理工作的安排》（国办发〔2013〕7号）规定，“禁止在农业生产中使用含重金属、难降解有机污染物的污水以及未经检验和安全处理的污水处理厂污泥、清淤底泥、尾矿等。”[3]该文件的出台，意味着未经处理的污水灌溉在我国被全面禁止，农田污水灌溉进入全面的规范发展阶段。

表1-2　2001—2018年发布的部分污水排放和污水灌溉相关标准

类别	标准编号	标准名称	备注
灌溉	GB 5084—2005	《农田灌溉水质标准》	
	GB 20922—2007	《城市污水再生利用　农田灌溉用水水质》	
排放	GB 18466—2005	《医疗机构水污染物排放标准》	
	GB 19430—2013	《柠檬酸工业水污染物排放标准》	
	GB 20425—2006	《皂素工业水污染物排放标准》	替代GB 8978—1996中的内容
	GB 21523—2008	《杂环类农药工业水污染物排放标准》	
	GB 21900—2008	《电镀污染物排放标准》	
	GB 21901—2008	《羽绒工业水污染物排放标准》	
	GB 21902—2008	《合成革与人造革工业污染物排放标准》	
	GB 21903—2008	《发酵类制药工业水污染物排放标准》	
	GB 21904—2008	《化学合成类制药工业水污染物排放标准》	
	GB 21905—2008	《提取类制药工业水污染物排放标准》	
	GB 21906—2008	《中药类制药工业水污染物排放标准》	
	GB 21907—2008	《生物工程类制药工业水污染物排放标准》	
	GB 21908—2008	《混装制剂类制药工业水污染物排放标准》	
	GB 21909—2008	《制糖工业水污染物排放标准》	
	GB 25461—2010	《淀粉工业水污染物排放标准》	
	GB 25462—2010	《酵母工业水污染物排放标准》	
	GB 27631—2011	《发酵酒精和白酒工业水污染物排放标准》	
	GB 13458—2001	《合成氨工业水污染物排放标准》	替代GWPB 4—1999
	HJ 525—2009	《水污染物名称代码》	
	HJ 945.2—2018	《国家水污染物排放标准制定技术导则》	
	HJ/T 92—2002	《水污染物排放总量监测技术规范》	
	NY 687—2003	《天然橡胶加工废水污染物排放标准》	
	GB 3544—2001	《造纸工业水污染物排放标准》	替代 GB 3544—92

1.2　我国污水灌溉现状

方玉东（2011）[4]在第二次污水灌溉调查（1996—1999年）的基础上，通过文献检索、补充信息等方式明确了我国131个典型污灌区的分布情况及面积变化情况，并指出现阶段我国污灌区面积和分布主要呈现的两个特点。一是面积不断扩大，1979年我国污灌区面积仅30余万hm^2，到20世纪90年代已经达到360万hm^2。二是区域不断增加，根据我国两次污灌区调查资料（第一次为1980—1982年）及1989—2011年公开发表的300余篇关于污水灌溉的论文，我国现有已报道的污灌区131个，比第二次污水灌溉调查结果增加了一倍多；从区域分布来看，我国较大型的污灌区主要分布在黄河、淮河、海河及辽河流域，对比这些区域的水资源状况不难看出，农业生产缺水是导致污水灌溉的核心问题。

对于我国农田灌溉所用污水（以下简称污灌水）的水质，方玉东（2011）[4]指出，与发达国家相比存在三个方面的显著差异。一是污灌水水质低劣。美国、日本、以色列等国家的污灌水基本以处理达标后的再生水为主，水中的有害物质含量低，而我国由于污水处理设施量少、技术水平低、经费投入不足、运行率低、管理不到位等问题导致污灌水中的污染物超标严重，长期采用此类污水灌溉，必然会对农田质量产生危害。二是污灌水成分复杂。由于污水以汇合排放为主，导致污灌水成分复杂，从而使污灌区的土壤常出现复合污染，如天津武宝宁污灌区、北京污灌区、辽宁张士污灌区、山西太原污灌区、甘肃张掖污灌区等。三是污灌点数量进一步增加。近年来随着城市化进程的加快、污染产业向中小城市转移和矿山开采加速，工、矿废水排放量日益增多且呈现点多面广的趋势，由此导致污灌点的进一步扩大。

1.3　我国典型污灌区概况

方玉东（2011）[4]研究指出，我国较大型的污灌区主要分布在黄河、淮河、海河及辽河流域。刘小楠等（2009）[5]在综述我国污灌区环境状况、污染物类型等的基础上指出，我国污灌区按其污染物类型可以分为有机污染物灌溉区和无机污染物灌溉区（主要是重金属）两大类。本书针对上述两类污灌区的典型特征，分别选取辽宁沈抚污灌区和北京污灌区为代表进行介绍。

1.3.1　有机污染物灌溉区（辽宁沈抚污灌区）

辽宁沈抚污灌区是我国最大的石油污水灌溉区，始建于1961年。污灌水全程71 km，流经沈阳和抚顺两市四县区的11个乡镇，自抚顺市石油二厂和腈纶厂流经三宝屯、李石寨和大南乡，进入沈阳市东陵区的深井子镇，最后由沈阳市苏家屯区秀匠排干排入太子河水系的北沙河。20世纪90年代以后，随着城市的基础建设与改造，辽宁沈抚污灌区开始了清水灌溉的改造和清污分流工程的建设，并于2000年基本实现了区内农田的清水灌溉。但由于沈阳地区水资源短缺，特别是在干旱年份尤为严重，一些地区的污灌现象仍存在。由于污灌水中的污染物浓度高，长期灌溉会造成土壤、农作物和地下水的严重污染。

曲健等（2006）[6]于2004年对辽宁沈抚污灌区上游两侧的农田土壤开展了污染状况调查，沿着深井子镇的康红村、深井子村、西靠山村、国公寨村、双树子村、大深井子村和小深井子村共7个自然村采集表层土壤样品（0～20 cm），并选择祝家镇常王寨村水田土壤（一直采用井水灌溉）作为对照，通过气相色谱-质谱联用（GC-MS）法测定了样品中多环芳烃（PAHs）的含量。结果显示，3个对照点的土壤中16种PAHs的总和依次为373 μg/kg、155 μg/kg、175 μg/kg，污灌区土壤中PAHs含量明显高于对照点，含量较低的点位PAHs总和为787 μg/kg，含量最高的点位PAHs总和达到24 570 μg/kg。污灌区土壤中的菲、荧蒽、芘、䓛、苯并[*b*]荧蒽的含量占16种PAHs总和的90%以上，除了菲为三环芳烃，其他4种均为四环芳烃。与加拿大土壤的限量值相比可以看出，辽宁沈抚污灌区多数点位的PAHs含量已经超过标准。

1.3.2 无机污染物灌溉区（北京污灌区）

杨华锋等（2005）[7]综述了北京市近郊区污水灌溉的发展过程。自20世纪40年代当地农民自发利用石景山钢铁厂的工业废水进行灌溉至今，北京市的污水灌溉大体经历了起步、快速、稳定和萎缩4个阶段。北京市的污灌水资源从地理位置上来看主要分布在西郊、东南郊、北郊，来源主要包括以下渠道：

（1）高碑店污水处理厂。由城市污水和东郊工业废水组成的混合污水经暗管流入高碑店污水处理厂，经处理后直接引入干渠灌溉农田，其余经暗管排入通惠河。工业废水主要来自北京化工厂、北京化工二厂、有机化工厂、北京仪器厂、人民机械厂、造纸实验厂、北京灯泡厂等28个工厂。

（2）半壁店明沟。污灌水从广渠门外至半壁店村东排入通惠河，全部为工业废水，主要来自北京有机化工厂、北京汽车制造厂、北京辊轧厂等。

（3）观音堂明沟。污灌水全部为工业废水，主要来自北京有机化工厂，经观音堂村东排入通惠河。

（4）大柳树明沟。污灌水全部为工业废水，主要来自北京焦化厂、北京染料厂、朝阳染料厂、朝阳化工厂等，经勃罗营、黄厂排入通惠河南排水干渠。

（5）高碑店水库（高碑店水闸以上的通惠河）。污灌水由护城河水和工业废水组成，其中工业废水主要来自北京热电厂、北京电镀厂、无线电厂等，混合污水经通惠河干渠排入凉水河。

（6）南郊工业区废水。污灌水全部为工业废水，主要来自北京农药一厂、北京农药二厂、北京化工三厂、北京油漆厂、北京制革厂、北京毛皮厂、北京油毡厂、北京冶炼厂、五金电镀厂、北京日用化学一厂、北京橡胶厂、红星化工厂和南苑化工厂等40多个工厂，经暗管流入大红门水闸以下的凉水河。

（7）市政零号井泵站。污灌水来自西郊展览馆以南，阜成门、复兴门以西的北京西城区城市生活污水和工厂排放废水，主要来自电镀厂、绝缘材料厂、印染厂等50多个工厂及北京第二传染病医院、儿童医院、阜外医院和复兴医院等。

（8）姚家井泵站。污灌水来自原宣武区和原崇文区一部分城市生活污水和工厂废水。

（9）龙潭湖泵站。污灌水来自原崇文区城市污水和化工、印染等工业废水。

（10）西郊厂矿的污水。污灌水来自首钢等厂矿企业的工业废水和西郊生活污水，后流入大红门水闸以上的凉水河。

（11）石景山南北灌溉干渠。污灌水主要来自首钢各钢铁、冶炼、焦化等工厂的工业废水。

（12）北郊污水。污灌水主要来自北郊居民生活污水以及海淀区大专院校文教、科研各种废水和生活污水，经暗管流入大清河。

从行政区划来看，北京市的污灌农田主要分布在通州、大兴、朝阳和丰台四区。从地理方位来看，污灌农田主要分布在西郊、东南郊、北郊。北京污灌区从最初的西郊石景山区逐渐发展到海淀区苏州街、八大学院，进一步发展到南郊的大片地区，再逐渐向东南方向迁移，最终形成了百万亩的污灌农田。随着北京市土地利用结构的变化，西郊和北郊的污灌区逐渐萎缩并消失。

1995年7月，王学军等（1997）[8]调查了北京东郊通惠河畔污灌土壤中的重金属含量，结果显示调查区土壤属于轻度污染或无污染，铜（Cu）、铬（Cr）、铅（Pb）、锌（Zn）这4种重金属的污染指数均小于2，调查区内56%的表层土壤受到轻度污染，44%的表层土壤未受污染。王玉红（2008）[9]在北京南四环外凉水河（污灌区）南北岸沿着河流走向采集了39个土壤样品，并用电感耦合等离子体发射光谱（ICP-OES）法测定样品中的重金属含量，结果显示凉水河污灌区土壤中重金属的平均浓度分别为Cu 66.2 mg/kg、Zn 86.4 mg/kg、Cr 66.98 mg/kg、Hg（汞）0.46 mg/kg、Cd（镉）0.07 mg/kg、Pb 109.5 mg/kg、Ni（镍）28.4 mg/kg。其中，Cu、Cr、Cd、Pb存在不同程度的污染，其浓度的几何平均值均明显高于北京市土壤背景值。从单因子污染评价指数和综合污染评价指数来看，该土壤已受到Cu、Zn、Cd、Ni元素的污染，而未受其他元素污染。朱宇恩等（2011）[10]于2008年在北京市大兴区和通州区的交界区域选择有代表性的24个麦田开展调查工作，结果表明污灌区土壤中Cu、Cd、Cr、Pb和Zn的均值含量分别为26.52 mg/kg、0.24 mg/kg、101.29 mg/kg、28.04 mg/kg和85.59 mg/kg，高于北京市土壤元素背景值，已经出现积累现象；对应小麦籽粒中Cu、Cd、Cr、Pb和Zn的均值含量分别为6.09 mg/kg、0.04 mg/kg、4.62 mg/kg、0.17 mg/kg和52.38 mg/kg，其中Cr、Zn含量超过国家标准限量值。

1.4 农田污水灌溉的利与弊

一般情况下，污水中会含有较丰富的N、P、K、Cu、Zn等元素，可以为作物提供多种营养元素，且在一定范围内能使作物增产。例如，美国旧金山市将污水回收后输送到加利福尼亚州的其他地区用于农业生产，也达到保护环境的目的。日本从1997年开始实行农村污水处理计划，已建成约2 000个污水处理厂，大部分采用日本农村污水处理协会研制的JA-RUS小型污水处理系统，各项指标都达到污水处理水质标准。处理后的污水水质稳定，多数引入农田灌溉。极度缺水的以色列的污水处理率达90%以上，57%的污水经过净化处理后可用于农业灌溉和园林草地灌溉。王关禄（1961）[11]在北京海淀区六郎庄等地调查了城市污水灌溉对农业产量的影响，结果显示污水含氮量（氨氮）为0.029 g/L、速效磷为0.012 g/L、速效钾为0.005 g/L、全盐量为0.003 g/L、pH 7.5～8.0。从分析数据可以看出，污水的肥分很高，可以作为肥料施用。王关禄（1961）[11]与农民、农业技术人员等估算发现，污水灌溉的水稻与施肥的水稻产量差不多，甚至少数经污水灌溉的水稻产量比施肥的水稻产量还多一成。以上资料和数据均表明，生活污水和工业废水中含有大量的营养物质，可以用于灌溉农田、提高土壤肥力、缓解水资源供需矛盾。然而必须指出的是，污水中含有部分有毒有害物质，如利用不当很可能给土壤、地下水、农作物甚至是人体带来危害。

1.4.1 污水灌溉的益处

1. 缓解水资源危机

随着社会经济的快速发展，农业用水量被不断挤压，虽然在农业生产中发展了先进的技术，但用水量仍存在很大缺口，使我国农业的快速发展受到制约。据统计，我国农业每年的缺水量达300亿m^3。20世纪90年代，因缺水造成的粮食减产量达250亿～400亿kg。工业和城市生活排放的污水量相当巨大，若这部分污水能够转化为资源并利用，在一定程度上可以缓解我国农业水资源短缺的局面。

2. 降低污水处理成本

未经处理的污水直接排放，其过量的氮、磷等成分会导致水体发生富营养化。各类农作物、土壤中的微生物以及土壤本身对污水都有一定程度的净化能力，可以降低因污水直接排放或污水处理程度不够而引起的水体严重污染的可能性，有助于改善生态环境。污水灌溉可以降低污水处理厂的投资费用，经过氧化塘、氧化沟等二级处理后的污水进入农田后，农田会对这些污水进行更深层次的物理、化学以及生物净化，这一过程相当于更高级别的污水净化处理，减少了污水处理的级数和复杂程度，降低了污水处理的成本。

3. 提高土壤肥力，增加粮食产量

污水中含有农作物生长所需要的N、P、K等营养元素，合理使用可减少肥料的施用量，提高土壤肥力，改善土壤结构，削减农田投资，增加农民收入。例如，孟春香等（1999）[12]通过盆栽试验研究了城市污水灌溉对小麦、夏谷产量的影响，结果表明用污水灌溉的小麦产量比对照增加6.99%～19.40%，夏谷产量比对照增加3.85%～30.53%。郑鹤龄等（2001）[13]采用盆栽试验研究了原始污水、城市污水处理厂二级出水、经氧化塘处理污水对水稻、玉米、白菜产量的影响，结果表明三种污水均可使产量提高。

1.4.2　污水灌溉的弊端

未经处理的污水可能含有大量重金属污染物、致病微生物和难以降解的有毒化合物，灌入农田会引起一系列生态、环境、卫生等问题。例如，20世纪80年代全国污水灌区农业环境质量普查协作组[14]的调查显示，我国污灌水的水质普遍不符合灌溉要求。辛术贞等（2011）[15]统计显示，2000—2010年中国污灌水重金属含量的均值低于中国农田灌溉水水质标准，但90%分位值仍然超过该标准，其中以Hg、As（砷）、Cd超标最严重。与1980—1999年相比，灌溉水中的Hg含量得到有效控制，而Cd和As超标问题一直没有得到有效控制。污水灌溉致使大量的重金属和其他污染物进入耕地土壤，造成了巨大的环境、生态和经济损失。例如，何冰（2015）[16]估算指出，2010—2013年全国31个省（区、市）污水灌溉共造成农业损失76.62亿～95.18亿元，占GDP的0.016%～0.019%。据杨志新等（2007）[17]的估算结果显示，2002年北京市污水灌溉造成的环境污染总经济损失为1.39亿元，其中粮食减产造成的损失占46.5%（6 458.4万元），农产品质量下降的损失占2.2%（309.3万元）。

1. 污水灌溉对地下水的影响

污水中的污染物含量远远超过灌溉水水质标准，即使是处理过并达到国家标准限量要求的污水，其污染物含量也高于地下水和饮用水标准，如果灌溉区距离水源区很近，则很可能会污染水源。因此，若使用不当，或者用未经处理的污水进行灌溉，将造成灌溉区地下水污染。目前，我国污灌区地下水受到污染的原因多是使用了未经处理的污水，水质不符合《农田灌溉水质标准》。刘凌等（1995，1996，1997，2002）[18-21]在徐州用奎河水进行含氮污水灌溉试验，发现污水灌溉对地下水中的硝酸根离子（NO_3^-）的浓度影响较大，尤其是长期进行污水灌溉的土壤易造成地下水中NO_3^-的污染，而NO_3^-反硝化产生的亚硝酸根离子（NO_2^-）是致癌物质。石家庄市浅层地下水由于污水灌溉的影响导致污染程度逐年加深。地下水一旦受到污染将很难恢复，其后果将是非常严重的。

污灌区地下水的污染程度与地下水位和土壤质地密切相关，地下水埋深小于7 m的污灌区和沙性土壤污灌区更易出现地下水污染。污染的地下水中主要超标项目是总硬度、氮化物、硫酸盐、细菌总数和大肠杆菌等，无节制的污水灌溉和化肥农药的过量施用使地下水含盐量和硝酸盐含量逐渐增加，导致污灌区地下水硝酸盐污染问题越来越严重。我国奎河污灌区浅层地下水中的氨氮含量明显偏高，墨西哥污灌区地下水中的硝酸盐含量普遍升高。田家怡等（1993，1994，1995）[22-24]对山东小清河污灌区地下水水质的研究表明，在小清河污灌水中检出的93种有机化合物中有56种在当地地下水中也被检出，其污染程度与污灌强度有明显的相关性。

2. 污水灌溉对土壤和农产品的影响

污灌水来源于城市污水、工业废水或混合污水，其中含有大量的有机污染物和重金属、有毒非金属等无机污染物。长期使用水质不符合标准的污水进行灌溉，会使土壤中的有机污染物、重金属以及固体悬浮物含量超过土壤吸持和作物吸收能力，必然造成土壤污染，使pH、盐分等发生变化，出现土壤板结、肥力下降、土壤结构和功能失调，使土壤生态平衡受到破坏，引起土壤环境的恶化，土壤生物群落结构衰退、多样性下降，产生环境生态问题。例如，2014年4月17日发布的《全国土壤污染状况调查公报》[25]显示，在调查的55个污灌区中，有39个存在土壤污染问题；在1 378个土壤点位中，超标点位占26.4%，主要污染物为Cd、As和PAHs。1982年农业部对污灌面积38.0万hm^2的37个污灌区的调查结果表明，土壤重污染面积占8.4%。污水中的有机物、微生物、纤维和泥沙等在表土沉积后形成板结层，土壤通透性能降低；污灌致使潜水位升高，加之污水中总盐量的影响，可导致农田土壤次生盐碱化，伴有土壤板结等现象发生。

污水灌溉引起的土壤重金属污染是我国污灌区最严重的问题，天津、北京、辽宁、山西、陕西、湖南、广东、广西等省（区、市）的污灌区都面临重金属污染威胁。大量研究表明，天津市以Cd、Hg、As污染为主，北京市以Zn、Cd、Hg、Pb污染为主，辽宁省以Cd、Hg、Pb、Ni污染为主，山西省以Hg、Cd、As污染为主，陕西省以Ni、Hg污染为主，湖南省以Cd、As、Hg、Pb污染为主，广东省以Cd、Cu、Ni污染最为严重，广西壮族自治区以As、Pb、Cd、Zn污染为主。除此之外，我国其他省份的污灌区也同样面临重金属污染问题，如甘肃省白银市污灌区土壤重金属污染严重。江西省赣州市和大余县[26]、广东省韶关市和曲江区、湖南省株洲市、陕西省西安市等19个地区都有个别地块产出“镉米”。

陈涛等（2012）[27]以西安市某典型污灌区农田土壤为研究对象，分析了长期污水灌溉对表层土壤重金属含量及富集状况的影响，结果表明长期污灌已导致农田土壤Cd、Cr、Cu、Hg、Ni、Pb和Zn 7种重金属相对自然背景值有不同程度的累积，仅有土壤As的平均含量低于其背景值水平；与国家土壤环境质量标准二级限量值相比，其中Cd和Hg污染表现突出，环境影响占据主导，随着污灌年限的增长，离灌渠越近的农田土壤中重金属的污染水平和环境风险越高（表1-3）。

污水灌溉除引起土壤重金属污染外，在某些污灌区还会引起有机污染物污染，这与污灌水的成分直接相关，如辽宁省的8个大型污灌区PAHs检出率达89.1%，其中沈抚、浑蒲、清原灌区存在外源污灌污染的情况，北京、天津、河南、山西等省（市）的污灌区都存在PAHs污染的情况，在河北省的3个典型污灌区还检测到9种内分泌干扰物的污染。

表1-3　污灌区农田土壤重金属含量描述统计

元素	平均值±标准差/（mg/kg）	最小值/（mg/kg）	最大值/（mg/kg）	变异系数/%	背景值/（mg/kg）
As	9.88±1.27	6.28	12.96	12.86	11.70
Cd	1.45±1.24	0.37	5.60	85.84	0.29
Cr	88.41±42.14	66.57	313.94	42.67	70.80
Cu	52.24±22.82	30.23	145.36	43.69	26.00
Hg	1.38±0.85	0.52	5.05	61.68	0.13
Ni	34.14±4.80	27.92	49.87	14.05	31.20
Pb	55.01±14.48	37.69	117.62	26.32	38.80
Zn	151.16±97.18	88.83	600.59	64.29	64.00

污水灌溉对农产品的影响主要表现为产量影响与品质污染。污水中含有大量N、P等营养物质，短期合理的污水灌溉确实存在明显的增产效应，但长期连续的污水灌溉会导致土壤严重污染，造成土壤板结、通透性降低和次生盐碱化等问题。污水中的重金属等污染物在土壤中积累到一定程度时，一方面表现为影响植物养分的吸收和利用，另一方面会打乱植物体内的代谢平衡。若将这种污水用于农作物灌溉，就会在作物中积累重金属，使农产品品质变坏并产生一定的遗传毒理学效应等症状。用未经处理的污水浇灌的粮食、蔬菜、水果的味道一般较差，维生素含量明显降低。谢宗平等（2001）研究发现用含氮污水灌溉的蔬菜（如菠菜、甜菜等）内NH_4^+-N（氨氮）大量积累，比世界卫生组织（WHO）的标准高好几倍。杨荣江（2004）调查发现，经污水灌溉后，蔬菜的重金属含量明显呈叶菜类＞茄果类＞根茎类的趋势。黄玉源等（2005）却发现各种蔬菜中重金属的吸收积累量表现为根＞茎＞叶。污灌区新鲜蔬菜中根菜类蔬菜的亚硝酸盐超标最严重，达7.90倍。土壤中Hg含量对糙米的Hg残留量影响较大，但对小麦等旱作植物的影响较小；土壤Cd含量过高会影响作物的正常生长，作物吸收过量的Cd会造成叶绿素含量下降、叶片发黄褪绿，并抑制根的生长及对营养成分的吸收，降低作物产量。污灌区作物污染主要表现为农产品重金属含量超标和营养成分改变。蔬菜比粮食作物更易积累重金属，根、茎叶和籽实的重金属吸收量逐渐减少，小麦根部Pb含量是穗部的12倍。植物根系一般可作为重金属屏障使地上部免受重金属危害，土壤重金属严重积累时，作物籽粒的重金属含量同样可能超标。农业部环境保护科研监测所于1997年对全国24个省（区、市）320个污灌区的农产品调查表明，小麦、玉米的重金属超标率分别为15.5%和14.0%，主要以Hg、Cr、Cd、As等污染为主，污灌区尤为突出，如张士污灌区小麦重金属超标率为27.0%。污水灌溉还会造成小麦、水稻蛋白质含量降低，随着污灌年限的增加，小麦、水稻品质逐年下降。污水灌溉会明显降低蔬菜维生素C的含量，其他营养成分含量则有增有降。姜勇等（2004）[28]研究发现，污土清灌和污水直接灌溉均将影响盆栽水稻的正常生长，其中污染土壤持续灌溉可导致

部分秧苗死亡。

污水中的氨氮和重金属等污染物对土壤微生物的数量和组成会产生一定的影响，从而影响土壤的理化性质，同时考虑到在作物根部周围的微生物能直接将根系周围的有机物转化为作物可吸收利用的无机物，并且产生生长激素和抗生素，从而抑制病原微生物生长、刺激作物生长，因此污水灌溉也会影响作物生长[29]。张翠英等（2014）[30]分别采用平板计数法和最大可能数法研究了污水灌溉对农田土壤中普通微生物（细菌、放线菌、真菌）和功能微生物（亚硝化细菌、硝化细菌、氨氧化细菌、反硝化细菌、好气性自生固氮菌、好气性纤维素分解菌）的数量和分布特性的影响，并对不同类群微生物数量与土壤理化性质进行了相关分析，结果表明：污水灌溉可减少农田土壤放线菌、真菌、亚硝化细菌、硝化细菌和反硝化细菌的数量，增加细菌、氨氧化细菌和好气性纤维素分解菌的数量，其中细菌、好气性纤维素分解菌数量的变化分别达到显著水平（$p<0.05$），氨氧化细菌的变化达到极显著水平（$p<0.01$）；污灌区大豆、玉米和水稻根系土壤微生物数量分布有差异性，但都呈现真菌、好气性自生固氮菌和好气性纤维素分解菌数量变化显著的趋势（$p<0.05$）；污染土壤中微生物含量与土壤理化性质的相关分析表明，细菌、反硝化细菌和好气性纤维素分解菌与有机质显著正相关（$r=0.843$，$p<0.05$；$r=0.220$，$p<0.05$；$r=0.843$，$p<0.05$），放线菌与全磷极显著负相关（$r=-0.921$，$p<0.01$），亚硝化细菌和好气性自生固氮菌的数量与氨氮含量显著正相关（$r=0.973$，$p<0.05$；$r=0.988$，$p<0.05$），氨氧化细菌和反硝化细菌与有效磷含量呈显著负相关（$r=-0.967$，$p<0.05$；$r=-0.988$，$p<0.05$）。以上数据表明，污水灌溉对农田土壤微生物和理化特性的影响显著，对农作物会产生一定的影响。

3．污水灌溉对人体健康的影响

污水灌溉对人体健康的影响主要有三种途径：一是污水灌溉会造成土壤和作物污染，使污染物在农产品中积累，再通过食物链进入人体内积累，从而诱发多种慢性疾病；二是污水灌溉导致地下水受到污染，再通过生活饮用水使人体产生急性和慢性中毒反应；三是污水灌溉带入农田的污染物大于农田的自净能力时，其中的硫化氢（H_2S）等有害气体、病菌、寄生虫卵等会对该地区的环境卫生造成影响，从而对人体健康产生危害。重金属迁移转化率低，残留率通常在90%以上，极易在土壤中大量积累，经植物吸收再通过食物链进入人体，影响人体健康。污灌区人群的健康状况已引起社会的普遍关注，当地人群的腹泻发病率比对照高出近60%；消化系统癌发病率高，人体DNA修复能力明显低于非污灌区；儿童血红蛋白含量低于对照，贫血率明显高于对照。化学需氧量（COD）、生化需氧量（BOD）和氨氮也是污水中重要的污染物。用含氮的污水灌溉旱田作物，作物根系吸收的硝酸盐氮在钼（Mo）的作用下可转化为氨基酸和蛋白质，若土壤有效钼含量不足，可造成硝酸盐氮在作物体内大量积累。硝酸盐氮是亚硝酸的来源，其含量过多会引起高铁血红蛋白症，在一定条件下还会转化成亚硝胺，引起人体或动物患恶性肿瘤。

冯永春等（1992）[31]的研究证明，污灌区居民的消化系统疾病和恶性肿瘤的发病率高于清灌区。朱静戈等（2004）[32]认为，污水中的病原体对农业劳动者和农产品消费者具有潜在的健康风险。禹果等（2006）[33]利用umu/SOS试验①对北京市大兴污灌区土壤的遗传毒性进行了分析，证实该区域土壤中存在遗传毒性物质的积累，推测为PAHs类。杜宇欣等（1996）[34]、韩树清等（1995）[35]及孙增荣等（1996）[36]都分别通过污染物致突变性检测（Ames试验），发现污水灌溉存在对人体致突变的可能性，但由于此类危害多具有长期潜伏性，相应情况很难在短时间内验证。耿铭烁等（2018）[37]以天津市北京排污河（武宝宁）污灌区8个乡镇199个居民头发样品和对照区蓟州区6个乡镇93个居民头发样品中的重金属含量为基础，对比分析了北京排污河（武宝宁）污灌区当地居民头发中重金属含量特征（表1-4）。研究结果表明，污灌区居民头发中的Cd、Cu、Zn、Pb、Cr和As的平均含量分别为0.21 mg/kg、16.82 mg/kg、197.29 mg/kg、13.69 mg/kg、2.65 mg/kg和0.62 mg/kg；污灌区居民头发中Cd、Cu、Zn和Cr的含量随着年龄的增长而增加，但是Pb含量随年龄的增长而降低。与对照区（蓟州区）相比，污灌区居民头发中的重金属含量明显偏高，其中Cd高出110%、Cu高出20%、Zn高出55.9%、Pb高出36.6%、Cr高出64.6%。

表1-4　天津市北京排污河（武宝宁）污灌区居民头发中的重金属含量　　单位：mg/kg

重金属		Cd	Cu	Zn	Pb	Cr	As
天津市北京排污河（武宝宁）污灌区	范围	0.01～0.58	7.91～26.31	79.83～315.55	1.13～86.76	1.30～9.08	0.02～2.27
	均值	0.21	16.82	197.29	13.69	2.65	0.62
	标准差	0.17	3.76	51.15	8.75	1.54	0.44
中国居民头发的正常含量*	范围	<0.5	8～16	90～170	<10	0.1～2.0	<1.1
	均值	0.25±0.14	11.0±3.5	130±30	7.1±3.2	1.21±0.63	0.68±0.34

注：* 中国微量元素科学协会标准（H/ZWY 03—2005，H/ZWY01—2007）。

① umu/SOS 试验是 20 世纪 80 年代中期发展起来的检测环境诱变物的短期筛选试验，它是在 DNA 损伤物诱导 SOS 反应而表达 umuC 基因的基础上建立起来的。

第2章　我国土壤盐渍化现状

土壤盐渍化及盐渍化土壤（以下简称盐渍土）研究的重要性已为人所共知[38]。土壤盐渍化是困扰人类的五大土壤问题之一[39]，不但造成了资源破坏，给农业生产带来巨大损失，还对生物圈和生态环境构成威胁。它与人类活动的密切联系决定了对土壤盐渍化问题的研究要将人类生产生活与自然和环境相协调，为改善人类生活质量的持续发展做出贡献。对土壤盐渍化及盐渍土的研究尚有很多工作要做，因此开展区域土壤盐渍化敏感性研究，了解其空间分布格局，对于开展区域生态环境分区管理，合理开发利用土地资源，控制盐渍化的发生、发展，以及区域的可持续发展具有重要意义。

2.1　我国土壤盐渍化成因和特征

2.1.1　我国土壤盐渍化成因

土壤盐渍化主要是指由于人类不恰当的生产活动造成耕地土壤或非耕地土壤的水分及地质条件恶化，改变了原有的自然水盐平衡，使原本非盐渍化的土壤积盐或碱化，并逐步演化成盐渍土，又称为土壤的次生盐渍化。除自然因素外，土壤盐渍化问题也与人类活动，特别是农业灌溉密切相关[40]，如草原和耕地的过度开发利用，在设施不配套、管理不合理的情况下扩展灌溉，用矿化水和碱化水进行灌溉，不合理的节水灌溉，大型水利工程的影响，耕作施肥不合理以及设施农业栽培的过度发展等，都是造成土壤次生盐渍化的主要原因。同时，一些环境问题的出现与发展也引发或加重了土壤盐渍化问题，其中较为突出的是温室效应引起的全球气候变化造成了旱象增加、海平面上升，直接或间接地加剧了积盐过程、盐渍化的危害和潜在盐渍化的威胁[41]。另外，土壤盐渍化的过程常与荒漠化相伴生并同步发展，甚至相互促进、相互转化[41]。

联合国粮食及农业组织（FAO）的资料表明，目前各种类型的盐渍土占据了地球陆地表面的10%，广泛分布于几乎所有的大洲、气候带和不同的海拔地带。全球大约有8.31亿hm^2的土壤受到盐渍化的威胁，而次生盐渍化的面积大约7 700万hm^2，其中58%发生在灌溉农业区，接近20%的灌溉土壤受到盐渍化的威胁，而且这个比例还在增加[42]。

2.1.2　我国土壤盐渍化特征

盐渍土是我国一类主要的障碍性土壤，是一系列土体中受盐碱作用形成的各种盐土、碱土及其他不同程度盐化和碱化的各种类型土壤的统称，也称为盐碱土。其特征是土壤中含有显著的盐碱成分，具有不良的物理、化学和生物特性，致使大多数植物（作物）的生长受到不同程度的毒害和抑制，甚至不能生存，从而严重制约了土壤的资源利用，影响了广大盐渍土分布区农业生产的可持续发展。目前，我国盐渍土面积约为1亿hm^2，其中现代盐渍土约0.363亿hm^2，占全国可利用土地的4.88%；残余盐渍土约0.450亿hm^2，潜在盐渍土约0.170亿hm^2。而耕地中的盐渍化面积为920.94万hm^2，占全国耕地面积的6.6%，其中新疆维吾尔自治区、内蒙古自治区、宁夏回族自治区、甘肃省、陕西省、青海省的盐渍化耕地面积为344.7万hm^2，占西部耕地面积的13.9%，占全国盐渍化耕地面积的37.4%。

根据《中华人民共和国防沙治沙法》和《联合国防治荒漠化公约》的有关要求，2013年7月至2015年10月底，国家林业局组织相关部门的有关单位开展了第五次全国荒漠化和沙化监测工作，直接参与此次监测的技术人员达5 000余人，共区划和调查图斑634.46万个，建立现地调查图片库24.46万个，获取各类信息记录3.43亿条，获得了截至2014年年底的全国荒漠化和沙化土地现状及动态变化信息[43]。截至2014年，全国荒漠化土地总面积261.16万km^2，占国土总面积的27.20%。其中，风蚀荒漠化土地面积182.63万km^2，占全国荒漠化土地总面积的69.93%；水蚀荒漠化土地面积25.01万km^2，占9.58%；盐渍化土地面积17.19万km^2，占6.58%；冻融荒漠化土地面积36.33万km^2，占13.91%。与2009年相比，风蚀荒漠化土地减少了5 671 km^2，水蚀荒漠化土地减少了5 109 km^2，盐渍化土地减少了1 100 km^2，冻融荒漠化土地减少了240 km^2。

2018年1月12日，国家林业局荒漠化监测中心会同沙化监测重点省区的监测负责人、专家，召开了第六次全国荒漠化和沙化监测技术准备研讨会，并于2019年全面开展了第六次全国荒漠化和沙化监测工作[44]。与20世纪80年代以前相比，近年来我国土壤盐渍化主要表现出以下几个方面的发展变化。

1. 土壤盐渍化面积的变化

与20世纪50年代末、60年代初及70年代相比较，我国土壤盐渍化的面积缩小了。以黄淮海平原为例（表2-1），新中国成立以来，黄淮海平原土壤盐渍化面积经历了一个由少到多又由多到少的变化过程，而这些变化过程都与旱涝及水利建设（人为因素）等紧密相关。在丰水沥涝年份（1961—1963年），整个平原耕地中的盐渍土曾有五六千万亩。1963年以后，国家开始重视排水，开挖了许多排水河，改变了平原的泄洪能力，同时还设点进行综合改良试验，到1980年和1984年盐渍土面积分别减少到3 137万亩和3 770万亩。

表2-1　黄淮海平原盐渍土面积变化　　单位：万亩

<table>
<tr><td colspan="3">1958年耕地中的盐渍土面积</td><td>4 081</td></tr>
<tr><td colspan="3">1961年耕地中的盐渍土面积</td><td>6 188</td></tr>
<tr><td colspan="3">1980年耕地中的盐渍土面积</td><td>3 137</td></tr>
<tr><td rowspan="6">1984年应用卫片量算面积
（毛面积）</td><td colspan="2">耕地中的轻盐斑面积</td><td>2 560</td></tr>
<tr><td colspan="2">耕地中的重盐斑面积</td><td>1 210</td></tr>
<tr><td colspan="2">合计</td><td>3 770</td></tr>
<tr><td colspan="2">以2/3垦殖率折算合计</td><td>2 566</td></tr>
<tr><td rowspan="2">尚有</td><td>滨海盐荒地</td><td>910</td></tr>
<tr><td>海涂盐滩</td><td>440</td></tr>
</table>

2．土壤盐渍化类型的变化

水文和水文地质条件的变化，以及改良措施的合理与否，会引起土壤中脱盐和积盐的频繁交替，导致各种密切相关的化学组成盐渍土之间的相互转化。例如，有的盐土、盐化土经脱盐转化为碱土，碱土又因积盐转化为碱化盐土、盐化土；或经改良脱碱、脱盐转化为非盐渍土；或由非盐渍土转化为盐渍土，滨海盐渍土经改良转化为盐化潮土等。

3．土壤盐渍化程度的变化

由于人类对盐渍土的改良和治理，使累积于土壤表层的盐分逐步减少，盐渍化程度逐渐减轻。例如，20世纪五六十年代，内蒙古河套平原上含盐量大于1.0%的盐土成片分布，占据整个河套平原总面积的近1/3；由于综合治理，80年代河套平原的盐渍化程度显著降低，大多为轻中度盐渍土，少部分为中强度盐渍土，基本没有盐土的分布。

当外界自然条件改变或在人为活动的影响下，土壤季节性积水基本消除，地下水位下降，表层土壤通气状况改善，沼泽化土壤会发生脱沼泽过程。近十几年来，东北和川西北高原地区由于新构造运动地壳上升，河流溯源侵蚀加强，以及沼泽的自然淤积和开发利用，使沼泽化土壤变干、面积大幅减少。

2.2　我国盐渍土分布

我国盐渍土的分布与世界上各国盐渍土的分布规律相似，总是与干旱、半干旱和半湿润的水分状况相关联。除滨海盐渍土外，几乎都分布在沿淮河、秦岭、巴颜喀拉山、唐古拉山和喜马拉雅山一线西北干燥度大于1的半干旱、干旱和漠境地区。总的分布规律是从东到西，盐渍土分布的广度和积盐强度随水分条件的减少而逐渐增加，具体表现为盐渍化强度增加、积盐层增厚，盐渍土分布面积从斑状到片状以至连成大片；土壤碱化程度则由东向西呈逐渐减弱的趋势，依次出现以草甸碱化土为主→以草原碱化土为主→以龟裂碱化土为主的地带分布趋势。根据气候、地形地貌及水文地质条件，我国可分为五个盐渍土集中分布区。

1. 滨海盐渍土集中分布区

该区土壤及地下水的盐分主要来自海水。不同盐渍程度的土壤和不同矿化程度的地下水平行于海岸呈连续带状（杭州湾以北平原海岸）或不连续带状（杭州湾以南港湾海岸）分布，越趋向海岸含盐越多。由南向北随着气候的变化，土壤的自然积盐强度逐渐增大，自然脱盐强度逐渐减弱。除闽江口以南零星分布的酸性硫酸盐盐渍土和滦辽河口地段的土壤中局部出现少量苏打外，该区土壤的盐分组成均以氯化物为主。

2. 黄淮海平原（包括晋陕山间河谷盆地）盐渍土集中分布区

黄淮海平原土壤的盐渍过程（滨海除外）是在季风气候条件下和黄河历次泛滥沉积所形成的岗、坡、洼地的基础上，在低矿化地下水和地表水双重影响下发生的。土壤盐分强烈积聚于地表以下几厘米的土层中，具有明显的季节性积盐或脱盐频繁交替的特点。积盐层较薄，心底土层含盐量不高。按盐碱组成分为氯化物盐渍土、硫酸盐-氯化物盐渍土或氯化物-硫酸盐盐渍土、苏打-氯化物及由它们脱盐而形成的瓦碱土。这几种类型的盐渍土相互插花，呈大小不同的斑状分布在耕地之中，并在一定的自然和人为条件下可互相演变。

3. 东北平原盐渍土集中分布区

该区盐渍土多分布于松嫩平原、三江平原及辽河平原中排水不良、地下水埋藏较浅的低洼地区。在湿润与半湿润条件下，通常是由具有弱矿化苏打型的高地下水位形成的。在成土过程中具有盐化与碱化同时进行的显著特点，盐分含量变化大（0.3%～0.7%，少数可达1.0%～1.2%），主要为碳酸钠（Na_2CO_3）和碳酸氢钠（$NaHCO_3$），pH很高（8.5～11.0），为苏打型盐渍土和草原构造碱土，且多为斑状分布。

4. 西北半干旱盐渍土集中分布区

该区主要包括宁夏回族自治区、内蒙古自治区的大部分地区。宁夏回族自治区的盐渍土多发育于黄河两岸的冲积物上，主要是在半干旱气候下由于地势低洼、排水不畅、水文地质条件不良造成的。一般耕地土壤表层的含盐量为0.2%～0.6%，较重的为0.6%～0.8%，少数大于1.0%。盐分组成多为氯化物-硫酸盐或硫酸盐-氯化物，此外还存在苏打盐渍化或龟裂碱化。内蒙古河套地区大面积分布着盐渍土，占整个水成土壤的80%，但多为中轻度盐渍土，少数为中强度盐渍土。盐分组成以硫酸盐-氯化物及氯化物-硫酸盐为主。在一些封闭洼地及地势低洼的地区，盐分组成以苏打为主，也有碱化土、碱土的分布。内蒙古一些高原地区的盐渍土以苏打盐渍土、草甸构造碱土及草原构造碱土为主。

5. 西北干旱盐渍土集中分布区

该区包括新疆维吾尔自治区、青海省、甘肃省河西走廊及内蒙古自治区西部部分地区，为我国盐渍土分布最广的地区。区内土壤积盐常年进行，基本上无淋溶过程，而且积盐速度快、强度大、程度高、表聚性很强，有较厚的盐结皮，多次发生盐分重新分配，有含盐量很高的残余盐土，地表有厚层盐结壳。该区主要盐渍类型为硫酸盐型、氯化物-硫酸盐型及硫酸盐-氯化物型，除此之外还有龟裂碱化、苏打盐碱化和硝酸盐化，在西藏一带还有硼酸盐化类型。

王青海等（2000）[45]对我国西北地区土地盐渍化和农业灌溉状况进行了分析。西北地区五省区（陕西、甘肃、青海、宁夏和新疆）总面积为303.2万km^2，是全国重要的农业区和商品粮生产基地。然而，由于干旱的气候条件和不合理的灌溉方式，整个西北地区受盐渍化威胁的耕地约占耕地总面积的30%，相关省区盐渍土分布见表2-2，盐渍土分布地区见表2-3。据统计，青海省每年因土壤盐渍化造成的经济损失近亿元，宁夏和新疆两个区每年由于土壤盐渍化造成粮食总产量减幅大于1.4亿kg，土壤盐渍化是当地农业经济发展的制约因素之一。

表2-2　西北地区盐渍土分布

省区	新疆	青海	宁夏	甘肃
盐渍土面积/万亩	1 576.3	23	101.4	168
占耕地面积的比例/%	33.4	22	20	19
占省区面积的比例/%	0.68	0.18	1.31	0.29

表2-3　西北各省区盐渍土主要分布地区

省区	盐渍土主要分布地区
陕西	定边、关中
甘肃	敦煌、安西、玉门、高台、张掖、临泽、民勤、古浪
宁夏	引黄灌区的银川平原和卫宁平原
青海	格尔木、德令哈、乌兰、东都
新疆	昌吉、塔城、巴州、内陆盆地冲积平原

2.3　农田盐渍化的危害

1. 导致生态环境恶化和荒漠化发展

土壤盐渍化对生态环境的影响主要表现在盐渍化与荒漠化存在交互作用，盐渍化后无论耕地或非耕地的土壤理化、生物性质都会恶化，团粒结构遭破坏，孔隙度减少，透水通气性变差，土壤板结化；土壤溶液中的离子浓度增大，pH升高，电导率和可交换性钠比率提高，土壤中酶的活性受到抑制，影响土壤微生物的活动和有机质的转化，使土壤肥力下降；容易发生地表径流和水土流失。由于盐渍化的加重，部分耕地被荒废，加速了荒漠化的进程；土壤与水体的盐分存在相互作用，含盐土壤会对周围的水体造成盐污染；盐渍化导致耕地资源的质量退化，是农业生态系统的不稳定因素之一；盐渍化问题会造成地下水水质恶化，还会给生物多样性带来一定的影响[46]。

2. 抑制和毒害植物生长，甚至引起植物的迅速死亡

盐渍土中过量的盐分离子对植物的生长发育会产生不良的影响，且影响程度取决于离子种类、浓度及植物的生长阶段，集中表现在以下方面：①抑制生长，如种子发芽率下降、苗木生长缓慢、开花提前或滞后、结实量下降；②离子毒害，如过量的氯离子（Cl^-）使植物叶片黄化、生长减慢、提前脱落、叶片变小或加厚；③当盐分浓度很高时，还可能引起植物在几天内死亡。土壤盐渍化还可能引起植物的生理干旱；伤害植物组织，尤其在干旱季节；由于钠离子（Na^+）的竞争，使植物对钾、磷和其他营养元素的吸收减少，磷的转移受到抑制，影响植物吸收营养，进而影响植物的营养状况；当外界盐度超过植物生长的极限盐度时，植物细胞质膜透性、各种生理生化过程和植物营养状况均会受到不同程度的伤害，使植物的生长和发育受到不同程度的抑制，如高盐分浓度可抑制植物种子的萌发等[46]。

3. 限制土地资源的农业利用，影响作物产量

长期以来，我国已有大面积的土地（包括耕地）由于盐渍化而不能被农业利用。东北松嫩平原由于人为灌溉不当以及过度开发利用等，盐渍土面积约350万hm^2，盐渍化年增长速率达1.0%～1.4%，已有约45%的盐渍土退化为基本无开发利用价值的重盐碱地。同样，由于上述原因，新疆维吾尔自治区约有35%的耕地受到盐渍化的威胁，受不同程度盐渍化影响的耕地面积已达122.88万hm^2，占新疆总耕地面积的30.12%，占低产田面积的63.20%，其中受中度和重度盐碱化危害的低产田占新疆总耕地面积的22.06%。通常，轻度盐渍化会造成作物产量下降10%～20%，中度盐渍化会造成作物产量下降20%～50%，重度盐渍化的影响可达50%～80%[46]。

2.4 农田土壤盐渍化治理技术及案例

盐渍土的综合治理在国内外已有众多富有成效的科学研究及实践成果，对科学认识、治理和防控土壤盐渍化迈出了重要的步伐。但在这些大量的科技理论与应用成果中，大多忽视了系统化的综合治理改良技术，几乎都是单项或几项关注短、中期效益的治标措施，难以达到优化、治本的盐渍土治理和盐渍化防控效果[46]。

在认真总结国内外有关盐渍土治理和盐渍化防控最新成果的基础上，根据我国国情，提出如下几种综合治理改良方案，以实现建设优良生态环境、适度开发利用和作物高产高效的农业可持续发展目标。

2.4.1 物理治理

物理治理就是利用一些物理的方法和措施，如兴修水利工程、耕作治理、换土等，以达到治理、改良土壤的目的。

1. 兴修水利工程

水作为溶剂是盐的载体，与土壤盐渍化有最直接的关系，充分研究与掌握土壤中水和盐的运动规律是综合治理盐渍化最重要的中心环节。通过兴修水利工程措施，如用灌溉淡水把盐分淋洗至底土层或以水渗带盐分排出以淡化土层和地下水。应用水利工程改良、治理盐渍土和盐渍化的措施包括蓄淡压碱、排水防碱、冲洗改良及灌溉淋洗等，并遵循“井、沟、渠”相结合的治理原则。

（1）蓄淡压碱。在治理区域周围挖池蓄积自然降水，既能减少地表径流带入的盐分，又可在作物生长期间遇干旱时灌水冲洗，防控土壤盐渍化。

（2）明沟排水。在治理区域的地面开挖明沟进行排水，开沟深度取决于地下水深度，目的是使地下水水位降低或控制在临界强度下，以保证土壤迅速脱盐并防止再度返盐。对于中度盐渍土，每块条田沟渠以30～40 m为佳，沟深以0.5～0.9 m为宜。

（3）暗管排水。开挖和埋设地下排碱管道，如果地下水水位很低且难以排出盐碱水，可在地下设置集水井定期抽排。山东省东营市采用荷兰暗管排碱技术，即用专业埋管机械将聚氯乙烯管道埋入地下1.8～2.0 m深处，将地下盐水截引至暗管，再集中排放至明渠中，使治理区域当年的地下水水位下降了0.5 m，土壤含盐质量分数降低了0.1%，满足了多种作物的生长发育要求。

（4）井灌井排。在一定面积的盐渍土中打一口深井，干旱时用井水灌溉洗盐；雨季时盐分随水渗入井中，可抽水排盐。吉林省松嫩平原实施井灌井排以来，浅层潜水位下降了0.5 m左右，治理效果显著。

（5）上农下渔，沟灌沟排。在治理区域每一定面积挖一条水沟，挖出的土筑成台田并种植作物，沟中养鱼。干旱时，用沟渠引水灌溉；降雨时，表土中的盐分可随水进入沟中。

（6）截渗截流。通过渠道防渗，防止入渗水流对土壤产生次生盐碱化；通过开挖截流沟，防止地表径流进入治理区域。

2. 耕作治理

耕作治理主要是通过换土、深耕翻土、平整表层等措施改善盐渍土的结构和孔隙度等不良性状，削弱或切断上下层土壤的联系，阻止地下水和土壤水直接上升至地表。

（1）铲刮表土和换土改良。将有明显盐碱或含盐质量分数在3%以上的盐碱地表土铲起运走，盐碱越严重，铲土层应越深，然后填入好土。在冬、春返盐强烈的干旱季节，采用刮、挖、扫的方法除去地表的盐霜、盐结皮和盐结壳，以降低表土的含盐量。在换土过程中，地表最好铺设一层作物秸秆，可优化治理盐渍化的效果。

（2）深翻地块。在盐渍土上进行深翻，深度以露出黏土层为宜，在黏土层较厚的土壤中混入细沙，灌水后提高其脱盐率。

（3）平整土地，使渗透一致。土壤盐渍化常与地表不平整有关，相同水文地质条件下，不平整的地面因排灌不通畅会导致田里留有尾水，高地先干，造成返盐，形成盐斑。平整土地可使表土的水蒸发一致，均匀下渗，便于防控盐渍化。

（4）表层覆盖。“盐随水来，盐随水去”是水盐运动的特点，只要控制土壤水分蒸发就可减轻盐分在地表的积聚，达到改良土壤的目的。研究表明，在盐渍土上覆盖作物秸秆后可明显减少土壤中的水分蒸发，抑制盐分在地表积聚，还可以对土壤水分的上行起阻隔作用，同时可增加光的反射率和热量传递，降低土壤表面温度，从而降低蒸发耗水。另外，还可应用免耕覆盖法，即将现代的耕地农作制与覆盖措施相结合来治理盐渍土，类似于加拿大草原区推广的残茬覆盖农作制（trash-cover-farming），可使原生植被所形成的黑土层不被破坏。除利用秸秆覆盖外，还可利用地膜覆盖等措施进行盐渍土改良。

2.4.2　化学治理

化学治理采用化学改良剂置换盐渍土中的钠离子，以降低盐渍土中交换性钠离子的含量，达到降低土壤钠碱化度的目的。土壤胶体中的主要离子由钠换成钙后，可促进土壤团粒结构的形成，降低土壤容重，增强土壤透水性，加快洗盐速度，从而达到治理盐渍化的目的。目前，我国盐渍土化学改良剂大致可分成含钙物质（代换作用）、酸性物质（化学作用）、大分子聚合物及其他。

1．含钙物质

（1）磷石膏。磷石膏是湿法磷酸生产时排出的固体废物，目前我国年排放量约7 500万t，并以每年15%的速度递增。磷石膏的排放不仅大量占用土地、污染环境，而且给磷肥企业造成很大的负担。磷石膏主要含有二水石膏（$CaSO_4·2H_2O$），还含有半水石膏（$CaSO_4·1/2\ H_2O$），呈酸性，pH为3～4。采用磷石膏改良盐渍土，可使土壤中的钙离子（Ca^{2+}）含量增加，形成凝聚力较强的钙胶体，促进团粒结构的形成，降低土壤容重，增加孔隙度，减弱毛管持水性；同时，通过离子置换还可以消除钠离子的毒害。另外，由于磷石膏呈酸性，还可以调节盐渍土的pH，使土壤氢离子（H^+）浓度上升。据研究，应用磷石膏后土壤pH可下降0.55，水溶性盐量平均降低0.29 g/kg。

（2）脱硫废弃物。脱硫废弃物是燃煤电厂排出的固体废物（脱硫石膏），主要成分是$CaSO_4·2H_2O$。其改良盐渍土的原理与石膏相似，即通过降低碱化度和总碱度来消除土壤的碱性危害。施用脱硫废弃物能大大降低盐渍土的全盐量、pH和可交换性钠的百分比（ESP）以及土壤中的交换性钠离子（Na^+），提高作物产量。宁夏回族自治区盐碱地的脱硫废弃物试验表明，使用不同量的脱硫废弃物均可提高油葵的出苗率、生物量和产量，施用量为22.5 t/hm^{2}的脱硫废弃物可增加苜蓿产量60%。

2．酸性物质

（1）糠醛渣。糠醛渣是将玉米穗轴粉碎后加入定量的稀硫酸，在一定温度和压力下发生一系列水解化学反应，再经提取糠醛后排出的废渣，呈强酸性，pH为1.86～3.50，容重为0.45 kg/m^3。糠醛渣含有机质76.4%～78.1%（质量分数，下同）、全氮0.45%～5.20%、全磷0.072%～0.074%、速效氮328～522 μg/g、速效磷100～393 μg/g、速效钾700～750 μg/g、残余硫酸3.50～4.21%。据研究，在盐化潮土上亩施糠醛渣1 500 kg后，改土增产效果明显。

（2）硫酸亚铁。硫酸亚铁又称黑矾，用作盐渍土改良剂可降低土壤pH，有利于作物正常生长。亚铁离子还可为作物提供铁素营养，防止缺铁黄化症。

3. 大分子聚合物

（1）风化煤。风化煤的主要有效成分是高含量的腐植酸和有机质，其中腐植酸是一种高分子有机聚合物，具有极强的化学活性与生物活性，对土壤酸碱度有很好的缓冲作用。风化煤还是一类广谱性的作物生长调节剂，可以促进和调节作物的营养生长与生殖生长，促进光合作用，提高作物的抗旱、抗病性能。实践证明：盐渍土施用风化煤有很好的治理改良效果，既能改良土壤的不良理化性质，又能提高作物对各种营养元素的吸收利用率，可大幅增产、提质。据研究，主要有效成分为黄腐酸的土壤改良剂在治理盐渍化方面效果突出，施用区（滴灌）脱盐率达30.3%，对照区（滴灌）脱盐率为10.4%；施用区脱钾率和脱钠率均为29.00%，对照区为17.02%；施用土壤改良剂后，棉花增产21.1%。

（2）聚丙烯酸酯。聚丙烯酸酯是一种大分子聚合物，在土壤中注入其溶液能形成5 mm厚的不透水层，从而减少土壤水分的蒸发和盐分随毛管水蒸发向表土的积聚，可使作物产量明显增加。

4. 其他土壤改良剂

（1）有机肥。在盐渍土上长期大量施用有机肥对治理盐碱有以下几个方面的作用：①腐殖质本身有强大的吸附力，500 kg腐殖质能吸收15 kg以上的钠，从而使碱性盐被固定，避免对植物的伤害，可起缓冲作用；②有机质在分解过程中能产生各种有机酸，使土壤中的阴离子溶解度增加，有利于脱盐，同时活化钙镁盐类，有利于离子交换，起到中和土壤中的碱性物质、释放各种养分的作用；③施用有机肥可补充和平衡植物在土壤中所需的阳离子，而离子平衡可以提高植物的抗盐性。植物所需的阳离子主要吸自紧挨根系周围的环境，若植物所需的离子在这一局部区域消失就会使有害离子不断增加，从而造成不平衡状态，使植物根系处于高盐分浓度的环境中。增施有机肥，一方面可为土壤补充钾、钙、铁、锌、铜等植物需要而土壤又缺乏的阳离子，使土壤溶液得到平衡；另一方面可促进根系发育，增大根部面积，使植物能经受较高的盐分浓度，从而提高了其抗盐性。与水盐运动一样，肥盐调控同样是不可忽视的重要规律。水和肥是改良盐渍土的重要物质基础，它们之间存在着相互依存的关系，治水是基础，培肥是根本，即以水洗盐、排盐，以肥改土，可以巩固脱盐效果，使盐渍土走向良性循环。

（2）螯合态的中量、微量元素。在碱性土壤中，无机中量、微量元素因被土壤固定而失去活性，农作物因此无法从土壤中吸收必需的营养元素，从而导致产量降低、抗逆性下降。增施螯合态的中量、微量元素可使土壤保持活性，使农作物平衡吸收所需营养，从而提高土壤肥力以及农作物产量、品质和抗盐能力。

（3）粉煤灰。粉煤灰来自煤化工等企业生产过程中气化炉和热电锅炉的除尘器，是一种粉状固体废物，也是影响环境的主要废弃物之一。其理化性质测定表明，施用粉煤灰可降低土壤的容重和pH，降低土壤中碱性物质含量。粉煤灰含有大量的硫酸钙（$CaSO_4$）和二氧化硅（SiO_2），既能降低土壤的盐化度，又可提供农作物所需的钙素及硅素营养，还含有质量分数为33.33%的氧化铝（Al_2O_3），能与硫酸根离子（SO_4^{2-}）共同组成酸性成分物质，促进钠的清洗，对改良盐渍土有一定的作用。

2.4.3　农业、生物治理

研究资料表明，当土壤含盐量达到干土质量的0.2%时，植物生长受阻；当土壤含盐量达到干土质量的2.0%以上时，大多数植物无法存活。但是，不同植物（作物及品种）的耐盐性有很大差异。据初步调查，我国现有盐生植物423种，分属66科199属。耐盐植物具有增加地表覆盖、减缓地表径流、调节小气候、减少水分蒸发、抑制盐分上升、防止表土返盐和积盐的功能。

1．植树造林

树木对水的截留量是作物或草地的10～100倍。在盐渍土上植树造林可防风固沙、降低地下水位、调节小气候、抑制盐分上升，还可减缓旱涝灾害，有很好的治理、改良土壤的效果。多年实践表明，盐渍土造林应选择抗盐碱性强的树种，乔木树种有旱柳、垂柳、刺槐、侧柏、桑树、苦楝、白榆、杏、枣等，灌木树种有枸杞、紫穗槐、沙枣、沙棘、胡杨、小意杨、柽柳、杞柳、白蜡条等。

2．种植牧草

治理和利用盐渍土前期最好种植耐盐碱的牧草。据研究，连年种植牧草后，土壤中的有机质、速效氮、速效磷大都会增加。内蒙古自治区伊克照盟（今鄂尔多斯市）的白针大队在盐渍土上种植野生抗盐植物盐蒿两年后，土壤pH由8.0～9.0降至7.5，总盐质量分数由3.5%降至1.5%，鲜草产量达60 t/hm^2，牲畜适口性好。

吉林省农业科学院畜牧场在碳酸钠碱化土上种植碱茅草，一年后，0～600 mm土层含盐质量分数由1.95%～7.80%下降至1.00%～1.50%；两年后，下降至0.70%～1.00%。

3．种植耐盐作物

耐盐作物有向日葵、蓖麻、谷糜类、甜菜、玉米、棉花、高粱、大麦等。另外，通过遗传育种，水稻、小麦等粮食作物的强抗盐新品种也不断涌现。辽宁省盐碱地利用研究所育成的“辽盐2号”水稻已在北方稻区累计推广163 300 hm^2；中国科学院上海生命科学研究院植物生理生态研究所育成的“植中”系列高产小麦品种已在山东、河北等地连续几年推广成功；中国农业科学院作物科学研究所培育的抗盐碱、耐干旱的“轮抗6号”“轮抗7号”小麦等均已大面积推广，效益显著。

第3章　土壤及农产品汞污染研究进展

汞（Mercury，Hg）作为生产生活中常见的元素，广泛应用于工业、农业、科学技术、医药卫生、国防军事等领域，与人们的日常生活密切相关。然而，在广泛使用汞及其化合物的过程中，若处置不当或发生意外事故就会对大气、水、土壤及农产品等造成严重污染[37]。土壤是最重要的自然汞释放源，同时受降水、灌溉等作用的影响，土壤中的汞易进入河流、湖泊、水库等水体和沉积物中，成为水体和沉积物中汞的主要来源。同时，人为释放的汞进入大气，在一段时间之后又沉降到地表，从而使地表汞的含量增多。汞可以通过不同的途径进入土壤环境中，随着复杂的物理化学反应，大部分以不同形态滞留在土壤当中，一部分被农作物在生长过程中吸收、富集，产生含汞的农产品如“汞米”，还有部分随地表径流进入地表水和地下水造成污染，最终影响人体健康[38]。

3.1　汞的理化性质

汞俗称水银，原子序数80，位于元素周期表第6周期第IIB族，是常温常压下唯一以液态存在的重金属元素。汞的熔点为−38.87℃，沸点为356.6℃，密度为13.59 g/cm^3。溶于硝酸和热浓硫酸后分别生成硝酸汞和硫酸汞，汞过量则出现亚汞盐。汞能溶解许多金属，形成的合金被称为汞齐。与银类似，汞也可以与空气中的硫化氢反应。汞具有恒定的体积膨胀系数，其金属活跃性低于锌和镉，且不能从酸溶液中置换出氢。一般汞化合物的化合价是+1价或+2价，+4价的汞化合物只有四氟化汞，而+3价的汞化合物不存在。

自然界中的汞主要以金属汞、无机汞、有机汞和伴生元素的形式存在，常见的无机汞化合物有氯化汞（$HgCl_2$）、硫化汞（HgS）、硫酸汞（$HgSO_4$）和醋酸汞［$Hg(CH_3COO)_2$］等；有机汞主要包括甲基汞、二甲基汞和乙基汞。自然界中最常见的含汞矿物有辰砂（HgS）、硫锑汞矿（$HgSb_4S_7$）、橙汞矿（HgO）、汞锑矿（HgTe）、汞银矿（AgHg）、硒汞矿（HgSe）和自然汞等。

汞在自然界中存在7种稳定同位素，即^{196}Hg、^{198}Hg、^{199}Hg、^{200}Hg、^{201}Hg、^{202}Hg和^{204}Hg，它们对应的丰度分别为0.15%、10.02%、16.84%、23.13%、13.22%、29.80%和6.85%，其中，^{202}Hg丰度最大[40]。

3.2　汞的毒性及人体暴露安全剂量

3.2.1　汞的毒性

汞的毒性主要与其存在的化学形态和暴露途径有关。一般来说，有机汞的毒性要大于无机汞，汞单质以及各种形态的化合物对生物体均有毒害作用，能引发人类患帕金森氏综合征、肌肉萎缩侧索硬化症等神经性疾病。经小鼠毒性试验发现，汞的主要靶器官为肾脏，其次是肝脏，即使是低水平暴露，汞也会使其副交感神经机能失调，影响心脏的自主活动[47]。

吸入是单质汞暴露的主要途径[48]。通过呼吸道吸入体内的大量汞蒸气在数秒内可引起肺部支气管炎和毛细血管炎等，肠道吸收后可引起肠胃炎。汞蒸气具有较高的扩散性和脂溶性，极易穿透血脑屏障，以二价汞离子与蛋白质和酶中的巯基（—SH）结合，改变蛋白质尤其是酶的机构和功能，造成大脑损伤。

无机汞可以通过呼吸、口腔摄取和皮肤吸收进入人体，进入机体后不足10%的无机汞可被胃肠道吸收。无机汞的毒性在于它对硫的亲和力，易与蛋白分子的巯基结合而增强其毒性。食物中的无机汞进入人体后，大约有7%被吸收，美白护肤品中的无机汞可通过皮肤吸收而在人体中累积。通常，无机汞易对肾脏和神经造成毒害，中毒症状表现为注意力不集中、视力下降、情绪异常和偏头痛等。有机汞比无机汞毒性强，而甲基汞（MeHg）是一种高神经毒性物质，大脑和神经系统为其靶器官，由于具有脂溶性，其进入人体后可穿过血脑屏障和胎盘屏障，造成成年人中枢神经系统永久性损伤和胎儿汞中毒，也能引发心血管和神经系统疾病[49]。同时，甲基汞能通过水生食物链逐级累积在大型肉食性鱼体内，造成食用鱼体的人群甲基汞暴露风险[50]。甲基汞中毒的典型症状包括视野收缩、震颤、感觉和运动障碍、精神-神经异常以及重症死亡[51]。

3.2.2　汞的人体暴露安全剂量

WHO推荐，人体每日摄入无机汞和甲基汞的安全剂量为4 μg/kg和0.1 μg/kg，最大允许尿汞为5 μg/g，人体血液汞的安全浓度为0.1 mg/L，当大于0.5 mg/L时就会出现明显的中毒症状。WHO估计甲基汞中毒的临界血汞浓度为200 μg/L，相当于汞浓度约50 μg/g。

传统认为，摄食汞污染的水产品（如鱼类和贝类）是人体汞暴露的主要途径，处于食物链顶端的肉食性鱼类（如金枪鱼）和其他肉食性动物易遭受最大限度的汞暴露[52]。在菲律宾纳博克河（Naboc River）地区，约38%的当地居民因食用汞污染河流的鱼类和贝类而造成严重的汞暴露[53]。对于特殊人群（如炼汞工人），汞暴露的途径则为吸入汞污染的空气。研究显示，贵州省铜仁市万山镇垢溪村土法炼汞区部分工人因长时间的汞蒸气暴露已经产生了神经中毒症状[54]。吞食或呼吸以汞齐作为补牙填料的金属汞也可导致人体汞的摄入[55]。最近的研究发现，食用稻米已成为我国部分汞矿区甲基汞暴露的主要途径[56]。

3.3　土壤环境中汞的来源及污染现状

3.3.1　土壤环境中汞的来源

土壤中汞的来源主要有两种：第一种是天然来源，土壤中的汞含量主要取决于成土母质和母岩，母质或母岩不同，土壤汞含量也就存在较大差异；第二种是人为因素的排放，人类工农业活动使汞直接或间接进入地球环境，如有机汞农药的应用导致农田土壤中汞浓度普遍增加。

1. 天然来源

天然来源主要是指通过地壳运动释放到大气、水和土壤中的汞，如软矿石的风化作用、火山爆发和地热运动释放等[56]。其中，土壤母质中的汞是土壤汞最基本的来源。背景土壤中的汞主要源于成土母质，不同母质对土壤汞含量的贡献不同。例如，沉积岩的页岩和火成岩的超基性岩中汞含量分别为0.4 g/t和0.01 g/t，由沉积岩发育而成的土壤中汞含量高于由火成岩发育的土壤[57]。

2. 人为来源

（1）污水与污泥。Nicholson[58]研究发现，造成农田土壤污染的主要因素有大气沉降、污水、污泥、有机肥、无机肥料、石灰、农药、工业副产品等。随着城市的快速发展和工业化进程的加快，水资源日益紧缺，淡水污染极为严重，污水灌溉已成为农业灌溉用水的重要组成部分。工业废水中经常含有汞、镉等重金属，灌溉后可将这些重金属固定在土壤表层，从而造成土壤重金属污染[59]。例如，氯碱厂废水灌溉土壤中的汞含量达到724 mg/kg[60]。污泥由于富含氮、磷、钾和有机质，在农田中被广泛用作肥料，但是其中存在着许多重金属，如汞、镉、铅等，这些重金属会因污泥的使用而在土壤中累积，从而导致土壤污染。当农作物受到重金属污染时，重金属在食物链的作用下积累在人和动物体内，从而对健康造成危害。由于污泥的长期使用，与背景值相比，天津市农田土壤中的汞含量高出125倍。另有报道[61]显示，污泥农用后土壤中的汞含量显著增加。

（2）化肥与农药。相关研究发现，在农田中频繁使用化肥、农药等能使土壤环境中的重金属含量增加。在防治植物病虫害的同时，含汞农药还可以增加土壤中的汞含量。如Dong等（2017）[62]在湖南长沙的一个农药厂附近发现土壤中总汞（THg）的含量最高值为44.3 mg/kg。农田中的重金属（如汞、镉等）一部分来源于施用的农药，而果园和菜地中施用的农药较多，所以土壤重金属污染也较为严重[63]。农田施用的肥料中也含有一定量的汞，其中大部分小于1 mg/kg，因此施肥过程也会将汞从肥料中引入土壤。某些化肥具有高汞含量，如磷肥，其平均汞含量为0.25 mg/kg。在研究不同农田土壤中的汞含量时发现，长期施用磷肥可提高土壤中的汞含量，在低汞背景值土壤中有较明显的变化。

（3）大气沉降。近年来，科学家对环境中的汞排放进行了大量研究[64]，Fitzgerald（1995）[65]估计，每年有6 000～7 500 t汞被排放到大气中，其中人为排放汞约3 600～4 500 t。燃煤排放汞约占人为排放源的1/3[66]。Nicholson（2006）[58]认为，由大气沉降引起的土壤中汞的增加相对较严重。研究表明，大气中的汞颗粒除可通过降水洗脱外，还可通过重力沉积、湍流扩散和其他过程在陆地和水生生态系统中沉积。例如，英格兰和威尔士的农田土壤中增加的汞含量，有25%～85%是由大气沉积引起的。经研究发现，土壤汞含量与大气汞浓度显著相关[67]，大气汞的干湿沉降对土壤汞污染的贡献较大[68]。由此可以看出，大气汞含量对土壤汞污染的影响更大。大气汞进入土壤后，大部分易被黏土矿物、有机质和土壤中的络合物吸附或固定，或被植物转移到地表，从而在土壤表层积累，导致土壤中汞浓度的增加。

（4）含汞废物及其他。许多废物都含有重金属汞，如电池、温度计、荧光灯等，如果处理不当，很容易通过雨水冲洗、径流冲刷和入渗进入土壤。方满等（1998）的研究发现，武汉垃圾填埋场的含汞量为0.52 mg/kg，堆放或施用于农田后会导致土壤中重金属的积累。此外，冶金、采矿和石油冶炼可能产生大量的含汞废物，如果处理不当，这些废物很容易通过各种渠道进入农田生态系统，造成严重的土壤汞污染。汞的开采、运输和加工也会对土壤汞含量产生影响[69]。

3.3.2　土壤中汞的含量及分布

1. 土壤中汞的含量

全球未受污染的土壤中汞的背景值为0.01～0.5 mg/kg[70]，平均含汞量在0.03～0.1 mg/kg，我国土壤汞背景值为0.06～0.272 mg/kg，平均含汞量为0.04 mg/kg[71]。受成土条件和土壤母质等差异的影响，北京和吐鲁番等不同地区的土壤中汞含量呈现一定差异，均值分别为0.081 mg/kg和0.014 mg/kg[72]。

不同的人类活动均可向土壤中排放汞。受汞法烧碱、汞矿区、混汞采金区和铅锌冶炼区等的影响，我国土壤汞污染问题十分严重。根据2014年《全国土壤污染状况调查公报》，我国土壤环境状况总体不容乐观，部分地区的土壤污染较重，污染类型以无机型为主，其超标点位数占全部超标点位的82.8%，其中我国汞污染点位超标率为1.6%，轻微、轻度、中度和重度污染点位比例分别为1.2%、0.2%、0.1%和0.1%。另外，调查显示，贵州省万山汞矿区和滥木厂汞矿区附近的土壤中总汞含量分别为790 mg/kg和950 mg/kg[73, 74]。河滩土、灌木土和林地土中汞平均值分别为41 mg/kg、13 mg/kg和12 mg/kg，变化范围分别为0.16～389 mg/kg、0.09～312 mg/kg和0.05～299 mg/kg[75]。受有色金属开采和冶炼产生的“三废”影响，辽宁省葫芦岛市、贵州省毕节市赫章县和湖南省株洲市等土壤中的汞含量分别为14.6 mg/kg、0.38 mg/kg和2.27 mg/kg[76]，超过背景区2～3个数量级。陕西省旬阳汞矿区和吉林省夹皮沟采金区土壤中的总汞含量分别为1.3～752 ng/g[77]和0.064 9～2.509 5 mg/kg[78]。

然而，更应引起人们关注的是矿区汞污染土壤表现出较强的甲基化。贵州省万山汞矿区和务川汞矿区土壤中的甲基汞含量变化范围分别为0.19～20 μg/kg和0.69～20 ng/g，陕西省旬阳汞矿区土壤中的甲基汞为1.2～11 ng/g[79]。而陕西省潼关混汞采金区表层土壤中的甲基汞也达到0.13～23 ng/g，低于美国Alaska汞矿和斯洛文尼亚Idrija汞矿区（41 μg/kg和80 μg/kg[80]），明显高于对照区土壤甲基汞含量范围（0.10～0.28 μg/kg）。研究表明，稻田土壤的甲基汞含量明显高于其他类型土壤；矿区冶炼附近的旱田土壤中的甲基汞含量高于远离矿区的旱田；菜地土壤中的甲基汞含量高于旱田，但土壤中的总汞与甲基汞的浓度没有明显的正相关关系[81]。

2. 土壤中汞的分布

（1）汞矿区土壤中总汞的分布

我国的汞矿区分布较广，具有典型的区域特征。我国汞矿资源较丰富，现已探明有储量的矿区103处，分布于12个省区，累计探明金属汞储量14.38万t，排名居世界第3位。著名的汞矿有贵州省的万山汞矿、务川汞矿、丹寨汞矿、铜仁汞矿以及湖南省的新晃汞矿等。从目前各省区汞矿床产出的数量来看，贵州省居全国之首[82]。

矿区的地质背景、汞矿带的分布、汞矿开采规模、汞矿停产时间等原因造成了汞矿区土壤汞含量的差异。仇广乐等（2006）[81]对贵州典型汞矿区土壤中的汞进行研究时发现，万山县土壤总汞的含量范围达到1.1～790 mg/kg，滥木厂土壤总汞的范围为5.0～610 mg/kg。刘鹏（2006）[83]通过研究贵州典型汞矿的汞污染得到了丹寨县、兴仁市和万山县土壤中汞的含量分别是0.67～20.89 mg/kg、0.01～2.65 mg/kg和1.1～164.61 mg/kg。李柳（2014）[84]对溪口汞矿区表层土壤中重金属汞的调查发现，土壤中总汞的含量范围为2.04～63.41 mg/kg，远远高于对照区土壤中的总汞含量（0 mg/kg），对环境具有极强的生态危害。

（2）燃煤电厂周边土壤中总汞的分布

国内外不同燃煤电厂土壤中的总汞含量差异很大。燃煤电厂排放的汞通过干湿沉降进入陆地生态系统，成为土壤汞污染的重要来源。由于电厂规模、燃煤量、建立时间等不同，各地区燃煤电厂周边土壤中汞的含量也有所不同：塞尔维亚电厂周围土壤中汞的浓度较高，为0.9～12.0 mg/kg（均值2.1 mg/kg），明显超过其他农业区土壤中汞的法规限值（2 mg/kg）[85]；希腊4家燃煤电厂周围土壤中汞的浓度最低，为0.001～0.059 mg/kg（均值0.009 mg/kg）[86]；我国陕西省宝鸡市某1 500 MW燃煤电厂周围土壤中汞的浓度为0.137～2.105 mg/kg（均值0.606 mg/kg），与陕西土壤汞背景值（0.101 mg/kg）相比浓度明显增加[87]，安徽省某燃煤电厂周围土壤中汞的浓度为0.015～0.076 mg/kg（均值0.029 mg/kg）[88]。高锦玉（2017）在研究东南沿海地区燃煤电厂周边环境中汞的分布时发现，燃煤电厂周围稻田土中的总汞浓度为0.27 mg/kg，甲基汞浓度为（0.72±0.51）ng/g。

（3）不同污染源土壤中汞的形态及分布

在受人为污染的土壤中，汞的形态主要以有机结合态存在，该形态不能被生物体直接吸收和利用，但在一定条件下，有机结合态汞相对于残渣态汞更容易被释放出来。由地质作用产生的汞污染，在土壤中主要以残渣态汞的形式存在，这种形态的汞不易被植物吸收和利用[89]。Higueras P等（2003）[90]对西班牙矿区土壤中汞的形态及其分布的研究表明，主要以硫化汞或与有机物结合态汞存在。有研究发现，贵州省滥木厂汞矿区残渣态汞占总汞的比例为88.6%，可氧化态汞的百分比为10.32%[91]。包正铎等（2011）对万山汞矿区的土壤进行研究发现，稻田土壤中的汞主要以残渣态形式存在（79.65%），其次为有机结合态（19.97%）、氧化态（0.31%）、特殊吸附态（0.04%）和溶解态与可交换态（0.03%）。杨净等（2014）通过研究吉林省夹皮沟金矿区的土壤汞得出残渣态（42.21%）＞可氧化态（23.39%）＞可还原态（17.45%）＞酸溶可交换态（12.88%）＞水溶态（4.15%）。李杰颖（2008）在对原沈阳冶炼厂废旧厂区自然污染土壤中汞的形态分布进行研究时发现，原料厂和生产车间土壤中的汞主要以残渣态为主，分别占总汞的87.39%和87.68%；而废水排污口处土壤中易氧化降解有机质结合态汞占总汞的43.06%，残渣态汞的比例为31.90%。化玉谨等（2015）[92]对炼金区土壤的研究发现，该区土壤中各形态汞的含量趋势为有机结合态＞残渣态＞可交换态＞铁锰氧化态＞碳酸盐结合态。武超等（2016）[93]对天津污灌区稻田土壤的研究发现，南（大沽）排污河、北京排污河（武宝宁）和海河污灌区土壤中汞的形态为残渣态浓度最高，而北（塘）排污河污灌区为有机结合态浓度最高。有研究发现，污泥中没有酸溶态汞和可还原态汞，只存在可氧化态汞和残渣态汞[94]。郑冬梅等（2010）[95]对不同污染类型的沉积物中的形态汞进行研究发现，化工污染类型沉积物中过氧化氢态汞含量最高，其次为碱溶态；锌冶炼汞污染沉积物中碱溶态所占的比例较高。范明毅等（2016）[96]通过研究发现，金沙某燃煤电厂周边土壤中残渣态汞占总汞的比重超过了80%。而高锦玉（2017）在研究某燃煤电厂周边土壤中汞的分布时发现，研究区土壤中的总汞绝大多数以有机结合态和残渣态的形式存在，其中残渣态汞所占比重超过了50%。由此可见，不同区域之间、不同污染源之间土壤中汞的赋存形态分配系数存在差异。

3.3.3　土壤中汞的形态转化

1. 土壤中汞的形态转化过程

土壤汞在一定条件下可以转化为不同的形态，这与土壤质地（如土壤粒径、土壤类型）和土壤环境（如pH、氧化还原电位、有机质含量、微生物等）密切相关。部分研究人员认为，通过微生物的作用，土壤中不同价态的汞可以相互转化。在氧化环境中，汞在抗汞细菌参与下可以被氧化成汞离子（Hg^{2+}）；在更易还原的土壤中，汞与硫化物的亲和性更高，当土壤溶液中含有的硫离子（S^{2-}）较多时，土壤中的汞更容易与S^{2-}生成硫化汞。土壤中的无机汞具有较低的溶解度，在土壤中的迁移能力很弱，但无机汞在生物或非生物的甲基化作用下可转化为毒性更强的甲基汞，甲基汞在生物和化学效应的去甲基化作用下也可转化为毒性较小的无机汞。更重要的是，微生物可以将Hg^{2+}还原为元素汞，而元素汞易挥发且水溶性低，可以从产生元素汞的地方消失。

外源汞进入土壤时，一方面会影响土壤的功能，特别是土壤有机体，包括土壤有机体类型、种群数量、生物活性和土壤酶系统等；另一方面一旦汞进入土壤，土壤随即就会通过物理、化学作用对其进行固定和吸附，使汞长期留在土壤中。土壤中汞的形态变化，汞的物理、化学和生物迁移，汞行为的变化和汞在土壤中的固定，以及活化因子、土壤矿物颗粒、土壤有机质、土壤pH、交换性复合体阳离子种类、阳离子交换容量、碱度、氧化还原等均与土壤微生物密切相关。例如，有机物质比无机化合物具有更强的亲和力和比表面积，也具有很强的吸附和络合汞的能力，能与汞结合形成稳定的配合物，降低汞的迁移率[97]，但是土壤有机质在分解转化过程中产生的腐植酸对结合汞的迁移活性有抑制和激活作用，而富里酸对汞的迁移和活化有明显的促进作用[98]。同时，土壤中的汞还可与土壤中的黏土矿物和有机质密切结合并发生一系列变化，在还原条件下，金属汞易与硫离子形成硫化汞，有机汞的形成是土壤中汞形态转化的重要过程。当土壤氧化还原条件发生变化时，氧化态汞可以向有效态汞转化。

2. 土壤中汞形态转化的影响因素

（1）pH

pH是影响重金属汞在土壤中积累的最重要的因素，它不仅影响土壤颗粒的表面交换性能，而且影响土壤中汞的生物有效性，还可以通过改变土壤中有机质的组成来影响汞的溶解，最终改变土壤溶液中汞的形态，如pH升高会导致汞挥发。结果表明，酸性环境有利于汞的溶解（由固态向液态的转化），导致环境介质中生物可用汞含量的增加，而碱性条件则可能抑制土壤中汞的生物利用性。在酸性条件下，汞在土壤中的吸附量较大。当pH为3～5时，随着pH的增加，汞的氢氧化物形态浓度呈指数增长。$Hg(OH)^{+}$比$HgCl^{+}$更容易吸附，因此Hg^{2+}浓度随pH的增加呈指数增长。当pH继续升高（大于5）时，土壤中吸附的Hg^{2+}下降。Nriagu J O（1979）[99]认为酸性土壤中的有机质对无机汞离子有较好的吸附作用，而铁氧化物和黏土矿物在中性土壤中的吸附作用更为显著[100]。土壤的pH接近中性时，汞通过微生物还原作用、有机质还原作用和化学还原作用可产生单质汞，土壤中各种无机汞化合物及有机汞配合物与有机质反应可以生成单质汞，微生物也可以将土壤中的二价汞还原为单质汞。除微生物和有机质还原外，土壤中的元素汞也可通过化学还原和光还原产生，甲基汞可通过光诱导作用还原为元素汞。

（2）有机质

土壤中汞的形态和迁移会受有机质的影响。有机质对Hg^{2+}吸附量的影响取决于土壤中汞含量的大小，在较低的Hg^{2+}浓度下，有机质与大量的Hg^{2+}结合成有机态。研究发现，当有机质作用于土壤时，土壤中汞的形态发生变化，水溶性汞和酸性可溶性汞减少，有机质结合汞增加，与矿物结合汞相互作用，说明有机质可以竞争土壤中的离子态、矿物态和结合态汞。酸性土壤中可交换汞的比例较高，而碳酸盐结合态汞在石灰性土壤中的比例较高。土壤中氧化物和有机质的含量能影响重金属中氧化态或有机结合态占该重金属总量的比例，有机质含量较高时，土壤中产生的有机质结合汞的比例也较高[101]。

由此可见，pH和有机质是影响土壤中汞形态转化的两个重要因素。

3.4　农产品中汞的来源及污染现状

3.4.1　农产品中汞的来源

食品中的汞污染主要来自某些地区特殊自然环境中的高本底含量对食品的污染、环境污染导致的汞元素对食品的污染，以及自然界食物链的富集放大作用。此外，食品包装材料上印刷油墨中的重金属汞也有可能随食物进入人体[80]。20世纪50年代后期，人类在农业中使用含汞杀虫剂或用有机汞拌种，使汞对土壤、水系、大气的污染日益严重。有机汞化合物的施用导致灌溉农作物根系从土壤中吸收并富集重金属，从而使农产品受到污染，而被汞污染的食品原料即使经过加工也不能完全将汞除净。另外，农田中对农药和化肥的不合理使用造成重金属汞元素进入土壤并随之积累，使一部分汞散落在土壤、大气和水等环境中，残留的农药又直接通过植物、水、果实等途径到达人、畜体内，或通过环境、食物链最终传给人、畜。

此外，早年未经处理的工业废水排放也是汞及其化合物间接造成食品污染的主要渠道之一。20世纪，工业含汞废水主要来自氯碱化工厂，有色金属冶炼厂，农药厂，造纸工业，电器和电子工业，石油化工及塑料工业，度量仪表、温度计、压力计生产及医药行业等。

汞的蓄积性很强，且主要在动物体内蓄积。动物产品中的汞污染主要来源于自然界生物链的富集作用，如水生生物极易富集水体中的甲基汞，其甲基汞浓度比水中高上万倍[102]。甲基汞在体内代谢缓慢，可引起蓄积中毒。进入人体的汞主要来自被污染的鱼类，汞经被动吸收作用渗入浮游生物，鱼类通过摄食浮游生物摄入汞，并主要蓄积于鱼体脂肪中，人们在进食鱼尤其是深海鱼时，汞及其化合物很容易溶解在脂肪类物质中，从而通过摄入被人体吸收，造成人体内汞的蓄积[103]。

3.4.2　农产品中汞的含量及分布

1. 农产品中汞的含量

在受汞矿区污染影响的土地上生产粮食、蔬菜等农作物，其总汞含量显著偏高。贵州省万山、务川和滥木厂汞矿区不同蔬菜样品的测定结果显示，总汞含量为120～

18 000 μg/kg，超出国家蔬菜卫生限量标准（≤10 μg/kg）12～1 800倍；稻米可食部分（大米）总汞含量为40～1 280 μg/kg，超出国家粮食卫生限量标准（≤20 μg/kg）2～64倍[104]。

更值得关注的是，汞矿区稻米具有明显的富集甲基汞的特征，其占总汞含量的比率可达90%以上，显著高于矿区其他农作物中可食部分甲基汞的含量。该现象充分说明，汞矿区稻米具有很强的富集甲基汞的能力。由于贵州省汞矿区居民的传统饮食习惯均以大米为主食，水产品摄入很少，因此矿区居民暴露甲基汞的主要途径是进食稻米，而不是水产品[56]。

已有的研究显示，水稻可富集甲基汞[56]。我国部分在汞矿区污染的土壤上种植的稻米中，甲基汞含量可达1.20～170 μg/kg，对应的总汞含量亦显著偏高，可达8.8～569 μg/kg[55]。因此，食用大米已经是某些特殊地区人群体内甲基汞暴露的主要途径[56]。由于我国居民的膳食结构以谷类为主食，是居民膳食中总汞摄入的最主要来源，占总摄入量的50%左右。某些矿区大米是当地居民甲基汞摄入的来源，占总摄入量的比例可达94%～96%。因此，大米的汞含量对于我国居民的健康有重要影响。

袁晓博等（2011）从我国9个地区的市场上采集了303个大米样品，测定其总汞和甲基汞的含量，由此评估了我国居民因食用大米而导致的汞暴露健康风险。大米总汞采用混合酸消解后CVAFS测定，甲基汞采用萃取-反萃取-水相乙基化结合GC—CVAFS测定。结果显示，各地区大米总汞的平均含量为3.6～17 μg/kg，低于我国食品汞限量标准（20 μg/kg），但江西、江苏、贵州、湖北、湖南和广东等地有35个样品超过标准规定；甲基汞含量平均为0.97～3.2 μg/kg，最高含量为18 μg/kg。初步研究表明，我国的大米总汞和甲基汞对居民健康风险贡献分别为1.7%～12%和1.4%～6.9%[105]。

经研究发现，大米中甲基汞含量过高可能与用含汞的污水灌溉稻田有关。在稻田中，水几乎存在于水稻生长的全部时期，毒性不大的无机汞在水生环境中容易被厌氧微生物转化为甲基汞。RI-QING Y等（2012）[106]研究了美国弗吉尼亚州河流沉积物中甲基汞的转化机制，利用基因鉴定技术发现沉积物中硫酸盐还原菌（SRB）以及铁还原菌（IRB）的活性较强。两类细菌通过将土壤中的某些无机盐离子还原而使Hg^{2+}甲基化。在水稻田中，有研究已经证实硫酸盐还原菌是最主要的甲基汞转化者。水稻田中影响汞甲基化的因素比较多，Frohne等（2012）[107]发现湿地土壤中溶解性有机碳（DOC）含量是促进汞甲基化的一个重要因素，MeHg/Hg与DOC/THg之间存在非常显著的相关关系，Eh（氧化还原电位）、pH、Fe^{3+}/Fe^{2+}以及Cl^{-}等在汞的甲基化过程中发挥较弱的作用。Graham等（2012）[108]研究了土壤溶解性有机质（DOM）对汞甲基化的促进机制，发现聚合形态的β-HgS不容易被微生物转化为甲基汞，而DOM能抑制β-HgS的聚合，使多数β-HgS能以纳米颗粒的形态存在，从而能被微生物转化利用。在研究水稻根系吸收甲基汞时，通过转移甲基汞在水稻植株的不同部位分布，Zhang等（2010）[109]发现甲基汞在水稻植株中的分布依次为稻米＞根系＞谷壳＞茎＞叶，Qiu等（2012）[110]调查了山西省汞矿区大米甲基汞的污染程度时发现，精米和谷壳中甲基汞的含量分别为78 μg/kg和30 μg/kg，碾米过程能去掉谷粒中近一半的甲基汞。甲基汞在肉食性鱼类中的生物积聚因子（BAFs）约为106，水稻中BAFs可能为0.71～50，虽然水稻中的积聚水平比较低，但对于以大米为主食的人群来说，大米中甲基汞含量的上升可能比鱼贝类甲基汞暴露更严重。

国内目前对大米中甲基汞污染的研究大多集中在贵州省等汞污染严重的地区，见表3-1。对其余各地大米中甲基汞含量的研究相对较少，大多数研究都停留在对大米总汞含量的监测上[111]，《食品安全国家标准　食品中污染物限量》（GB 2762—2017）也只对粮食中的总汞含量作了规定（THg≤20 μg/kg），而没有大米中甲基汞含量的相关规定。

表3-1　贵州部分汞矿区大米中甲基汞含量

地区		样本数/个	MeHg/（μg/kg）	（MeHg/THg）/%
贵州万山地区	重污染区	59	11.3[a]	17.3[a]
	轻污染区		5.8[a]	20.8[a]
	对照区		4.7[a]	18.3[a]
贵州4个地区	万山	—	9.3[a]	11.9[a]
	清镇		2.2[a]	40.0[a]
	威宁		1.6[a]	69.6[a]
	雷公		2.1[a]	65.6[a]
贵州万山5个矿区		70	1.61～174.0[b]	1.4～93.0[b]
贵州万山3个村庄		70	1.9～27.6[b]	17.4[a]
务川		—	7.8[a]	40.2[a]

注：[a] 算术平均值；[b] 最小值～最大值。

如表3-1所示，MeHg/THg比值大多在11%～70%，按照这个比例计算，贵州省汞矿区相当一部分大米中的总汞含量超标。根据我国平均膳食消费结构，中国人均年消费稻麦等谷类粮食206 kg，假设谷物均为大米，可以得出我国成人每天消费大米约0.564 kg[111]。贵州省经济发展比较落后，当地居民的膳食以自产粮为主，因此大米的消费量略高于其他地区，估计成人每日大米消费量为600 g，假设成人体重以60 kg计，根据表3-1大米甲基汞含量数据可以计算得到当地人群甲基汞日暴露量最高可达1.8 μg/kg，远高于食品添加剂联合专家委员会（JECFA）的推荐值（每天0.23 μg/kg）。贵州省处于内陆地区，当地居民鱼类摄入量较少，所以大米摄入是当地居民甲基汞暴露的最主要途径，有学者估计大米甲基汞暴露占总暴露量的94%～98%。另外，对当地人头发汞含量的研究数据也确证了这一结论，Li等（2009）[112]检测了万山汞矿区DSX和XCX地区居民头发中的甲基汞含量，发现两个地区居民头发中甲基汞含量分别是（1.9±0.9）mg/kg和（1.2±0.5）mg/kg，这个水平高于美国国家环境保护局（EPA）的推荐剂量（THg≤1 mg/kg）。Feng等（2008）[56]发现万山汞矿区DSX、XCX和BX地区居民头发中的甲基汞平均含量分别是0.8 mg/kg、0.6 mg/kg和

0.5 mg/kg，明显高于对照组，这三个地方距离汞矿依次渐远，说明距离矿源越近，污染越大，居民甲基汞暴露风险越高。多项研究数据表明，贵州汞矿区居民体内的甲基汞负荷几乎与我国沿海食鱼人群相当，大米作为甲基汞暴露的另一重要途径，其危害不可小视。

2．农产品中汞的分布

植物中的汞主要来源于土壤。在农田环境中，汞主要与土壤中多种无机和有机配位体生成络合物，在作物体内积累并通过食物链进入人体。其中，不同种类的植物及同一种植物的不同器官、生长阶段对汞的吸收、积累不一样。试验证明，植物幼苗根部主要吸收并累积与土壤中小分子有机质结合的汞（富里酸结合态汞），植物幼苗对无机态汞和大分子汞不吸收，但可以转化为富里酸结合态，表现为间接作用[113]。

水稻与小麦体内汞的分布情况相类似：汞在根部含量最高；叶片次之，叶片由于其生长时间的长短不同，汞的含量自下而上逐渐递减；在茎中的汞含量比叶片要低得多；而在营养贮存部位——籽粒中，汞含量最低[114]。蔬菜根和叶的含汞浓度高于茎和果，但在自然条件下，蔬菜所吸收的汞有60%以上分布于地上部的可食部分[115]。这是由于蔬菜根系从土壤中吸收的汞有部分向地上部传输，从而导致地上部叶片和茎的含汞浓度也相应增加，又由于地上部生物量较大，因而积累了大部分的汞。

3.5 《关于汞的水俣公约》

汞及其化合物对人体健康和环境的危害已成为全球性的问题。为对汞实行高效率、有成效、连贯一致的管理，2007年第24届联合国环境规划署理事会成立工作组，开始筹划《关于汞的水俣公约》（以下简称《汞公约》）。后经包括我国在内的各国的艰苦努力，2013年10月，国际社会就《汞公约》的相关条文达成一致意见，中国成为首批签约国。2016年4月，第十二届全国人民代表大会常务委员会第二十次会议批准了《汞公约》，自2017年8月16日起该公约对我国正式生效。同时，为做好《汞公约》的履约工作，我国成立了由原环境保护部等部委组成的国家履行汞公约工作协调组[116]。

《汞公约》的制定与我国的履约过程大事件如表3-2所示。

表3-2 《汞公约》的制定与我国的履约过程[117]

时间	地点	会议名称	主要内容
2007.2	肯尼亚内罗毕	第24届联合国环境规划署理事会	成立不限名额工作组
2007 2008	泰国曼谷、 肯尼亚内罗毕	不限名额工作组会议	提出了三种不同的国际合作方案
2009.2	肯尼亚内罗毕	第25届联合国环境规划署理事会	讨论三种方案并成立政府间谈判委员会
2010.6	瑞典斯德哥尔摩	谈判委员会第一轮谈判	讨论文书的主要组成部分

时间	地点	会议名称	主要内容
2011.1	日本千叶	谈判委员会第二轮谈判	对文书的第一轮谈判
2011.10	肯尼亚内罗毕	谈判委员会第三轮谈判	审议和修改文书草案
2012.6	乌拉圭特拉斯角城	谈判委员会第四轮谈判	继续讨论文书草案并对分歧进行磋商
2013.1	瑞士日内瓦	谈判委员会第五轮谈判	各方妥协达成协议
2013.10	日本熊本	熊本外交大会	通过《汞公约》开放签字
2016.4	中国	第十二届全国人民代表大会常务委员会第二十次会议	批准《汞公约》
2017	中国	—	成立了由原环境保护部等部委组成的国家履行《汞公约》工作协调组
2017	瑞士日内瓦	第一次缔约方大会	通过了公约缔约方大会议事规则、公约财务规则、秘书处设置与所在地、工作计划等重要决定

《汞公约》的正文共有35条，在提出目标的同时，还对汞的来源供应、产品、生产工艺、使用、排放、储存、废物治理及相关机制做了明确规定。

关于汞的水俣公约（中文本）

兹协议如下：

第一条　目标

本公约的目标是保护人体健康和环境免受汞和汞化合物人为排放和释放的危害。

第二条　定义

就本公约而言：

（一）“手工和小规模采金业”系指由个体采金工人或资本投资和产量有限的小型企业进行的金矿开采；

（二）“最佳可得技术”系指在考虑到某一特定缔约方或该缔约方领土范围内某一特定设施的经济和技术因素的情况下，在防止并在无法防止的情况下减少汞向空气、水和土地的排放与释放以及此类排放与释放给整个环境造成的影响方面最为有效的技术。在这一语境下：

1. “最佳”系指在实现对整个环境的高水平全面保护方面最为有效；

2. “可得”技术，就某一特定缔约方和该缔约方领土范围内某一特定设施而言，系指其开发规模使之可以在经济上和技术上切实可行的条件下，在考虑到成本与惠益的情况下，应用于相关工业部门的技术——无论上述技术是否应用或开发于该缔约方领土范围内，只要该缔约方所确定的设施运营商可以获得上述技术；以及

3. “技术”系指所采用的技术、操作实践，以及设备装置的设计、建造、维护、运行和退役方式。

（三）“最佳环境实践”系指采用最适宜的环境控制措施与战略的组合；

（四）“汞”系指元素汞（Hg（0），化学文摘社编号：7439　97　6）；

（五）“汞化合物”系指由汞原子和其他化学元素的一个或多个原子构成、且只有通过化学反应才能分解为不同成分的任何物质；

（六）“添汞产品”系指含有有意添加的汞或某种汞化合物的产品或产品组件；

（七）“缔约方”系指同意受本公约约束，且本公约已对其生效的国家或区域经济一体化组织；

（八）“出席会议并参加表决的缔约方”系指出席缔约方会议并投出赞成票或反对票的缔约方；

（九）“原生汞矿开采”系指以汞为主要获取材料的开采活动；

（十）“区域经济一体化组织”系指由某一特定区域的主权国家组成的组织，其成员国已将本公约所辖事项的处理权限让渡于它，且它已按照其内部程序正式获得签署、批准、接受、核准或加入本公约的授权；以及

（十一）“允许用途”系指缔约方任何符合本公约规定的汞或汞化合物用途，其中包括但不限于那些符合第三、四、五、六和七条规定的用途。

第三条　汞的供应来源和贸易

一、就本条文而言：

（一）“汞”包含汞含量按重量计至少占95%的汞与其他物质的混合物，其中包括汞的合金；以及

（二）“汞化合物”系指氯化亚汞（亦称甘汞）、氧化汞、硫酸汞、硝酸汞、朱砂矿石和硫化汞。

二、本条文之规定不得适用于：

（一）拟用于实验室规模的研究活动或用作参考标准的汞或汞化合物用量；或

（二）在诸如非汞金属、非汞矿石、或包括煤炭在内的非汞矿产品或从此类材料中衍生出来的产品中存在的、属于自然生成的痕量汞或汞化合物，以及在化学产品中无意生成的痕量汞；或

（三）添汞产品。

三、每一缔约方均不得允许进行本公约对其生效之际未在其领土范围内进行的原生汞矿开采活动。

四、每一缔约方应只允许本公约对其生效之际业已在其领土范围内进行的原生汞矿开采活动自本公约对其生效之日后继续进行最多15年。在此期间，源自此种开采活动的汞应当仅用于依照第四条生产添汞产品、依照第五条采用的生产工艺、或依照第十一条对汞进行的处置，而且所采用的作业方式不得导致汞的回收、再循环、再生、直接再使用或用于其他替代用途；

五、各缔约方均应当：

（一）努力逐个查明位于其领土范围内的50公吨以上的汞或汞化合物库存，以及那些每年出产10公吨以上库存的汞供应来源；

（二）采取各种措施，确保只要缔约方查明氯碱设施的退役过程中出现过量的汞，便应当依照第十一条第三款第一项中所阐明的环境无害化管理准则对之加以处置，而且所采用的处置方式不得导致汞的回收、再循环、再生、直接再使用或用于其他替代用途。

六、任何缔约方均不得允许汞的出口，除非：

（一）出口至某一业已向出口缔约方出具书面同意的缔约方，而且仅应用于以下目的：

1. 进口缔约方在本公约下获准的某种允许用途；或

2. 依照第十条的规定进行环境无害化临时储存；或

（二）出口至某一业已向出口缔约方出具书面同意、包括以下情况证明的非缔约方：

1. 该非缔约方已采取了确保人体健康和环境得到保护，而且确保第十条和第十一条的规定得到遵守的措施；以及

2. 此种汞将仅用于本公约允许缔约方使用的用途，或用于依照第十条的规定进行环境无害化的临时储存。

七、出口缔约方可凭借进口缔约方或非缔约方向秘书处发出的一般性通知作为第六款所规定的书面同意。此种一般性通知中应当列明进口缔约方或非缔约方表明其同意进口的任何条款和条件。该缔约方或非缔约方可随时撤销这一通知。秘书处应当保存一份记录此种通知书的公共登记簿。

八、任何缔约方均不得允许从它将提供书面同意的非缔约方进口汞，除非该非缔约方已提供了证书，表明所涉及的汞并非来自第三款或第五款第二项规定不允许使用的来源。

九、依照第七款发出一般性同意通知的缔约方可决定不适用第八款的规定，但条件是该缔约方对汞的出口实行一系列综合限制措施，而且亦在其本国内采取措施，确保对所进口的汞实行环境无害化的管理。所涉缔约方应当向秘书处提供一份此种决定的通知，其中列出介绍说明其所实行的出口限制措施和国内管制措施的信息，以及它从非缔约方进口的汞的数量及来源国的信息。秘书处应当保存一份记录此种通知书的公共登记簿。履行和遵约委员会应当依照第十五条审查和评价此种通知书及其证明资料，并可酌情就此向缔约方大会提出建议。

十、第九款中所列相关程序应当在缔约方大会第二次会议结束之前提供各缔约方使用。其后，这一程序将不再可用，除非缔约方大会以出席会议并参加表决的缔约方用简单多数方式另外作出决定。缔约方在缔约方大会第二次会议结束之前依照第九款提供了一份说明的不在此列。

十一、每一缔约方均应在其依照第二十一条提交的报告中提供表明其已遵守本条文的各项规定的信息。

十二、缔约方大会应当在其第一次会议上就本条文、特别是其中第五款第一项、第六和第八款提供进一步指导，并应确定并通过第六款第二项和第八款所述证明书应列明的相关内容。

十三、缔约方大会应当对贸易中的具体汞化合物是否已损及本公约目标进行评价，并应当审议应否把相关汞化合物列入依照第二十七条所通过的补充附件，从而将之纳入第六和第八款规定的适用范围。

第四条 添汞产品

一、每一缔约方均应采取适当措施，不允许在针对附件A第一部分所列添汞产品明确规定的淘汰日期过后生产、进口或出口此类产品，除非已在附件A中具体规定了例外情况，或所涉缔约方已依照第六条登记了某项豁免。

二、作为第一款的替代办法，缔约方可在批准附件A的某一修正案，或其对之生效时表明它将采取不同的措施或战略来处理附件A第一部分中所列产品。缔约方只有在能够证明它业已把附件A第一部分所列绝大多数产品的生产、进口和出口数量降到最低限度的情况下，方可选择采用这一替代办法，而且还需能够在它向秘书处通知其决定使用这一替代办法时证明它已采取措施或战略来减少未列入附件A第一部分的其他产品中的汞的数量。此外，选择采用这一替代办法的缔约方还应当：

（一）在第一时间向缔约方大会汇报和说明其所采用的措施或战略的情况，包括所减少的具体数量；

（二）采取措施或战略，减少附件A第一部分中所列、尚未达到最低限值的任何产品中的汞的使用数量；

（三）考虑采取补充措施来实现进一步的减少；以及

（四）对于那些业已选择这一替代办法的任何产品类别而言，不具备依照第六条申请豁免的资格。

自本公约开始生效之日起5年之内，作为第八款所规定的审查程序的一部分，缔约方大会应当审查依照本款采取的措施的进展情况及其成效。

三、各缔约方均应按照附件A第二部分中所列规定针对该附件中所列添汞产品采取相关措施。

四、秘书处应根据缔约方所提供的信息，收集和保存有关添汞产品及其替代品的信息，并应向公众提供此种信息。秘书处还应将缔约方提交的任何其他相关信息公之于众。

五、各缔约方均应采取措施，防止将本条所规定的不得生产、进口和出口的添汞产品纳入组装产品。

六、各缔约方均应不鼓励在本公约对其生效之前为用于任何已知用途之外的用途而生产和商业分销添汞产品，除非所涉产品的风险和效益评估结果表明其对环境或人体健康有益。缔约方应当酌情向秘书处提供关于任何此种产品的信息，其中包括所涉产品的环境和人体健康风险及惠益方面的信息。秘书处应当把此种信息公之于众。

七、任何缔约方均可向秘书处提交关于将某种添汞产品列入附件A的提议，其中应列有与该产品无汞替代品的可得性、技术和经济可行性以及环境与健康风险和惠益相关的信息，同时亦应考虑到依照第四款应提供的信息。

八、自本公约生效之日起5年之内，缔约方大会应对附件A进行审查并可考虑根据第二十七条对该附件进行修正。

九、在依照本条第八款对附件A进行的任何审查过程中，缔约方大会至少应考虑到以下事项：

（一）依照第七款提交的任何提议；

（二）依照第四款中提供的信息；以及

（三）缔约方获得在经济上和技术上均为可行的无汞替代品的情况，同时亦考虑到其所涉环境和人体健康风险和惠益。

第五条　使用汞或汞化合物的生产工艺

一、就本条文和附件B而言，“使用汞或汞化合物的生产工艺”不得包括使用添汞产品的工艺、添汞产品的生产工艺、以及处理含汞废物的工艺。

二、各缔约方均应采取适当措施，不得允许在附件B第一部分中针对所列各种生产工艺明确规定的淘汰日期过后，在上述工艺中使用汞或汞化合物，除非该缔约方依照第六条登记了某项豁免。

三、各缔约方均应按照附件B第二部分的规定，采取措施限制在其中所列生产工艺中使用汞或汞化合物。

四、秘书处应当在缔约方所提供的信息的基础上收集并保存关于使用汞或汞化合物及其替代品的工艺方面的信息，缔约方亦可提供其他相关的信息，并应由秘书处将这些信息公之于众。

五、拥有一处或多处在附件B所列生产工艺中使用汞或汞化合物的设施的各缔约方均应：

（一）采取措施解决源自上述设施的汞或汞化合物的排放和释放问题；

（二）在其依照第二十一条提交的报告当中，纳入依照本款规定所采取措施的相关信息；且

（三）努力查明其领土范围内将汞或汞化合物用于附件B所列工艺的设施，并自本公约对其生效之日起3年之内向秘书处提交此类设施数量和类型的相关信息，以及上述设施内汞或汞化合物的估计年用量。秘书处应将上述信息公布于众。

六、每一缔约方均不得在本公约对其生效之日前不存在的使用附件B所列生产工艺的设施中使用汞或汞化合物。此种设施不得适用任何豁免。

七、每一缔约方均不鼓励本公约生效之前尚不存在的设施采用任何其他有意添加汞或

汞化合物的生产工艺，除非缔约方能够以缔约方大会满意的方式表明所涉生产工艺能够提供重大环境和健康惠益，而且没有任何在技术上和经济上均为可行的无汞替代工艺能够提供此种惠益。

八、鼓励缔约方相互交流以下诸方面的信息：相关的新技术的开发、经济上和技术上可行的无汞替代工艺、以及旨在减少并在可行情况下消除附件B所列生产工艺中汞和汞化合物的使用以及源自上述工艺的汞和汞化合物的排放和释放的可能性措施和技术。

九、任何缔约方均可对附件B提出修正提案，以期把使用汞或汞化合物的生产工艺列入其中。修正提案中应当包括关于无汞替代工艺的可得情况、技术和经济上的可行性，以及环境与健康风险与惠益诸方面的信息。

十、自本公约生效之日起5年之内，缔约方大会应对附件B进行审查，并可考虑根据第二十七条中所规定的程序对该附件进行修正。

十一、在依照第十款审查附件B时，缔约方大会至少应考虑到以下事项：

（一）依照第九款提交的任何提案；

（二）根据第四款提供的信息；以及

（三）相关缔约方在技术上和经济上均为可行的无汞替代工艺的可获得情况，同时亦考虑到所涉环境与健康风险和惠益。

第六条　缔约方提出要求后可以享受的豁免

一、任何国家或区域经济一体化组织均可采用书面通知秘书处的方式，登记一项或多项针对附件A或附件B所列淘汰日期的豁免，以下称为“豁免”：

（一）成为本公约缔约方之际；或者

（二）若有任何添汞产品以修正形式增列入附件A，或有任何使用汞的生产工艺以修正形式增列入附件B，则应当在不迟于相关修正对缔约方生效之日提出。

任何此种登记均应随附一份解释所涉缔约方为何需要享受该项豁免的说明。

二、可针对附件A或附件B所列某一类别登记一项豁免，或可针对由任何国家或区域经济一体化组织所确定的其中某一分类别登记一项豁免。

三、应当在一份登记簿中列明享有一项或多项豁免的每一缔约方。秘书处应负责建立和保管登记簿并向公众开放。

四、登记簿应包括下列内容：

（一）享有一项或多项豁免的缔约方清单；

（二）每一缔约方所登记的一项或多项豁免；以及

（三）每项豁免的失效日期。

五、除非缔约方在登记簿中注明了一个更短的有效期，否则依照第一款确定的豁免应当于附件A或附件B中所规定的相关淘汰日期5年后失效。

六、缔约方大会可应缔约方的要求，决定将某项豁免的有效期延长5年，除非所涉缔约方要求的是一个较此更短的豁免时期。在作出决定时，缔约方大会应充分考虑到以下情形：

（一）缔约方阐述延长豁免有效期的必要性，并概述已经开展和计划开展的、旨在可行情况下尽快消除实行该项豁免之必要性的各项活动的报告；

（二）可得信息，包括不含汞或汞用量低于豁免用途的替代产品和工艺的可得性方面的信息；以及

（三）计划开展的或正在开展的旨在对汞进行环境无害化储存，并对汞废物进行环境无害化处置的各项活动。

某项豁免按产品和淘汰日期计算只可延期一次。

七、缔约方可随时书面通知秘书处撤销某项豁免。豁免的撤销应自相关通知内注明的日期开始生效。

八、尽管有第一款的规定，任何国家或区域经济一体化组织均不得在附件A或附件B中所列相关产品或工艺的淘汰日期到期后5年之后登记注册任何豁免，除非一个或多个缔约方就该产品或工艺一直享有业经登记的豁免，而且业已依照第六款的规定获准延期。在此种情形中，一国或一区域经济一体化组织可按第一款第一项和第二项中所给出的时间段就该产品或工艺登记某项豁免。此种豁免应当自相关的淘汰日期起10年后失效。

九、任何缔约方均不得自附件A或附件B中所列产品或工艺的淘汰日期起10年后的任何时候针对这些产品或工艺享有任何豁免。

第七条　手工和小规模采金业

一、本条文以及附件C中所规定的措施适用于采用汞齐法从矿石当中提取黄金的手工和小规模采金与加工活动。

二、其领土范围内存在适用本条文的手工和小规模采金与加工活动的每一缔约方均应采取措施，减少并在可行情况下消除此类开采与加工活动中汞和汞化合物的使用及此类汞向环境中的排放和释放。

三、每一缔约方若在任何时候确定其领土范围内的手工和小规模采金与加工活动已超过微不足道的水平，均应就此通知秘书处。若缔约方已作出此种确认，则应：

（一）根据附件C制订并实施一项国家行动计划；

（二）在本公约对其生效后3年之内，或在通知秘书处后3年之内（二者之间以较迟者为准），将其国家行动计划提交秘书处；且

（三）其后，每3年对其在履行本条文规定的各项义务方面所取得的进展进行一次审查，并将上述审查结果纳入依照第二十一条提交的报告。

四、缔约方可酌情开展彼此之间以及与相关政府间组织及其他实体之间的合作，以实现本条文之目标。上述合作可包括：

（一）制定战略，以防止将汞或汞化合物挪用于手工和小规模采金与加工活动；

（二）教育、推广以及能力建设举措；

（三）推动研究可持续的无汞替代方法；

（四）提供技术援助和财政援助；

（五）旨在协助履行其在本条文下的各项承诺的合作伙伴关系；以及

（六）利用现行的信息交流机制推广知识、最佳环境实践以及在环境上、技术上、社会上和经济上切实可行的替代技术。

第八条　排放

一、本条文适用于通过对属于附件D中所列来源类别的范围的点源的排放采取措施，以控制，并于可行时减少通常表述为“总汞”的汞和汞化合物向大气中的排放问题。

二、对于本条文而言：

（一）“排放”系指汞或汞化合物向大气中的排放；

（二）“相关来源”是指属于附件D中所列来源类别范围的某种来源。缔约方可选择确立相关标准，用以确定附件D中所列某一来源类别内所涵盖的相关来源，只要关于其中任何来源的标准中包括来自所涉类别的排放量至少为75%即可；

（三）“新来源”是指属于附件D中所列类别的、且其建造或重大改造工程始于自以下日期起至少1年以后的任何相关来源：

1. 本公约对所涉缔约方开始生效之日；或

2. 对附件D的某一修正案对所涉缔约方开始生效之日——该来源系完全因为上述修正案才开始适用本公约之各项规定；

（四）“重大改造”是指对可导致排放量大幅增加的相关来源的重大改造工程，其中不包括因对副产品的回收而导致的排放量的任何变化。应当由所涉缔约方决定某一改造是否属于重大改造；

（五）“现有来源”系指不属于新来源的任何相关来源；

（六）“排放限值”系指对源自排放点源的汞或汞化合物的浓度、质量或排放率实行的限值，通常表述为某种来自某一点源的“总汞”。

三、拥有相关来源的缔约方应当采取措施，控制汞的排放，并可制订一项国家计划，设定为控制排放而采取的各项措施及其预计指标、目标和成果。任何计划均应自本公约开始对所涉缔约方生效之日起4年内提交缔约方大会。如果缔约方选择依照第二十条制订一项国家实施计划，则该缔约方可把本款所规定的计划纳入其中。

四、对于新来源而言，每一缔约方均应要求在实际情况允许时尽快、但最迟应自本公约开始对其生效之日起5年内使用最佳可得技术和最佳环境实践，以控制并于可行时减少排放。缔约方可采用符合最佳可得技术的排放限值。

五、对于现有来源而言，每一缔约方均应在实际情况允许时尽快、但不迟于自本公约开始对其生效之日起10年内，在其国家计划中列入并实施下列一种或多种措施，同时考虑到其国家的具体国情，以及这些措施在经济和技术上的可行性及其可负担性；

（一）控制并于可行时减少源自相关来源的排放的量化目标；

（二）控制并于可行时减少来自相关来源的排放限值；

（三）采用最佳可得技术和最佳环境实践来控制源自相关来源的排放；

（四）采用针对多种污染物的控制战略，从而取得控制汞排放的协同效益；

（五）减少源自相关来源的排放的替代性措施。

六、缔约方既可对所有相关的现有来源采取同样的措施，亦可针对不同来源类别采取不同的措施。目标是使其所采取的措施得以随着时间的推移在减少排放方面取得合理的进展。

七、每一缔约方均应在实际情况允许时尽快，且自本公约开始对其生效之日起5年内建立、并于嗣后保存一份关于相关来源的排放情况的清单。

八、缔约方大会应当在其第一次会议上针对下列事项通过指导意见：

（一）最佳可得技术和最佳环境实践，同时亦考虑到新来源与现有来源之间的任何差异，并就尽最大限度减少跨介质影响的必要性提供指导意见；以及

（二）为缔约方实施本条第五款中所规定的措施提供支持，特别是在确立国家目标和订立排放限值方面提供支持。

九、缔约方大会应当在实际情况允许时尽快就下列事项通过指导意见：

（一）缔约方可依照本条第二款第二项制定的标准；

（二）用于拟定排放清单的方法学。

十、缔约方大会应当定期审查并酌情更新依照第八和第九款提出的指导意见。缔约方应当在执行本条各相关条款时考虑到这些指导意见。

十一、每一缔约方均应在其依照第二十一条提交的报告中列入关于其实施本条条款情况的信息，特别是关于其依照第四至第七款所采取的措施、以及关于这些措施的实际成效的信息。

第九条　释放

一、本条文适用于控制，以及于可行时，减少来自那些未在本公约的其他条款中涉及的相关点源向土地和水中释放通常表述为“总汞”的汞和汞化合物。

二、就本条文而言：

（一）“释放”是指汞或汞化合物向土地或水中的释放；

（二）“相关来源”是指那些由缔约方所确定的、未在公约其他条款中涉及的任何重大人为释放点源；

（三）“新来源”是指任何相关的来源，此种来源的建造或重大改造系自本公约开始对所涉缔约方生效之日起至少1年之后启动；

（四）“重大改造”是指对某一相关来源进行的、导致其排放量大幅增加的改造，其中

不包括因对其副产品进行的回收而导致的释放量的任何改变。所涉改造是否属于重大改造应当由所涉缔约方认定；

（五）“现有来源”是指任何不属于新的来源的相关来源；

（六）“释放限值”是指针对源自某一点源所释放的、通常表述为“总汞”的汞或汞化合物的浓度或质量确定的一种限值。

三、每一缔约方均应不迟于本公约对其开始生效之日起3年内、并于其后定期查明相关的点源类别。

四、那些拥有相关来源的缔约方应采取各种措施控制其释放，并可制定一项国家计划，列明为控制释放而采取的各种措施及其预计指标、目标和成果。任何计划均应自本公约对所涉缔约方开始生效之日起4年内提交缔约方大会。如果缔约方依照第二十条制定了一项实施计划，则所涉缔约方可把依照本款制定的计划列入这一执行计划之中。

五、相关措施应当酌情包括下列一种或多种措施：

（一）采用释放限值，以控制并于可行时减少来自相关来源的释放；

（二）采用各种最佳可得技术和最佳环境实践，以控制来自各类相关来源的释放；

（三）订立一项同时对多种污染物实行控制的战略，以期在控制释放方面取得协同效益；

（四）采取旨在减少来自相关来源的释放的其他措施。

六、在实际情况允许时尽快、且不迟于自本公约对其开始生效之日起5年内建立、并于嗣后保持一份关于各相关来源的释放情况的清单。

七、缔约方大会应在实际情况允许时尽快通过关于下列事项的指导意见：

（一）最佳可得技术和最佳环境实践，同时亦考虑到新的来源与现有来源之间的任何区别以及尽最大限度减少跨媒介影响的必要性；

（二）用于拟定释放清单的方法学。

八、每一缔约方均应在其依照第二十一条提交的报告中提供关于本条执行情况的信息，特别是关于其依照第三至第六款所采取的措施及其成效方面的信息。

第十条 汞废物以外的汞环境无害化临时储存

一、本条文适用于第三条中所界定的、不属于第十一条中所列汞废物定义涵盖范围之内的汞和汞化合物的临时储存问题。

二、每一缔约方均应采取措施，顾及本条第三款通过的任何指导准则，遵照依本条第三款通过的任何要求，确保使拟用于缔约方在本公约下获准的允许用途的此类汞和汞化合物的临时储存以环境无害化的方式进行。

三、缔约方大会应在顾及《巴塞尔公约》下制定的任何相关指导准则以及其他相关指导意见的情况下，针对此类汞和汞化合物的环境无害化临时储存问题制定指导准则。缔约方大会可依照第二十七条以本公约增列附件的形式通过关于临时储存问题的各项规定。

四、缔约方应酌情相互合作，并与相关政府间组织及其他实体合作，以加强各方在此类汞和汞化合物的环境无害化临时储存问题上的能力建设。

第十一条　汞废物

一、就《巴塞尔公约》缔约方而言，《巴塞尔公约》的相关定义适用于本公约所涵盖的废物。对于那些不属于《巴塞尔公约》缔约方的本公约缔约方而言，则应以这些定义为指导，用于本公约所涵盖的废物。

二、就本公约而言，汞废物系指汞含量超过缔约方大会经与《巴塞尔公约》各相关机构协调后统一规定的阈值，按照国家法律或本公约之规定予以处置或准备予以处置或必须加以处置的下列物质或物品：

（一）由汞或汞化合物构成；

（二）含有汞或汞化合物；或者

（三）受到汞或汞化合物污染。

这一定义不涵盖源自除原生汞矿开采以外的采矿作业中的表层土、废岩石和尾矿石，除非其中含有超出缔约方大会所界定的阈值量的汞或汞化合物。

三、每一缔约方均应采取适当措施，以使汞废物：

（一）得以在虑及在《巴塞尔公约》下制定的指导准则、并遵照缔约方大会将依照第二十七条以增列附件的形式通过的各项要求的情况下，以环境无害化的方式得到管理。缔约方大会在拟订这些要求时应虑及缔约方的废物管理规定和方案；

（二）仅为缔约方在本公约下获准的某种允许用途或为依照本条第三款第一项进行环境无害化处置而得到回收、再循环、再生或直接再使用；

（三）《巴塞尔公约》缔约方不得进行跨越国际边境的运输，除非以遵照本条以及《巴塞尔公约》的条款进行环境无害化处置为目的。在《巴塞尔公约》对跨越国际边境的运输不适用情况下，缔约方只有在虑及相关国际规则、标准和准则后，才得允许进行此类运输。

四、在酌情审查和更新本条第三款第一项所述及的指导准则时，缔约方大会应寻求与《巴塞尔公约》的相关机构密切合作。

五、鼓励缔约方酌情相互合作，并与相关政府间组织及其他实体合作，开发并保持全球、区域和国家对汞废物实行环境无害化管理的能力。

第十二条　污染场地

一、各缔约方均应努力制定适宜战略，用以识别和评估受到汞或汞化合物污染的场地。

二、任何旨在降低此类场地所造成的风险的行动，均应以环境无害化的方式进行，并酌情囊括一项针对其中所含汞或汞化合物对人体健康和环境所构成风险的评估。

三、缔约方大会应针对污染场地的管理问题通过指导意见，其中可附有针对以下问题的解决方法和办法：

（一）场地识别与特征鉴别；

（二）公众参与；

（三）人体健康与环境风险评估；

（四）污染场地风险管理的选择方案；

（五）惠益与成本评估；以及

（六）成果验证。

四、鼓励缔约方针对污染场地的识别、评估、确定优先次序、管理和视情修复问题合作制定战略并开展活动。

第十三条 财政资源和财务机制

一、每一缔约方均承诺在其能力范围内根据其国家政策、优先重点、计划和方案为旨在执行本公约而开展的国家活动提供资源。此种资源可包括通过相关政策、发展战略和国家预算以及双多边供资和私营部门参与获得的国内供资。

二、发展中国家缔约方执行本公约的总体成效与本条的有效执行具有相关性。

三、迫切鼓励各方通过多边、区域和双边来源提供财政和技术援助、以及能力建设和技术转让，用以增强和增加针对汞采取的行动，以期从财政资源、技术援助和技术转让诸方面为协助发展中国家缔约方执行本公约提供支持。

四、缔约方在其供资行动中，应当充分考虑到那些小岛屿发展中国家或最不发达国家缔约方的具体需要和特殊国情。

五、兹确立一提供充足的、可预测的和及时的财政资源的机制。这一机制旨在支持发展中国家缔约方和经济转型缔约方履行其依照本公约承担的各项义务。

六、这一机制应当包括：

（一）全球环境基金信托基金；以及

（二）一项旨在支持能力建设和技术援助的专门国际方案。

七、全球环境基金信托基金应当提供新的、可预测的、充足的和及时的财政资源，用于支付为执行缔约方大会所商定的、旨在支持本公约的执行工作而涉及的费用。为了本公约之目的，全球环境基金信托基金应当在缔约方大会的指导下运作并对缔约方大会负责。缔约方大会应当对此种财政资源的获得和使用所涉及的总体战略、政策、方案优先重点和资格提供指导。此外，缔约方大会还应当对能够从全球环境基金信托基金获得资助的活动类别的指示清单提供指导。全球环境基金信托基金应当提供资源，用于支付所商定的全球环境惠益所涉及的增量成本以及所商定的某些基础活动的全部费用。

八、在为一项活动提供资源过程中，全球环境基金信托基金应当考虑到这一拟议活动在减少汞方面所具有的潜力及其所涉及的费用。

九、为了本公约之目的，本条第六款第二项中所提及的国际方案应当在缔约方大会的指导下运作并对缔约方大会负责。缔约方大会应当在其首次会议上就这一方案的东道机构作出决定（这一东道机构应是一个现有的实体单位），并负责向该机构提供指导，包括该方案的期限。邀请所有缔约方和其他利益攸关方在自愿基础上向这一方案提供财政资源。

十、缔约方大会以及构成这一财务机制的各实体应当在缔约方大会的首次会议上商定实行上述各款的相关安排。

十一、缔约方大会应当最迟在其第三次会议上、并于嗣后定期审查供资水平、缔约方大会向那些受托运行依照本条设立的财务机制的实体所提供的指导及它们的成效、它们满足发展中国家缔约方和经济转型缔约方不断变化的需要的能力。缔约方大会应当根据此种审查结果为改进财务机制的成效采取适当的行动。

十二、邀请所有缔约方在其能力范围内向这一财务机制提供捐助。财务机制应当鼓励由其他来源提供资源，包括私营部门，并应寻求为它所支持的各种活动撬动此种资源。

第十四条　能力建设、技术援助和技术转让

一、缔约方应协同合作，在其各自的能力范围内，向发展中国家缔约方、尤其是最不发达国家或小岛屿发展中国家缔约方，以及经济转型缔约方提供及时和适宜的能力建设和技术援助，以协助它们履行本公约所规定的各项义务。

二、依照本条第一款以及第十三条开展的能力建设和技术援助可通过区域、次区域以及国家一级的安排，包括现有的区域和次区域中心，通过其他多边和双边手段，以及通过伙伴关系，包括涉及私营部门的伙伴关系，予以提供。应寻求与化学品和废物领域内其他多边环境协定之间开展合作与协调，以提高技术援助及其结果的成效。

三、发达国家缔约方和其他缔约方在其能力范围内，酌情在私营部门及其他相关利益攸关方的支持下，应向发展中国家缔约方、尤其是最不发达国家和小岛屿发展中国家以及经济转型缔约方推动和促进最新的环境无害化替代技术的开发、转让、普及和获取，以增强它们有效执行本公约的能力。

四、缔约方大会应虑及缔约方提交的呈文和报告，包括按照第二十一条的规定提交的呈文和报告，以及其他利益攸关方提供的信息，在其第二次会议前并于嗣后定期：

（一）考虑关于替代技术现行举措及所取得进展的相关信息；

（二）考虑缔约方、尤其是发展中国家缔约方对替代技术的需求；以及

（三）查明缔约方、尤其是发展中国家缔约方在技术转让方面遇到的各种挑战。

五、缔约方大会应就如何依照本条的规定进一步加强能力建设、技术援助和技术转让工作提出建议。

第十五条　履行与遵约委员会

一、兹设立一项机制，其中包括一个作为缔约方大会附属机构的委员会，负责推动本公约各项条款的履行并审查本公约各项条款的遵约情况。这一机制，包括上述委员会，在本质上应具促进性，并应特别注重缔约方各自的国家能力和具体国情。

二、委员会应促进本公约所有条款的履行，并审议所有条款的遵守。委员会应审查履行和遵约方面的个体性问题和系统性问题，并酌情向缔约方大会提出建议。

三、委员会应当在充分考虑以联合国五大区域为基础的公平地域代表性原则的情况下，由缔约方提名并由缔约方大会选出的15名成员组成；其首批成员应在缔约方大会第一次会议上选举产生，并于嗣后依照缔约方大会根据第五款批准的议事规则选举产生；委员会各成员应当在与本公约相关的某一领域内具有专业能力，而且委员会的成员构成应能反映出专业知识间的适当平衡。

四、委员会可在如下基础上考虑问题：

（一）任何缔约方提交的有关其自身遵约事项的书面呈文；

（二）依照第二十一条提交的国家报告；以及

（三）缔约方大会提出的要求。

五、委员会应当详细制订其议事规则，供缔约方大会在其第二次会议上批准；缔约方大会可通过委员会的进一步的工作大纲。

六、委员会应尽一切努力以协商一致的方式通过其建议。如已竭尽一切努力仍无法达成一致意见，则应作为最后手段，根据其成员的三分之二法定人数，以出席会议并参加表决的成员的四分之三多数票通过此类建议。

第十六条 健康方面

一、鼓励各缔约方：

（一）推动制定并落实战略和方案，以查明和保护处于风险之中的群体、尤其是那些脆弱群体，其中可包括在公共卫生部门及其他相关部门的参与下：针对接触汞和汞化合物的问题，制定以科学为依据的健康导则；在适用情况下确立减少汞接触的目标；以及开展公共教育；

（二）针对职业接触汞和汞化合物的问题，推动制定并落实以科学为依据的教育和防范方案；

（三）推动为因接触汞和汞化合物而受到影响的群体的预防、治疗和护理提供适当的医疗保健服务；以及

（四）酌情建立和加强机构和医务人员在因接触汞和汞化合物而导致的健康风险方面的预防、诊断、治疗和监测能力。

二、在考虑与健康有关的议题或活动时，缔约方大会应：

（一）酌情与世界卫生组织、国际劳工组织及其他相关政府间组织开展咨询与协作；

（二）酌情促进与世界卫生组织、国际劳工组织、以及其他相关国际组织的合作与信息交流。

第十七条 信息交流

一、各缔约方应促进以下信息的交流：

（一）有关汞和汞化合物的科学、技术、经济和法律信息，包括毒理学、生态毒理学和安全信息；

（二）有关减少或消除汞和汞化合物的生产、使用、贸易、排放和释放的信息；

（三）在技术和经济上可行的对下列产品和工艺的替代信息：

1. 添汞产品；

2. 使用汞或汞化合物的生产工艺；以及

3. 排放或释放汞或汞化合物的活动和工艺；

包括此类替代产品和工艺的健康与环境风险以及经济和社会成本与惠益方面的信息；以及

（四）接触汞和汞化合物的健康影响方面的流行病学信息，可酌情与世界卫生组织和其他相关组织密切合作。

二、缔约方可直接、或通过秘书处、或酌情与其他相关组织，包括化学品和废物公约的秘书处合作，交流第一款所述及的信息。

三、秘书处应促进本条所述信息交流方面的合作，同时促进与相关组织之间的合作，包括多边环境协定以及其他国际倡议的秘书处。除缔约方提供的信息外，上述信息还应包括在汞问题领域拥有专长的政府间组织和非政府组织以及拥有上述专长的国家机构和国际机构提供的信息。

四、各缔约方均应指定一个国家联络点，负责在本公约下交流信息，包括有关第三条所规定的进口缔约方同意问题的信息。

五、就本公约而言，人体健康与安全以及环境方面的相关信息不得视为机密信息。依照本公约交流其他信息的缔约方应按照双方约定保护任何机密信息。

第十八条　公共信息、认识和教育

一、各缔约方均应在其能力范围内推动和促进：

（一）向公众提供以下方面的现有信息：

1. 汞和汞化合物对健康和环境的影响；

2. 汞和汞化合物的替代品；

3. 第十七条第一款所确定的各项主题；

4. 第十九条所要求的研究、开发和监测活动的结果；以及

5. 为履行本公约各项义务而开展的活动；

（二）酌情与相关政府间组织和非政府组织以及脆弱群体协作，针对接触汞和汞化合物对人体健康和环境的影响问题所开展的教育、培训以及提高公众认识的活动。

二、每一缔约方均应利用现行机制或考虑建立相关机制，如在适用情况下建立污染物释放和转移登记簿等，以收集和传播其通过人为活动排放、释放或处置的汞和汞化合物的年度估计数量方面的相关信息。

第十九条　研究、开发和监测

一、缔约方应考虑到其各自的国情和能力，努力合作开发并改进：

（一）汞和汞化合物的使用、消费以及向空气中的人为排放和向水和土地中的人为释放方面的清单；

（二）针对脆弱群体以及包括诸如鱼类、海洋哺乳动物、海龟和鸟类等生物媒介在内的环境介质当中的汞和汞化合物含量建立的模型和进行的具有地域代表性的监测活动，以及在收集和交换适当的相关样本方面所开展的协作；

（三）除汞和汞化合物对社会、经济和文化影响评估外，其对人体健康与环境的影响评估，尤其是对脆弱群体而言；

（四）用于本款第一、二、三项下所开展活动的协调统一的方法学；

（五）汞和汞化合物在一系列生态系统中的环境周期、迁移（包括远程迁移和沉降）、转化与归宿方面的信息，其中适当考虑到人为的与自然的汞排放和释放之间的区别，以及历史性沉降中的汞的再活化问题；

（六）汞和汞化合物以及添汞产品的商业及贸易信息；以及

（七）无汞产品和工艺技术经济可得性方面的信息与研究，以及减少和监测汞和汞化合物排放和释放的最佳可得技术和最佳环境实践方面的信息与研究。

二、缔约方在开展本条第一款所确定的行动时，应酌情依托现有的监测网络和研究项目。

第二十条 实施计划

一、每一缔约方在进行初步评估后，考虑到其本国国情，可制定并执行一项实施计划，用以履行本公约下的义务。任何此类计划均应在制定完毕后尽快递交秘书处。

二、每一缔约方，虑及其国内情况并参考缔约方大会的指导意见及其他相关指导意见，可审查和更新其实施计划。

三、在开展本条第一款和第二款所述工作时，缔约方应咨询本国利益攸关方，以促进其实施计划的制定、实施、审查和更新工作。

四、缔约方亦可围绕区域计划协调配合，以促进本公约的实施。

第二十一条 报告

一、各缔约方均应通过秘书处向缔约方大会报告其为实施本公约各条款而采取的措施，并报告上述措施在实现本公约目标方面的成效以及可能遇到的挑战。

二、各缔约方均应在其报告中纳入本公约第三、五、七、八和九条所要求的信息。

三、缔约方大会应考虑与其他相关的化学品和废物公约协同报告是否可取，在其第一次会议上决定缔约方应遵守的报告时间与格式。

第二十二条 成效评估

一、缔约方大会应在本公约生效后6年内开始，并于嗣后按照它所确定的时间间隔定期对本公约的成效进行评估。

二、为便于开展评估工作，缔约方大会应在其第一次会议上着手做出安排，以为其提供以下方面的可比监测数据：环境中汞和汞化合物的存在和迁移情况，以及生物媒介和脆弱群体当中观察到的汞和汞化合物的含量趋势。

三、评估工作应在现有的科学、环境、技术、财政和经济信息基础上进行，包括：

（一）依照本条第二款向缔约方大会提供的报告及其他监测信息；

（二）依照第二十一条提交的报告；

（三）依照第十五条提供的信息和建议；以及

（四）依照本公约的规定编制的财政援助、技术转让和能力建设安排的运作情况诸方面的报告及其他相关信息。

第二十三条　缔约方大会

一、兹设立缔约方大会。

二、缔约方大会第一次会议应当自本公约生效日期起1年内由联合国环境规划署执行主任召集举行。嗣后，缔约方大会的常会应当按照缔约方大会所确定的时间间隔定期举行。

三、缔约方大会的特别会议应当在缔约方大会认为必要的其他时间举行，或应任何缔约方的书面请求，在秘书处将该请求通报所有缔约方后的6个月内，并在该请求得到至少三分之一缔约方支持的情况下举行。

四、缔约方大会应当在其第一次会议上以协商一致的方式商定并通过缔约方大会及其任何附属机构的议事规则和财务细则，以及有关秘书处运作的财务条例。

五、缔约方大会应不断审查和评价本公约的实施情况和履行本公约为其规定的各项职责，并应为此目的：

（一）为实施本公约设立它认为必要的附属机构；

（二）酌情与相关的国际组织、政府间组织和非政府组织开展合作；

（三）定期审查大会及秘书处依照第二十一条获得的所有信息；

（四）考虑履行与遵约委员会提交的任何建议；

（五）考虑并采取为实现本公约各项目标可能需要采取的任何额外行动；

（六）依照第四条和第五条审查附件A和附件B。

六、联合国及其专门机构、国际原子能机构以及任何非本公约缔约方的国家均可作为观察员出席缔约方大会的会议。任何组织或机构，无论是国家或国际性质、政府或非政府性质，只要在本公约所涉事项方面具有资格，并已通知秘书处愿意以观察员身份出席缔约方大会的会议，均可被接纳参加会议，除非有至少三分之一的出席缔约方对此表示反对。观察员的接纳和出席应遵守缔约方大会所通过的议事规则。

第二十四条　秘书处

一、兹设立秘书处。

二、秘书处的职能应当包括：

（一）为缔约方大会及其附属机构的会议做出安排，并为之提供所需的服务；

（二）根据要求，为协助缔约方、特别是发展中国家缔约方和经济转型缔约方实施本公约提供便利；

（三）酌情与相关国际组织的秘书处、特别是其他化学品和废物公约的秘书处进行协调；

（四）协助缔约方相互交流与实施本公约有关的信息；

（五）基于根据第十五条和第二十一条收到的信息以及其他现有信息，定期编制并向缔约方提交报告；

（六）在缔约方大会的总体指导下，做出为切实履行其职能所需的行政和合同安排；以及

（七）履行本公约明文规定的其他秘书处职能以及缔约方大会可能为之规定的其他职能。

三、本公约的秘书处职能应当由联合国环境规划署执行主任负责履行，除非缔约方大会以出席会议并参加表决的缔约方的四分之三多数票决定委托另一个或几个国际组织履行上述职能。

四、缔约方大会，经与适当国际机构磋商，可加强秘书处与其他化学品和废物公约秘书处之间的合作与协调。缔约方大会，经与适当国际机构磋商，可就此提供进一步的指导。

第二十五条 争端解决

一、缔约方应争取通过谈判或其自行选择的其他和平方式解决彼此之间因本公约的解释或适用问题而产生的任何争端。

二、非区域经济一体化组织的缔约方在批准、接受、核准或加入本公约时，或在其后任何时候，可在交给保存人的一份书面文书中声明，对于因本公约的解释或适用问题而产生的任何争端，该缔约方承认在涉及接受同样义务的任何其他缔约方时，下列一种或两种争端解决方式具有强制性：

（一）按照载于附件E第一部分中的程序进行仲裁；

（二）将争端提交国际法院审理。

三、区域经济一体化组织缔约方可针对第二款所述裁决方式，发表类似的声明。

四、依照第二款或第三款所发表的声明，在其中所规定的有效期内或自其撤销声明的书面通知交存于保存人后3个月内，应一直有效。

五、除非争端各方另有协议，否则声明的失效、撤销声明的通知或作出新的声明均不得在任何方面影响仲裁庭或国际法院正在进行的审理。

六、如果争端各方尚未依照第二款或第三款接受同样的争端解决方法，且它们未能在一方通知另一方它们之间存在争端后的12个月内根据第一款规定的方式解决争端，则该争端应在争端任何一方的要求之下提交调解委员会。载于附件E第二部分的程序应适用于在本条文下进行的调解。

第二十六条　公约的修正

一、任何缔约方均可针对本公约提出修正案。

二、本公约的修正案应在缔约方大会的会议上通过。对本公约提出的任何修正案案文均应由秘书处在建议通过该项修正案的会议举行之前至少提前6个月通报各缔约方。秘书处还应将该拟议修正案通报本公约所有签署方，并呈交保存人阅存。

三、缔约方应尽一切努力以协商一致的方式就针对本公约提出的任何修正案达成协议。如已竭尽一切努力仍无法达成一致意见，则应作为最后手段，以出席会议并参加表决的缔约方的四分之三多数票通过所涉修正案。

四、已获通过的修正案应由保存人通报所有缔约方，供其批准、接受或核准。

五、对修正案的批准、接受或核准应以书面形式通知保存人。按照第三款通过的修正案，应自该修正案通过之时缔约方的至少四分之三多数交存批准、接受或核准文书之日起第90天对同意接受该修正案约束的各缔约方生效。其后，任何其他缔约方自交存批准、接受或核准该修正案的文书之日起第90天，该修正案即开始对其生效。

第二十七条　附件的通过和修正

一、本公约各项附件构成本公约不可分割的组成部分。除非另有明文规定，凡提及本公约时，亦包括其所有附件在内。

二、在本公约生效之后通过的任何增补附件均应仅限于程序、科学、技术或行政事项。

三、下列程序应适用于本公约增补附件的提出、通过和生效：

（一）增补附件应按照第二十六条第一至第三款规定的程序提出和通过；

（二）任何缔约方如无法接受某一增补附件，则应在保存人就通过该增补附件发出通知之日起1年内将此种情况书面通知保存人。保存人应在接获任何此类通知后立即通知所有缔约方。缔约方可随时书面通知保存人撤销先前对某一增补附件提出的不予接受通知，据此该附件即应根据第三项的规定对该缔约方生效；且

（三）保存人就通过某一增补附件发出通知之日起1年后，该附件便应对尚未按照第二项的规定提交不予接受通知的本公约所有缔约方生效。

四、本公约各附件修正案的提出、通过和生效均应与本公约增补附件的提出、通过和生效遵循相同的程序，但如果任何缔约方已按照第三十条第五款的规定就附件修正案作出声明，则该附件修正案不得对该缔约方生效。此种情况下，任何此类修正案均将自该缔约方向保存人交存该修正案的批准、接受、核准或加入文书之日起的第90天起对该缔约方生效。

五、若某新增附件或某附件的修正案与本公约某个修正案有关，则在本公约上述修正案生效以前，该新增附件或附件修正案不得生效。

第二十八条　表决权

一、除第二款规定者外，本公约各缔约方均拥有一票表决权。

二、区域经济一体化组织在就其权限范围内的事项行使表决权时，其票数应与其作为本公约缔约方的成员国数目相同。如果此类组织的任何成员国行使表决权，则该组织便不得行使表决权，反之亦然。

第二十九条 签署

本公约应自2013年10月10日至11日在日本熊本、嗣后直至2014年10月9日在纽约联合国总部开放供所有国家和区域经济一体化组织签署。

第三十条 批准、接受、核准或加入

一、本公约须经各国和各区域经济一体化组织批准、接受或核准。本公约应自签署截止之日的次日起开放供各国和各区域经济一体化组织加入。批准、接受、核准或加入文书应当交存于保存人。

二、任何已成为本公约缔约方、但其成员国却均未成为缔约方的区域经济一体化组织，均应受本公约所规定的一切义务约束。若此类组织的一个或多个成员国是本公约缔约方，则该组织及其成员国应决定其各自为履行本公约规定的义务而承担的责任。在此种情形中，该组织及其成员国无权共同行使本公约所规定的权利。

三、区域经济一体化组织应当在其批准、接受、核准或加入文书中声明其在本公约所规定事项上的权限范围。任何此类组织亦应将其权限范围的任何相关变更通知保存人，再由保存人通知各缔约方。

四、鼓励每一国家或区域经济一体化组织在其批准、接受、核准或加入本公约时向秘书处转交其关于为执行本公约而采取的措施的信息。

五、任何缔约方均可在其批准、接受、核准或加入文书中声明，就该缔约方而言，对某一附件的任何修正只有在其交存了批准、接受、核准或加入文书之后方能对其生效。

第三十一条 生效

一、本公约应自第50份批准、接受、核准或加入文书交存之日起第90天开始生效。

二、对于在第50份批准、接受、核准或加入文书交存之后批准、接受、核准本公约或加入本公约的各国家或区域经济一体化组织，本公约应自该国或该区域经济一体化组织交存其批准、接受、核准或加入文书之日起第90天开始对其生效。

三、就第一款和第二款而言，区域经济一体化组织所交存的任何文书均不得视为该组织成员国所交存文书之外的额外文书。

第三十二条 保留

不得对本公约提出任何保留。

第三十三条 退出

一、自本公约对某一缔约方生效之日起3年后，该缔约方可随时向保存人发出书面通知，退出本公约。

二、任何此种退出均应在保存人收到退出通知之日起1年后开始生效，或在退出通知

中可能指定的一个更晚日期开始生效。

第三十四条　保存人

应当由联合国秘书长担任本公约的保存人。

第二十五条　作准文本

本公约的正本应当交存于保存人，其阿拉伯文、中文、英文、法文、俄文和西班牙文文本均同为作准文本。

下列签署人，经正式授权，在本公约上签字，以昭信守。

公历二〇一三年十月十日订于日本熊本

附件A　添汞产品

本附件不涵盖下列产品：

（一）民事保护和军事用途所必需的产品；

（二）用于研究、仪器校准或用于参照标准的产品；

（三）在无法获得可行的无汞替代品的情况下，开关和继电器、用于电子显示的冷阴极荧光灯和外置电极荧光灯以及测量仪器；

（四）传统或宗教所用产品；以及

（五）以硫柳汞作为防腐剂的疫苗。

第一部分：受第四条第一款管制的产品

添汞产品	开始禁止产品生产、进口或出口的时间（淘汰时间）
电池，不包括含汞量低于 2%的扣式锌氧化银电池以及含汞量低于 2%的扣式锌空气电池	2020 年
开关和继电器，不包括每个电桥、开关或继电器的最高含汞量为 20 毫克的极高精确度电容和损耗测量电桥及用于监控仪器的高频射频开关和继电器	2020 年
用于普通照明用途、不超过 30 瓦、单支含汞量超过 5 毫克的紧凑型荧光灯	2020 年
下列用于普通照明用途的直管型荧光灯： （一）低于 60 瓦、单支含汞量超过 5 毫克的直管型荧光灯（使用三基色荧光粉） （二）低于 40 瓦（含 40 瓦）、单支含汞量超过 10 毫克的直管型荧光灯（使用卤磷酸盐荧光粉）	2020 年
用于普通照明用途的高压汞灯	2020 年
用于电子显示的冷阴极荧光灯和外置电极荧光灯中使用的汞： （一）长度较短（≤500 毫米），单支含汞量超过 3.5 毫克 （二）中等长度（＞500 毫米且≤1500 毫米），单支含汞量超过 5 毫克 （三）长度较长（＞1500 毫米），单支含汞量超过 13 毫克	2020 年

添汞产品	开始禁止产品生产、进口或出口的时间（淘汰时间）
化妆品（含汞量超过百万分之一），包括亮肤肥皂和乳霜，不包括以汞为防腐剂且无有效安全替代防腐剂的眼部化妆品[注1]	2020 年
农药、生物杀虫剂和局部抗菌剂	2020 年
下列非电子测量仪器，其中不包括在无法获得适当无汞替代品的情况下、安装在大型设备中或用于高精度测量的非电子测量设备： （一）气压计； （二）湿度计； （三）压力表； （四）温度计； （五）血压计。	2020 年

第二部分：受第四条第三款管制的产品

添汞产品	规定
牙科汞合金	缔约方在采取措施以逐步减少牙科汞合金的使用时，应考虑到该缔约方的国内情况和相关国际指南，并应至少纳入下列措施中的两项： （一）制定旨在促进龋齿预防和改善健康状况的国家目标，尽最大限度降低牙科修复的需求； （二）制定旨在尽最大限度减少牙科汞合金使用的国家目标； （三）推动使用具有成本效益且有临床疗效的无汞替代品进行牙科修复； （四）推动研究和开发高质量的无汞材料用于牙科修复； （五）鼓励有代表性的专业机构和牙科学校就无汞牙科修复替代材料的使用及最佳管理实践的推广，对牙科专业人员和学生进行教育和培训； （六）不鼓励在牙科修复中优先使用牙科汞合金而非无汞材料的保险政策和方案； （七）鼓励在牙科修复中优先使用高质量的替代材料而非牙科汞合金的保险政策和方案； （八）规定牙科汞合金只能以封装形式使用； （九）推动在牙科设施中采用最佳环境实践，以减少汞和汞化合物向水和土地的释放。

附件B 使用汞或汞化合物的生产工艺

第一部分：受第五条第二款管制的工艺

使用汞或汞化合物的生产工艺	淘汰时间
氯碱生产	2025 年
使用汞或汞化合物作为催化剂的乙醛生产	2018 年

第二部分：受第五条第三款管制的工艺

使用汞的生产工艺	规定
氯乙烯单体的生产	拟由缔约方采取的措施应当包括、但不限于如下各项： （一）至 2020 年时在 2010 年用量的基础上每单位产品汞用量减少 50%； （二）促进采取各种措施，减轻对源自原生汞矿开采的汞的依赖； （三）采取措施，减少汞向环境中的排放和释放； （四）支持无汞催化剂和工艺的研究与开发； （五）在缔约方大会确定基于现有工艺无汞催化剂技术和经济均可行 5 年后，不允许继续使用汞； （六）向缔约方大会报告其为依照第二十一条开发和/或查明汞替代品以及淘汰汞使用所做出的努力。
甲醇钠、甲醇钾、乙醇钠或乙醇钾	拟由缔约方采取的措施应当包括、但不限于如下各项： （一）采取措施减少汞的使用，争取尽快、且在本公约开始生效之后 10 年之内淘汰这使用； （二）至 2020 年时以 2010 年的用量为基础把每生产单位排放量和释放量减少 50%； （三）禁止使用源自原生汞矿新开采的汞； （四）支持无汞工艺的研究与开发； （五）在缔约方大会确认无汞工艺已在技术和经济上均可行 5 年后不再允许使用汞； （六）向缔约方大会报告其为依照第二十一条开发和/或查明汞替代品以及淘汰汞的使用所做出的努力。
使用含汞催化剂进行的聚氨酯生产	拟由缔约方采取的措施应当包括、但不限于如下各项： （一）采取各种措施减少汞的使用，争取尽快、且在本公约开始生效之日起 10 年之内淘汰这一用途； （二）采取各种措施减少对来自原生汞矿开采的汞的依赖； （三）采取各种措施，减少汞向环境中的排放和释放； （四）鼓励研究和开发无汞催化剂和工艺； （五）向缔约方大会报告其为依照第二十一条开发和/或查明汞替代品以及淘汰汞的使用所做出的努力。 第五条第六款不得适用于这一生产工艺。

附件C　手工和小规模采金业国家行动计划

一、适用第七条第三款规定的每一缔约方均应在其国家行动计划中纳入：

（一）国家目标和减排指标；

（二）采取行动消除：

1. 整体矿石汞齐化；

2. 露天焚烧汞合金或经过加工的汞合金；

3. 在居民区焚烧汞合金；以及

4. 在没有首先去除汞的情况下，对添加了汞的沉积物、矿石或尾矿石进行氰化物沥滤；

（三）为推动手工和小规模采金行业正规化或对其进行监管而采取的措施；

（四）对其领土范围内手工和小规模黄金开采和加工活动中使用的汞的数量以及采用的实践所开展的基准估算；

（五）促进减少手工和小规模黄金开采和加工活动中汞排放、汞释放和汞接触的战略，包括推广无汞方法的战略；

（六）用于管理贸易并防止将源自国外和国内的汞和汞化合物挪用于手工和小规模黄金开采与加工活动的战略；

（七）在实施和不断完善国家行动计划的过程中，吸引利益攸关方参与的战略；

（八）手工和小规模采金工人及其社区汞接触问题的公共卫生战略。此类战略应包括，但不限于，健康数据的采集、医疗保健工作者的培训以及通过医疗单位开展的意识提高活动；

（九）旨在防止脆弱群体、尤其是儿童和育龄妇女，特别是孕妇接触到手工和小规模采金活动中使用的汞的战略；

（十）旨在向手工和小规模采金工人和受影响的社区提供信息的战略；以及

（十一）实施国家行动计划的时间表。

二、每一缔约方均可在其国家行动计划中纳入为实现其目标而制定的额外战略，包括采用或引进无汞手工和小规模采金标准以及市场化的机制或营销手段。

附件D　汞及其化合物的大气排放点源名目

点源类别：

燃煤电厂

燃煤工业锅炉

有色金属生产当中使用的冶炼和焙烧工艺[注2]

废物焚烧设施

水泥熟料生产设施

附件E　仲裁和调解程序

第一部分：仲裁程序

为本公约第二十五条第二款第一项之目的，兹订立仲裁程序如下：

第一条

一、任何缔约方均可根据本公约第二十五条以书面形式通知争端的其他当事方，将争端交付仲裁。此种书面通知应附有关于追索要求的说明以及任何佐证文件，应阐明仲裁的主题事项并特别列明在解释或适用方面引发争端的本公约条款。

二、原告一方应向秘书处发出通知，说明其正在依照本公约第二十五条的规定将争端提交仲裁。通知中应附有原告一方的书面通知、追索声明以及以上第一款所述及的佐证文件。秘书处应将所收到的资料转送本公约所有缔约方。

第二条

一、如果按照以上第一条将争端交付仲裁，应为此设立仲裁庭。仲裁庭应由三名仲裁员组成。

二、争端所涉各方均应指派仲裁员一名，以此种方式指派的这两名仲裁员应协议指定第三名仲裁员，并应由该名仲裁员担任仲裁庭庭长。在涉及两个以上当事方的争端中，所涉利害关系相同的当事方应协议共同指定一名仲裁员。仲裁庭庭长不应是争端中任何一方的国民，其惯常居所亦不应在争端中任何一方领土范围内或受雇于其中任何一方，且从未以任何其他身份涉及该案件。

三、仲裁员的任何空缺均应以最初的指派方式予以填补。

第三条

一、如果争端当事方之一在被告一方接获仲裁通知2个月之内仍未指派其仲裁员，则另一当事方可就此通知联合国秘书长，秘书长应于其后2个月内指定一名仲裁员。

二、如自指派第二名仲裁员的日期起2个月内仍未指定仲裁庭庭长，则应由联合国秘书长，经任何一方的请求，在其后的2个月内指定仲裁庭庭长。

第四条

仲裁庭应依照本公约的条款以及国际法的规定作出裁决。

第五条

除非争端各方另有协议，仲裁庭应自行确定其审理程序。

第六条

仲裁庭可应争端一当事方提出的请求，建议采取必要的临时保护措施。

第七条

争端所涉各方应便利仲裁庭的工作，尤应以一切可用手段：

（一）向仲裁庭提供所有相关文件、资料和便利；以及

（二）于必要时使仲裁庭得以传唤证人或专家并接受其提供的证词。

第八条

争端各方和仲裁员对其在仲裁庭审理案件期间收到的任何秘密资料或文件均有保密义务。

第九条

除非仲裁庭因案情特殊而另有决定，否则仲裁庭的费用应由争端各方平均分担。仲裁庭应负责保存所涉全部费用的记录，并应向各当事方送交一份费用决算表。

第十条

任何因其与争端主题事项有法律性质的利害关系而可能由于该案件裁决结果而受到影响的缔约方，经仲裁庭同意可介入仲裁过程。

第十一条

仲裁庭可就争端的主题事项所直接引起的反诉听取陈诉并作出裁决。

第十二条

仲裁庭关于程序和实质问题的裁决均应以其仲裁员的多数票作出。

第十三条

一、如果争端的当事方之一不出庭或未能作出答辩，则另一当事方可要求仲裁庭继续进行仲裁程序并作出裁决。一方缺席或未能作出答辩，不得成为停止仲裁程序的理由。

二、仲裁庭在作出最后裁决之前，必须确切查明所提出的追索要求在事实和法律上均有确切的依据。

第十四条

除非仲裁庭认定有必要延长作出最后裁决的期限，否则它应在完全设立后5个月之内作出最后裁决；决定予以延长的期限不得超过其后5个月。

第十五条

仲裁庭的最后裁决应以争端所涉主题事项的范围为限，并应阐明其裁决所依据的理由。裁决书应载明参与作出裁决的仲裁员姓名和作出最后裁决的日期。仲裁庭的任何仲裁员均可在最后裁决书中附上单独的意见或异议。

第十六条

最后裁决应对争端各方具有约束力。对于上文第十条所述介入仲裁过程的当事方，在其介入所涉事项上，最后裁决书中对本公约的解释也应对该当事方具有约束力。最后裁决不得上诉，除非争端各方已事前议定了上诉程序。

第十七条

按照上文第十六条受最后裁决约束的当事方之间如对最后裁决的解释或其执行方式发生任何争执，其中任何一方均可就此提请作出裁决的仲裁庭对之作出裁定。

第二部分：调解程序

为本公约第二十五条第六款之目的，兹订立调解程序如下：

第一条

争端任何一方如按本公约第二十六条第六款提出设立调解委员会要求，应以书面形式向秘书处提出此种要求，同时抄送争端的其他当事方。秘书处应立即将此事通知所有缔约方。

第二条

一、除非争端各方另有协议，否则调解委员会应由3名成员组成，由每一有关缔约方分别指定一名成员并由这些成员共同选定一名委员会主席。

二、对于涉及2个以上当事方的争端，所涉利害关系相同的当事方应通过协议共同指派其调解委员会成员。

第三条

如自秘书处收到上文第一条提到的书面要求之日起2个月内，尚有任何争端当事方未指定其委员会成员，则应由联合国秘书长根据任一当事方的请求，于其后2个月内指定委员会成员。

第四条

如自任命了调解委员会第2名成员之日起2个月内尚未选定调解委员会主席，则应由联合国秘书长根据争端任一当事方的请求，于其后2个月内指定委员会主席。

第五条

调解委员会应以独立且中立的方式协助争端各方努力友好解决争端。

第六条

一、调解委员会可按自认为合适的方式执行调解程序，同时充分考虑到案件的情况和争端当事各方希望表达的意见，包括其提出的任何关于迅速解决争端的要求。除非当事方另有约定，必要时，它可通过其本身的议事规则。

二、调解委员会在调解程序期间的任何时候均可以提出关于解决争端的提议或建议。

第七条

争端当事各方应配合调解委员会。尤其是，它们应努力按照委员会提出的要求提交书面材料、提供证据，并出席会议。当事各方及调解委员会成员有义务对委员会议事期间所收到的秘密材料或文件保守秘密。

第八条

调解委员会应按其成员的多数票作出决定。

第九条

除非争端已经解决，调解委员会应最迟在其完全设立后的12个月内提出一份报告，就解决争端的办法提出建议，各当事方应认真考虑这些建议。

第十条

对于调解委员会是否对所涉事项拥有审理权限的意见分歧，应由委员会予以裁定。

第十一条

调解委员会的费用应由争端各方平摊，除非它们另有约定。调解委员会应负责保存其所有费用的记录，并向各方提供一份最后的费用决算表。

[注1] 意在不把含有痕量汞污染物的化妆品、肥皂和乳霜包含在内。

[注2] 就本附件而言，“有色金属”系指铅、锌、铜和工业黄金。

第4章　天津污灌区土壤基本概况

根据2014年天津市土地变更调查数据，全市土地总面积为1 191 728.0 hm^2。其中，农用地面积698 305.00 hm^2（耕地面积437 228.2 hm^2），建设用地总面积409 297.6 hm^2，未利用地面积84 125.4 hm^2。

4.1　天津污灌区成因

天津市作为我国水资源最为紧缺的地区，平均人均水资源占有量仅为160 m^3，为全国人均占有量的15%，远低于世界公认的人均占有量1 000 m^3的缺水警戒线。因此，天津市农业严重缺水，部分水田改为旱田，大面积湿地萎缩变为盐碱荒地，并引起地下水严重超采和地面沉降。

由于水资源的短缺，城市污水便成为农业生产的补充水源，天津市大量农田盲目引用污水灌溉。据1999年第二次污水灌溉调查显示，天津市的污水灌溉面积为23.33万hm^3，占全市耕地面积的48.42%，占总灌溉面积的66%，占河水灌溉面积的97%，其中直接利用污水灌溉的农田面积已达11.47万hm^3。盲目使用污水灌溉使天津市污灌区河道普遍受到污染，农田土壤、地下水污染严重。通过对污灌区蔬菜等作物的监测发现，部分样品的有害重金属含量达到轻度和中度污染，甚至还有部分样品已达到重度污染。

4.2　天津污灌区分布

天津市污灌区包括三大排污河系统，即北（塘）排污河灌区、南（大沽）排污河灌区和北京排污河（武宝宁）灌区，见表4-1。

4.2.1　北（塘）排污河灌区

2006年，天津北（塘）排污河灌区包括东丽区，除小东庄乡、李庄子乡外，其他7个乡均利用污水灌溉，灌溉面积达1.23万hm^2，占全区总耕地面积的76.7%；其中，常年污灌约0.37万hm^2，占总耕地面积的23%，主要分布在荒草坨乡、军粮城乡、万新庄乡、新立村乡及部队农场。清污混灌和间歇污灌约0.85万hm^2，占总耕地面积的53%，主要分布在大毕庄乡、军粮城乡、万新庄乡、新立村乡和幺六桥乡等。

表4-1 天津市污灌区概况

<table>
<tr><th rowspan="2">水源</th><th rowspan="2">区县名称</th><th>基本情况</th><th colspan="2">污灌范围</th><th colspan="3">污灌类型/万hm^2</th><th colspan="2">污灌面积</th></tr>
<tr><th>耕地/万hm^2</th><th>区乡/个</th><th>占总乡/%</th><th>纯污灌</th><th>清污混灌</th><th>间歇污灌</th><th>总面积/万hm^2</th><th>占耕地/%</th></tr>
<tr><td rowspan="3">北京排污河（武宝宁）</td><td>武清区</td><td>9.57</td><td>25</td><td>76</td><td>3.87</td><td>1.67</td><td>1.87</td><td>7.41</td><td>77.3</td></tr>
<tr><td>北辰区</td><td>2.64</td><td>5</td><td>42</td><td></td><td></td><td>0.95</td><td>0.95</td><td>36.0</td></tr>
<tr><td>合计</td><td>12.21</td><td>30</td><td>67</td><td>3.87</td><td>1.67</td><td>2.82</td><td>8.36</td><td>68.4</td></tr>
<tr><td>北（塘）排污河</td><td>东丽区</td><td>1.6</td><td>7</td><td>78</td><td>0.37</td><td colspan="2">0.85</td><td>1.23</td><td>76.7</td></tr>
<tr><td rowspan="3">南（大沽）排污河</td><td>西青区</td><td>2.28</td><td>9</td><td>100</td><td rowspan="2">0.2</td><td rowspan="2">2.13</td><td>—</td><td>1.83</td><td>80.3</td></tr>
<tr><td>津南区</td><td>1.76</td><td>6</td><td>55</td><td>—</td><td>0.50</td><td>28.5</td></tr>
<tr><td>合计</td><td>4.04</td><td>15</td><td>75</td><td>0.2</td><td>2.13</td><td>—</td><td>2.33</td><td>57.7</td></tr>
</table>

该区污灌历史一般为25～34年，污灌作物主要是水稻、旱作粮食及蔬菜。在污灌区上游的菜田，除污灌外，从20世纪60年代开始同时施用污泥，施用面积约0.11万hm^2，亩施用量在5 000 kg以上。

4.2.2 南（大沽）排污河灌区

南（大沽）排污河灌区包括西青区和津南区，污灌范围包括16个乡和4个国有农场的2.33万hm^2农田，2006年污灌面积占两区总耕地面积（4.04万hm^2）的57.7%。其中，大田作物污灌面积1.77万hm^2，占大田作物总面积的61.1%；菜园污灌面积为0.24万hm^2，占菜田总面积的29.7%；水田污灌面积为0.33万hm^2，约占水田总面积的81.1%。

南（大沽）排污河灌区除主要纳污河道上游水田和部分菜田及八里台乡水田以纯污灌为主外，其他农田均为清污混灌和间歇污灌。该灌区污灌历史最长为43年，最短为15～16年，一般为27～32年。

西青区各乡除污灌外，还兼施河道底泥或纪庄子污水处理厂污泥，主要有南河镇、张窝乡、李七庄乡、西营门乡和大寺乡。旱田施用污泥面积占全区旱田的6.1%，园田占7.5%，污泥总施用面积占总耕地面积的5.1%，1982年以前施用污泥面积达到0.29万hm^2。

4.2.3 北京排污河（武宝宁）灌区

北京排污河全长93 km，从武清区里老闸进入天津后至华北闸进入永定新河，由北塘口入海，主要承泄北京市的工业废水和生活污水。由于北京的来水量减少，污灌面积较20世纪80年代有所减少，其中武清区和北辰区减少了2.43万hm^2。北京排污河污水主要用于灌溉大田作物，也有少部分灌溉菜田，如南蔡村。武清区有25个乡进行污灌，占总乡数的76%，纯污灌面积达到3.87万hm^2，清污混灌面积1.67万hm^2，间歇污灌面积1.87万hm^2；总污灌面积7.41万hm^2，占总耕地面积的77.4%。北辰区有5个乡进行污灌，占总乡数的42%；主要是间歇污灌，共0.95万hm^2，占耕地面积的36%。

总体来看，北（塘）排污河灌区绝大部分分布在黏质潮土上；南（大沽）排污河上游污灌区多分布在壤质潮土上，中下游污灌区多分布在黏质潮土和盐化潮土上；北京排污河（武宝宁）灌区多为壤质潮土，部分为砂质潮土，中下游灌区几乎全部为黏质潮土。

4.3　天津污灌区农田土壤和农产品中的重金属含量

许萌萌等（2018）[119]选取天津污灌区农田作为研究区，考察了天津市污灌区农田表层土壤中7种重金属的含量水平和空间分布特征，采用网格布点和随机布点相结合的方式进行样品采集，共采集了104个样品，用$HCl+HNO_3+HClO_4+HF$混酸消解样品，采取ICP-MS法测定了样品中的重金属含量。结果表明，天津农田土壤中各种重金属含量差异较大，其中Zn含量最高（106.61±56.24 mg/kg）；Cd含量最低（0.31±0.13 mg/kg），但Cd含量是当地土壤背景值（0.090 mg/kg）的4倍。7种土壤重金属综合污染指数排序为Cd＞Cu＞Ni＞Zn＞As≈Cr＞Pb。土壤Cd和Cu分别属于中度污染、轻度污染，Ni和Zn属于警戒水平，而As、Cr和Pb属于安全等级。

孙亚芳等（2015）[120]以天津污灌区农作物和土壤为研究对象，采集污灌区内24个小麦样品和29个水稻样品及其对应的土壤样品，清灌区内10个小麦样品和14个水稻样品及对应的土壤样品，分别采用ICP-AES和原子荧光光谱（AFS）测定样品中的Cd、Cu、Pb、Zn、Cr、As和Hg含量。结果如表4-2所示，长期污灌导致重金属在土壤中富集，土壤中Cd、Zn和Hg含量分别为0.46 mg/kg、129.05 mg/kg、0.52 mg/kg，超过天津土壤质量二级标准。作物样品结果如表4-3所示，污灌区小麦和水稻中Pb的平均含量分别为0.14 mg/kg和0.62 mg/kg，高于国家食品安全限量标准，对人类监控产生风险，其他重金属元素在小麦和水稻中的平均含量未超过国家食品安全限量标准；水稻样品中Hg、As的平均含量稍高于国家食品安全限量标准。

由以上分析可以得出结论：

（1）天津污灌区土壤中Cd与Hg受污灌的影响强度大，在土壤中富集明显；Cu、Pb、Cr、As、Zn有一定程度的富集；Cd、Zn、Hg是主要的污染物，有潜在的生态风险。

（2）污灌区小麦、水稻籽粒中重金属含量均高于清灌区，显示出污灌对植物吸收重金属有明显的影响，增加了重金属在植物体内的富集量。

（3）小麦籽粒和水稻籽粒中Pb以及水稻籽粒中As、Hg的平均含量高于国家限量标准，有一定的健康风险；部分小麦样品中的Cd、Zn、As和水稻样品中的Cu、Cd的含量超过国家食品安全限量标准，暗示存在潜在的健康风险。

表4-2 天津市污灌区和清灌区土壤中重金属含量 单位：mg/kg

重金属		北京排污河（武宝宁）灌区		南（大沽）排污河灌区		北（塘）排污河灌区	
		污灌区	清灌区	污灌区	清灌区	污灌区	清灌区
Cd	范围	0.05～0.97	0.08～0.38	0.4～0.79	0.13～0.37	0.51～1.17	0.03～0.64
	均值	0.40	0.24	0.58	0.17	0.75	0.16
	标准差	0.12	0.105	0.11	0.08	0.18	0.42
Cu	范围	10.9～49.8	9.94～31.06	24.11～61.3	28.95～31.06	21.64～57.55	14.83～41.0
	均值	24.98	21.05	37.38	30.31	36.89	32.0
	标准差	9.22	5.897	8.11	0.02	10.52	11.2
Pb	范围	3.8～49.77	2.81～36.95	10.29～33.5	14.13～17.95	10.19～55.5	17.5～29.0
	均值	27.10	17.21	17.66	14.51	21.30	23.20
	标准差	8.31	3.575	4.69	2.40	13.29	3.47
Zn	范围	62.2～333	60.0～213.8	72.87～307.2	81.02～152.2	83.96～233.9	46～98.33
	均值	119.87	87.11	171.20	92.31	163.17	85.30
	标准差	43.08	28.98	66.59	18.5	50.4	26.4
Cr	范围	40.16～104	36.2～56.6	61.32～108	41.6～54.55	62.23～89.26	51.67～76.33
	均值	64.67	51.91	74.88	52.92	75.33	65.92
	标准差	16.75	6.47	12.54	3.47	7.39	5.4
As	范围	7.04～16.8	4.56～9.32	8.04～17.7	6.37～14.89	8.76～17.35	5.14～13.55
	均值	11.10	7.57	12.11	11.31	10.65	9.44
	标准差	2.87	1.89	2.87	3.24	2.96	2.75
Hg	范围	0.035～1.72	0.026～0.30	0.037～1.52	0.025～0.433	0.096～1.21	0.01～0.49
	均值	0.534	0.21	0.492	0.24	0.49	0.21
	标准差	0.45	0.01	0.37	0.08	0.26	0.08

表4-3 天津污灌区小麦和水稻籽粒中重金属含量 单位：mg/kg

	项目	Cd	Cu	Pb	Zn	Cr	As	Hg
小麦籽粒	范围	0.025～0.176	2.15～4.16	0.06～0.24	16.21～53.0	0.28～0.62	0.096～0.20	0.001～0.015
	均值	0.062	2.99	0.14	27.67	0.49	0.128	0.013
	标准差	0.020	0.51	0.05	7.33	0.10	0.059	0.006
水稻籽粒	范围	0.013～0.215	2.62～6.67	0.26～1.73	14.0～44.3	2.56～5.47	0.046～0.38	0.001～0.257
	均值	0.07	4.45	0.62	22.73	3.91	0.166	0.022
	标准差	0.025	0.59	0.104	2.14	0.64	0.079	0.005

赵玉杰等（2013）[121]采用统计、地质统计学及空间聚类分析等方法研究了北京排污河（武宝宁）灌区土壤中重金属Cu、Zn、Pb、Cd、As、Hg、Cr、Ni的污染富集特征，结果表明，在有近40年污灌历史的北京排污河（武宝宁）灌区，土壤中的重金属均有不同程度的升高，其中As最高含量超过土壤环境质量标准Ⅱ级值。空间聚类分析结果表明，除Hg外，其他重金属高值聚类区主要分布在天津市北辰区与武清区之间，距离天津市中心越近，污染越严重，而Hg的高值聚类区位于龙河、北运河及港沟河之间。采用高斯条件模拟值方法研究了8种重金属的空间分布情况，结果表明，Cu、Zn高值区沿凉水河、凤港减河及港沟河呈带状分布，其他重金属则为块状分布。北京市高碑店污水处理厂、天津市武清区及北辰区排放的污水是研究区土壤重金属Cu、Zn、Pb、Cd、As、Cr、Ni的主要污染来源，而北京市大兴区污水及历史上凉水河、北运河沿岸的化工厂排放的污水是研究区土壤Hg污染的主要贡献者。

重金属Cu、Zn沿凉水河及港沟河呈带状分布，其他重金属高值区为块状分布，说明凉水河及港沟河污水对土壤重金属Cu、Zn的影响是全局性的，而对其他重金属分布的影响是局部的。从重金属Cu、Zn、Pb、Cr、As、Cd、Ni的空间分布情况可知，北京市高碑店污水处理厂、天津市北辰区及武清区排放的污水是引起这7种重金属在土壤中累积的污染源。而历史上北运河及港沟河沿岸的小化工厂是研究区土壤重金属Hg的主要污染源。

通过采集研究区表层（0～20 cm）土壤样品574个，采样面积为622 km^2，研究北京排污河（武宝宁）灌区土壤中的重金属，检测数据见表4-4。

表4-4　北京排污河（武宝宁）灌区农业土壤重金属含量统计性描述

元素	含量/（mg/kg）					变异系数/%	峰度	偏度
	均值	背景值	标准差	最小值	最大值			
Cu	25.573	19.84	7.163	7.2	48	28	0.069	0.413
Zn	75.239	65.59	23.824	8	184.8	32	1.251	0.486
Pb	24.95	20.92	7.964	6.93	106	32	41.9	4.998
Cd	0.151	0.086	0.075	0.019	0.543	50	4.15	1.622
Hg	0.081	0.038	0.053	0.003	0.412	65	5.569	1.876
As	9.751	8.15	3.848	1.9	30.7	39	5.653	1.637
Cr	64.921	62.7	14.328	8.025	129.5	22	0.68	0.447
Ni	32.164	26.24	8.997	8.25	59.25	28	0.124	0.437

对98个样点的调查结果表明（表4-5），天津市污灌区农田土壤重金属中，Cd的平均值为0.46 mg/kg，明显超过天津市土壤环境质量的Ⅱ级标准，最大超标倍数为6.36，说明天津市污灌区农田土壤普遍受到Cd污染。进一步统计土壤Cd污染样点发现，超过天津市土壤环境质量Ⅱ级标准的样点为89.8%，超过天津市土壤环境质量Ⅲ级标准、处于中度污染水平的样点占受污染样点的75%，超过天津市土壤环境质量Ⅳ级标准、处于重污染水平的样点

占受污染样点的34.09%，超过天津市土壤环境质量Ⅴ级标准、处于严重污染水平的样品数占受污染样点的1.14%。从平均含量来看，天津市污灌区农田土壤中Cd已经超过了天津市土壤环境质量的Ⅲ级标准，处于中度污染水平。Hg含量已经超过Ⅱ级标准，最大超标4倍，个别样品值超过天津土壤质量Ⅵ级标准，为严重污染水平。

表4-5 天津市污灌区农田土壤重金属含量 单位：mg/kg

元素	As	Cd	Cr	Cu	Hg	Ni	Pb	Zn
范围值	5.14～17.7	0.05～1.17	40.2～108	10.9～61.3	0.035～1.72	15.9～61.4	3.8～49.79	62.2～333
平均值	11.23	0.46	64.19	28.15	0.52	32.08	15.62	129.05
标准差	2.88	22.29	12.25	9.45	0.41	7.42	6.34	56.23

总体来看，各重金属含量差异较大，除Cr未有超标，Cd和Hg超标严重外，其余重金属均有较低的超标率。重金属元素Cd、Hg及Zn的平均含量超过天津市土壤环境质量的背景值和Ⅱ级标准，说明这些土壤均已受到人为因素污染的影响。

4.4 天津盐渍土的特征与成因

4.4.1 天津盐渍土的特征

天津市为退海之地，加之气候原因，历史上盐渍化土壤较多。除自然因素外，农业灌溉不当及排灌不配套等抬高了部分地区的地下水位，致使土壤产生次生盐渍化。天津市盐渍土据其成因可分为滨海盐渍土、内陆盐渍土和次生盐渍土3种类型[122]。全市盐渍土7 830 km^2，其中耕地2 854.52 km^2；轻度盐渍化3 148 km^2，其中耕地1 274.23 km^2；中度、重度盐渍化共计3 432 km^2，其中耕地625.94 km^2；盐土共计1 250 km^2。

土壤盐碱重、面积大、治理困难，加之近年来重金属和有机物污染加剧，使天津土壤资源质量愈加趋于劣势，严重影响农业，尤其是种植业生产的持续发展，并已对人体健康和生态环境造成现实和潜在的危害。

天津市盐渍土类型主要有盐化潮土、盐化湿潮土、滨海盐土等。根据盐分的组成，盐渍土可划分为硫酸盐氯化物（占总量的34.79%）、苏打氯化物（占20.65%）、氯化物硫酸盐（占14.34%）、氯化物苏打等类型，进一步划分为氯化物盐化潮土、硫酸盐氯化物潮土、苏打氯化物盐化潮土、硫酸盐苏打盐化潮土以及氯化物盐化湿潮土、氯酸盐氯化物盐化湿潮土、苏打氯化物盐化湿潮土、硫酸盐苏打盐化湿潮土、菜园性盐化湿潮土和滨海盐土等。盐渍土主要为壤质、黏土质等，以黏土质为主。

天津市盐渍土广泛分布于各郊区县，但不均衡，从西北部到东南部，氯化物硫酸盐型、硫酸盐氯化物型、苏打氯化物型依次分布，土壤的盐渍化程度也依次增高，盐渍土分布也由点状分布过渡到片状分布。

盐化湿潮土是盐碱地的主要土壤类型，由河流沉积物和海相沉积物组成，分布在靠近滨海的广大地区，土壤质地黏重。

4.4.2　天津盐渍土的成因

盐渍土的形成是气候、水文、地貌、生物、人类活动等多种因素综合影响下土壤积盐和脱盐相互作用的结果。天津市属于温暖大陆性季风气候，降水量远小于蒸发量，且在蒸发量最强烈的春季降水量只占全年降水总量的10%。在地下水位高的情况下，土壤毛细管活动强烈，盐分随毛细管水运移到土体表面，使表面土壤积盐，产生盐化现象。

天津市处于华北平原的东部，地势低平，地下径流滞缓，水位高，地下水埋深小于2 m（华北地区产生盐渍土的临界深度）的区域占全市总面积的73.5%。众多的坑塘洼淀、地上河、古河道等微地貌的存在，造成水分在空间上分布的不均匀，再加上季风活动造成降水在时间上的分配不均匀，严重影响了区内水分的排除，引起地下水位的升高，同时盐分只能暂时被淋洗到土体下层和潜水中，不能排出区外，造成地下水矿化度增加、盐渍化加强。

同时，天津市位于海河流域最下游，由于径流排泄不畅，河流携带的盐分随水进入土体，而且占天津市平原面积76.6%的海积冲积平原区和海积平原区的土体本身含盐量高，从而为盐渍土的形成提供了盐分来源。

4.5　天津土壤盐渍化敏感性评价

4.5.1　土壤盐渍化评价因子的选择

影响土壤盐渍化的因素很多，根据原国家环保总局颁发的《生态功能区划暂行规程》，区域土壤盐渍化敏感性可以用蒸发量/降雨量、地下水矿化度与地形等来评价。根据研究区的情况和评价要求，天津市土壤盐渍化敏感性评价亦选用上述因子，见表4-6。

表4-6　土壤盐渍化敏感性评价指标及分级

影响因子	不敏感	轻度敏感	中度敏感	高度敏感	极敏感
蒸发量/降雨量	＜1	1～3	3～10	10～15	＞15
地下水矿化度/（g/L）	＜1	1～5	5～10	10～25	＞25
地形	山区	洪积平原、三角洲	泛滥、冲积平原	河谷平原	滨海低平原、闭流盆地
分级赋值（S）	1	3	5	7	9
分级标准（YS）	1.0～2.0	2.1～4.0	4.1～6.0	6.1～8.0	＞8.0

4.5.2　评价方法和标准

采用地理信息系统技术建立天津市蒸发量/降水量、地下水矿化度和地形等因子的图形库和属性库，并依据表4-6的标准进行单因子敏感性评价。在此基础上，通过空间数据叠加分析获得天津市土壤盐渍化敏感性综合评价图，并进行分析评价[123]。

1．单因子敏感性评价图形库和属性库的建立

（1）蒸发量/降水量因子（K）

气候是影响土壤盐渍化的一个主要因素，因为它直接影响土壤中的盐分运动状况。天津市属半湿润半干旱气候，年蒸发量与降水量之比接近于2∶1到3∶1，年蒸发量最大时期为4—6月，降水量多集中于7—8月，这便促成浅层地下水的垂直交替，形成土壤季节性反盐与脱盐。根据天津市各检测站连续20年的蒸发量/降水量平均数值，在ArcGIS地理信息系统中空间分析模块下，采用克里格插值法产生蒸发量/降水量等值面，再依据表4-6中的分级标准建立蒸发量/降水量因子的图形库和属性库。

（2）地形因子（T）

土壤盐渍化类型与盐化程度直接受地形的影响。在大地形上，盐分自高地向低地汇集；在微地形上，盐分自低处向高处累积。根据实践经验，针对不同地形因子的土壤盐渍化敏感性进行了分级：山区为不敏感区，洪积平原、三角洲为轻度敏感区，泛滥冲积平原为中度敏感区，河谷平原为高度敏感区，滨海低平原及闭流盆地为极敏感区。从天津市地形地貌上看，除蓟州区北部山区外，以洪积冲积平原、滨海低平原为主，诸多洼地分布其中。

（3）地下水矿化度因子（M）

地下水矿化度即地下水总矿化度，是指水中所含的离子、分子和各种化合物的总含量，用来表示水中所含盐分的多少。根据地下水矿化度的大小，可将地下水分为5类，见表4-7。以天津市地下水矿化物分布图为基础，按照表4-6所列的分级标准敏感性进行分级。

表4-7　地下水按矿化度分类

水的分类	地下水矿化度/（g/L）
淡水	＜1
微咸水（弱矿化水）	1～3
咸水（中等矿化水）	3～10
盐水（强矿化水）	10～50
卤水	＞50

2．土壤盐渍化敏感性指数

天津市土壤盐渍化敏感性评价受以上多个因素的综合影响，考虑到上述因子对土壤盐渍化影响均很重要，因此采用等权的方法，按式（4-1）算出土壤盐渍化敏感性综合指数，利用ArcINFO地理信息系统软件做出天津市土壤盐渍化敏感性分布图。

土壤盐渍化敏感性指数计算方法：

$$YS_j = \sqrt[3]{\prod_{i-1}^{3} S_i} \tag{4-1}$$

式中，YS_j —— j空间单元土壤盐渍化敏感性指数；

S_i —— i因子敏感性等级值。

4.5.3　土壤盐渍化敏感性评价

1. 单因子敏感性评价

（1）蒸发量/降水量敏感性分布

天津市各区县的气候蒸发量/降水量值以冬春季为大，夏秋季为小。全年蒸发量/降水量值在1.6～2.2，以蓟州区较湿润，按表4-6的分级标准，天津市全市范围均属轻度敏感区。

（2）地形敏感性分布

从地形因子看，天津市土壤盐渍化不敏感区主要分布在蓟州区北部山区，海拔高度在20 m以上，轻度敏感区分布在蓟州区南部洪积冲积平原区，海拔高度4～20 m；中度敏感区分布在广大的冲积平原和海积冲积平原区，海拔高度1～4 m，分布范围最广；高度敏感区主要分布于历史上曾为洼地、现大都为水库或水稻种植的地区，如大黄堡洼地区、七里海水库区、黄岗水库区、团泊洼水库区、大港水库区、于桥水库区和黄庄洼水稻种植区；极敏感区分布在东部海岸线往内陆纵深6～7 km的海岸带地区。

（3）地下水矿化度敏感性分布

从地下水矿化度因子分析，不敏感区主要分布在蓟州区、宝坻区北部和武清区北部；轻度敏感区主要分布在中部广大平原区，蓟州区和宝坻区交界处的泃河和蓟运河河道两侧也属于轻度敏感区；中度及高度敏感区主要分布在中部平原的一些低洼地区及静海和大港南部；极敏感区分布在东部沿海地区。

2. 土壤盐渍化敏感性综合评价及空间格局

在ArcGIS地理信息系统软件下将上述各单因子进行空间叠加，根据公式计算结果，用表4-6中所指定的分级标准进行分级，获得天津市土壤盐渍化敏感性综合评价图[124]。天津市土壤盐渍化敏感性分为5级，即极敏感区、高度敏感区、中度敏感区、轻度敏感区和不敏感区。天津土壤盐渍化极敏感区主要分布于海岸线往陆地纵深7～8 km的海岸带地区，面积约600 km^2，包括塘沽、汉沽和大港的部分地区。高度敏感区主要分布在极敏感区往西延伸2～3 km的地区，以及广大海积冲积平原中历史上曾为洼地的地区，如大黄堡洼地区、七里海水库区、黄港和东丽湖水库区、北大港水库区、团泊洼水库区、黄庄洼地区以及于桥水库区等，面积约1 130 km^2；中度敏感区分布面积最大，包括广大的天津南部平原地区，海拔低于4 m，面积约8 000 km^2，占天津市平原面积的70%以上；轻度敏感区主要分布在蓟州区南部和武清区北部，面积约784 km^2，海拔多在4～20 m；不敏感区主要分布在蓟州区北部山区，面积约464 km^2。

4.5.4 评价结论

天津市土壤盐渍化敏感区主要分布于蓟州区北部山区及洪积冲积平原区以外的广大地区，其中，极敏感区分布于东部滨海平原区，该区以西2～3 km范围及平原洼地为高度敏感区，内陆冲积平原区多为中度敏感区。目前，天津市有很大面积的土地因盐渍化而处于弃耕状态。此外，平原地区长期灌溉引发的次生盐渍化也成为一种生态破坏形式[125]。天津市盐渍土改良和土壤盐渍化防治工作尚需积极开展。

第5章　盐渍化条件下土壤中汞的形态转化

5.1　盐渍土中汞的赋存形态

污水中通常含盐量较高，即使经过一级和二级处理，其中的盐分也难以去除。因此，长期进行污水灌溉（尤其是在蒸发量较大、降雨较少、排盐不畅的地区）会导致土壤盐分的累积，进而导致土壤次生盐渍化。这一问题在我国北方乃至世界范围内的污灌区都比较突出。

5.1.1　材料与方法

1. 供试土壤

土壤样品采集自天津市郊东北方向李明庄的菜地表层潮土（0～20 cm）。该菜地距离天津市三大排污河之一的北（塘）排污河约400 m，污灌历史约30年，污灌口位于菜地的西南角。土壤样品经自然风干后过2 mm尼龙筛冷冻储存，基本理化性质分析参照中国土壤学会提供的分析方法[126]，结果如下：pH 8.03，碳酸钙（$CaCO_3$）含量为1.03 g/kg，有机质含量为12.43 g/kg，阳离子交换量（CEC）为16.27 cmol/kg，游离铁含量为8.71 g/kg，无定形铁含量为0.88 g/kg，黏粒（＜0.002 mm）含量为191.05 g/kg。受长期污灌影响，供试土壤的汞含量（0.601 mg/kg）显著高于区域土壤汞背景值（0.073 mg/kg），但未超过土壤环境质量二级标准（pH＞7.5为1.0 mg/kg，GB 15618—1995）。本试验选用土壤盐分含量为1.453 g/kg（0.15%），按照盐土重量比划分标准[126]属于轻度盐渍土。

2. 盐处理样品制备

根据调查资料，天津污灌区内由于污灌带来的土壤盐渍化，阳离子以Na^+为主，阴离子以Cl^-和SO_4^{2-}为主[127]，因此本试验考察的盐分种类为氯化钠（NaCl）和硫酸钠（Na_2SO_4）。设置的盐度梯度为7个（按盐分种类单一添加），添加质量分数依次为0%（CK）、0.2%、0.4%、0.6%、1%、2%和5%。称取供试土壤50 g，按照上述处理在土壤中分别添加对应盐分溶液50 mL，充分混匀在室温下稳定90天，自然风干后过筛储藏，设置3次重复。制备结束后，采用IonPac AS11-HC分析柱及30 mmol/L氢氧化钾（KOH）溶液分离Cl^-及SO_4^{2-}，测定盐处理后土壤样品中的Cl^-和SO_4^{2-}含量（Dionex ICS-3000型离子色谱仪），结果见表5-1。

表5-1 不同盐处理后土壤中Cl^-或SO_4^{2-}含量 单位：g/kg

盐分种类	CK	0.2%	0.4%	0.6%	1%	2%	5%
Cl^-	0.83	2.67	4.95	7.01	10.92	21.06	50.22
SO_4^{2-}	0.48	2.55	4.39	6.57	10.77	20.27	50.71

3. 稳定同位素^{202}Hg试剂

将10 mg ^{202}Hg富集同位素（丰度>98%，美国剑桥同位素实验室）用2%（体积分数）稀硝酸（高纯，上海国药化学）稀释至1 mg/L，作为汞富集同位素试剂使用。

4. 培养试验

培养试验在20 cm×15 cm×10 cm塑料盒中进行，每盆1.5 kg土壤（风干土重）。在培养后的不同盐度梯度的盐渍土中，加入稳定富集同位素^{202}Hg试剂并混匀，加入量为每盒1.5 kg土对应0.15 mg ^{202}Hg稳定富集同位素。所有处理按照80%土壤田间持水量统一加入去离子水（18.25 MΩ·cm，美国MilliQ-Element公司），样品充分混匀后将塑料盒置于恒温恒湿培养箱中（湿度为75%，温度为20℃），塑料盒表面用透气薄膜覆盖并打孔，每天通过重量法补充去离子水，培养试验设定4个重复。

5. 连续提取法测定土壤汞的形态分布

培养4周后取样（根据预备实验，27天后潮土中汞形态分布接近于稳定）。取样时取出约50 g的土壤并分为两部分：一部分迅速称重，105℃烘干后计算其水分含量；另一部分根据水分含量计算干土重量，测定土壤汞的总量及形态。土壤汞的总量按照《土壤质量总汞的测定 冷原子吸收分光光度法》（GB/T 17136—1997）测定，土壤汞的形态按照Sladek等提出的改进的Tessier连续分级提取方法进行测定[128]，表5-2为方法简述，使用原子荧光分光光度法测定（北京吉天，AFS 930）离心后上清液中汞含量。

表5-2 测定汞形态所用的改进的Tessier连续提取法

步骤	汞形态	连续提取方法
1	水溶态（WS）	4 g土壤加入10 mL超纯水，振荡2小时（23℃），离心后上清液测定汞含量及同位素比值R_{Hg}，残留土壤用于提取下一个形态
2	交换态（EXC）	上述残留土壤中加入10 mL 1.0 mol/L NH_4COOCH_3（pH 7.0），振荡6小时（23℃），离心后上清液测定汞含量及R_{Hg}，残留土壤用于提取下一个形态
3	富里酸结合态（FA）和胡敏酸结合态（HA）	上述残留土壤中加入10 mL 0.1 mol/L NaOH和0.1 mol/L $Na_4P_2O_7$，振荡2小时（23℃），离心后上清液测定汞含量及R_{Hg}（FA），然后用6 mol/L HCl调节pH至3，再次离心，离心后上清液测定汞含量及R_{Hg}（HA）
5	碳酸盐结合态（CAR）	上述残留土壤中加入10 mL 1.0 mol/L CH_3COOH（pH 5.0），振荡5小时（23℃），离心后上清液测定汞含量及R_{Hg}
6	铁锰氧化物结合态（OX）	上述残留土壤中加入10 mL 4.37 mol/L CH_3COOH（含有0.04 mol/L $NH_2OH·HCl$），振荡5小时（23℃），离心后上清液测定汞含量及R_{Hg}

步骤	汞形态	连续提取方法
7	有机质结合态（OM）	上述残留土壤中加入4 mL H_2O（用6 mol/L HNO_3调节至pH 2），在50℃下培养1小时，再加入10 mL 8.8 mol/L H_2O_2，振荡6小时（85℃），冷却后离心，上清液测定汞含量及R_{Hg}
8	残渣态（RES）	将上述残留土壤干燥后称取0.2 g，加入3 mL 16 mol/L HNO_3和3 mL 12 mol/L HCl，消解后测定汞含量及R_{Hg}

6．同位素比值R_{Hg}（$^{202}Hg/^{200}Hg$）测定

溶液中同位素比值R_{Hg}使用ICP-MS（7500 c，美国安捷伦公司）进行测定。天然丰度的50 μg/L的Pb标准物质（$^{208}Pb/^{206}Pb = 2.179$，美国NIST公司）和50 μg/L的Tl标准物质（GSB G6207090，$^{205}Tl/^{203}Tl = 2.381$，国家钢铁材料测试中心）作为质控指示剂，RTl（$^{205}Tl/^{203}Tl$）同时作为内标指示剂，校正$^{202}Hg/^{200}Hg$的质量歧视效应（Mass bias）和信号漂移（Signal fluctuation）。影响R_{Hg}的仪器参数如死时间（Dead time）、驻留时间（Dwell time）等按照Begley等[129]及Huang等[130]的报道进行优化。

7．土壤汞的*E*值计算

同位素可交换态汞含量（*E*值）在不同的平衡时间（E_t）按照式（5-1）计算[131]：

$$E_t = \frac{M}{M_s}\frac{m_s}{m}\frac{A_s - B_s R_t}{BR_t - A} \tag{5-1}$$

式中，M—— 样品（自然丰度）中待测汞的原子质量，g/mol；

m_s—— 加入的稳定富集同位素^{202}Hg试剂的质量，μg；

A_s、B_s—— 待测样品汞的参比元素^{200}Hg和富集同位素^{202}Hg在富集同位素试剂中的丰度；

M_s—— 富集同位素试剂中^{202}Hg的原子质量，g/mol；

m—— 土壤样品的质量，g；

A、B—— 土壤样品中待测汞的参比元素^{200}Hg和富集同位素^{202}Hg的天然丰度；

R_t—— t时刻测定的土壤悬浮液中的同位素比值$^{202}Hg/^{200}Hg$。

在本试验中，t为27天。

8．统计方法

样品间R_{Hg}、*E*值及浓度差异采用单因素方差分析及LSD法多重比较（ANOVA-LSD）进行分析。统计软件为SPSS 20.0 for Windows（美国IBM公司），制图软件为Origin 9.0 SR1（美国Origin公司）。

5.1.2 试验结果

1. 土壤汞的形态分布

加入稳定同位素^{202}Hg后，不同盐度处理土壤汞各形态含量见图5-1。改进的Tessier连续提取法提取的各形态汞含量之和相对土壤总汞含量（601 μg/kg）的回收率仅为63.3%～72.4%。在未添加盐分的对照土壤（CK）中，水溶态和交换态比例均低于1%，碳酸盐结合态和铁锰氧化物结合态比例低于2%，富里酸结合态与有机质结合态的比例分别为7.89%和6.37%，胡敏酸结合态比例为17.33%，残渣态比例最高为64.68%。添加不同盐度梯度NaCl处理后，随着土壤盐度的升高，汞在各形态间的含量分布出现显著差别（$p<0.05$，下同）：水溶态、交换态、富里酸结合态含量大幅上升，分别从对照的2.38 μg/kg、4.03 μg/kg和36.09 μg/kg提高到5% NaCl处理的7.56 μg/kg、16.06 μg/kg和66.52 μg/kg；铁锰氧化物结合态含量呈上升趋势，但幅度较小，从对照的5.53 μg/kg提高到5% NaCl处理的6.47 μg/kg；胡敏酸结合态含量显著下降，从对照的79.27 μg/kg降低到5% NaCl处理的47.29 μg/kg；碳酸盐结合态、有机质结合态和残渣态未出现显著变化。添加不同盐度梯度Na_2SO_4处理后，随着土壤盐度的提高，各形态汞含量和对照土壤均未出现显著性差别，基本保持稳定。

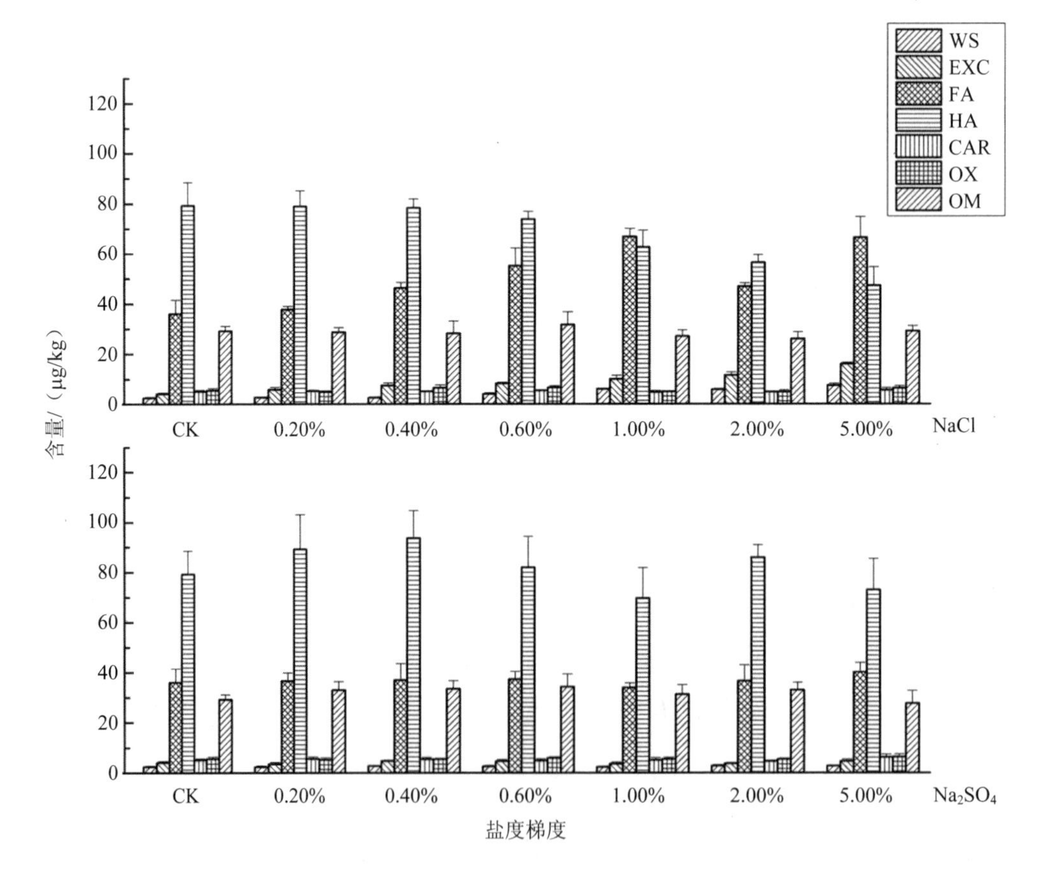

图5-1 加入外源^{202}Hg后土壤汞各形态含量分布

2. 土壤同位素比值 R_{Hg} 的变化

图5-2显示了加入稳定富集同位素后不同盐度梯度处理下土壤汞同位素比值R_{Hg}的变化。培养结束后，在对照土壤（CK）中，碳酸盐结合态、铁锰氧化物结合态、有机质结合态和残渣态的同位素比值R_{Hg}均小于2，分别为1.580、1.428、1.824和1.316。水溶态、交换态、富里酸结合态、胡敏酸结合态同位素比值R_{Hg}均大于3，分别为7.653、4.698、3.158、10.216。添加不同盐度梯度NaCl后，随着盐度的升高，水溶态、交换态、富里酸结合态、胡敏酸结合态同位素比值R_{Hg}与对照相比变化显著，其中水溶态、交换态和富里酸结合态同位素比值R_{Hg}在5% NaCl处理下比对照分别上升了约48%、63%和67%，胡敏酸结合态的同位素比值R_{Hg}为4.826，比对照降低了53%。碳酸盐结合态、铁锰氧化物结合态、有机质结合态、残渣态同位素比值R_{Hg}与对照相比没有显著性差别。可以看出，随着土壤中NaCl盐度的增长，加入的外源示踪剂^{202}Hg较多维持在水溶态、交换态和富里酸结合态，较少向其他形态转变。

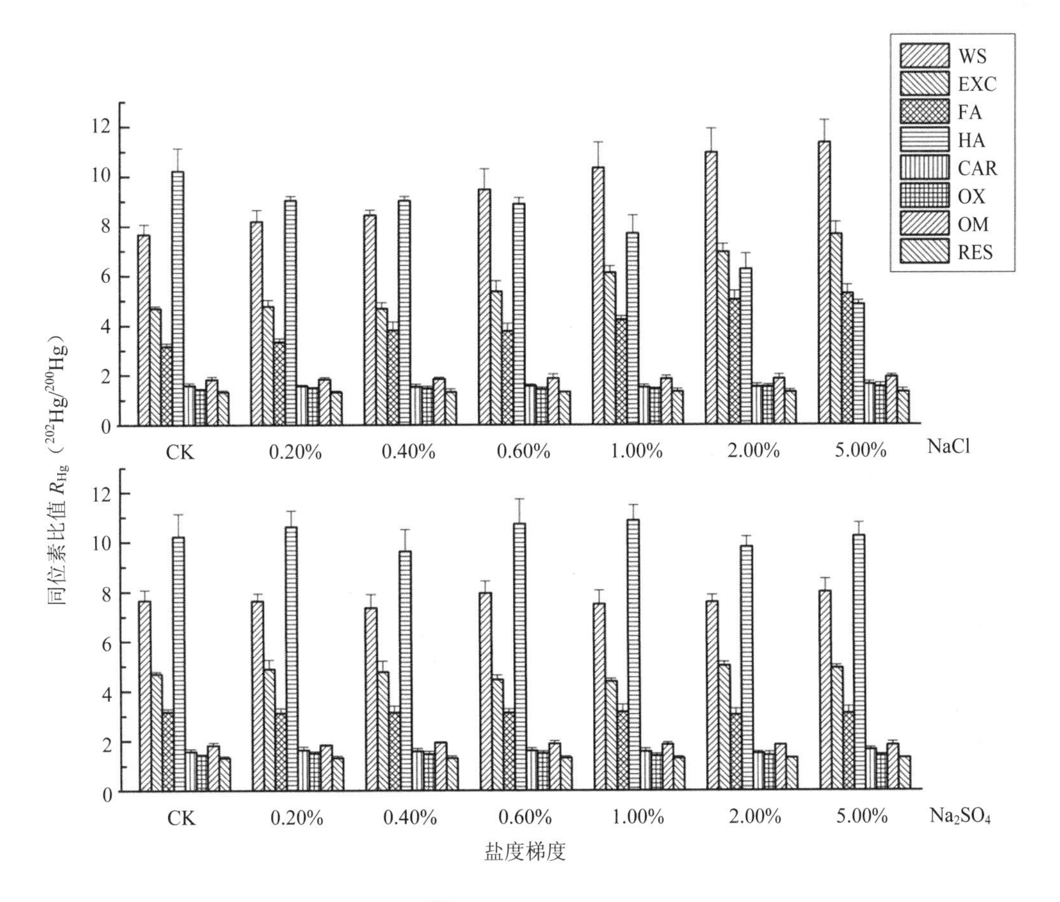

图5-2　加入外源^{202}Hg后土壤同位素比值R_{Hg}的变化情况

3. 土壤同位素可交换态汞含量（*E* 值）

根据式（5-1）计算的土壤汞的*E*值见表5-3。NaCl处理下，随着盐度梯度的上升，*E*值含量呈现升高趋势，5% NaCl处理的土壤汞的*E*值比对照提高了51%，占全量的比例约40%。Na_2SO_4处理下，各盐度梯度土壤汞的*E*值无显著性差别。

表5-3 不同处理土壤汞的*E*值

梯度	NaCl		Na_2SO_4	
	含量/（μg/kg）	占全量比例/%	含量/（μg/kg）	占全量比例/%
CK	131.0a	27.64	133.0a	27.64
0.2%	144.5b	30.12	135.5ab	28.12
0.4%	153.5c	31.58	133.8a	28.34
0.6%	170.3d	34.02	132.3a	27.99
1%	172.6de	35.44	133.4a	28.67
2%	177.6f	37.61	132.1a	27.33
5%	198.3 g	40.12	135.5ab	28.12

注：不同字母表示差异性显著（p<0.05，n = 4）。

5.1.3 讨论

土壤汞的赋存形态影响其生物有效性及在食物链中的传递。连续提取法（相对于单一提取法）对土壤重金属的提取过程相似于自然界状况下受天然和人为原因影响引起的电解质淋滤过程，虽然存在选择性差和再吸收或再分配的现象（要获得高的选择性就会导致更严重的再吸附现象），但在汞赋存形态分析中，可以系统性地研究不同环境条件下汞的迁移性或可释放性，能提供更全面的信息用以判断其危害性及潜在危害性[132]。在各种连续提取法中，改进的Tessier连续提取法的可靠性和准确度较高，且可重复性较强[128]。由于在连续提取体系中尚未有可靠的标准物质可供使用，因此用连续提取法获得各形态重金属含量之和相对土壤中重金属总量的回收率常被用来检验连续提取方法的精确度和准确度。然而，一方面汞在土壤中含量较低，且存在记忆效应，形态测定难度较大；另一方面，在连续提取及测定过程中不可避免会出现挥发现象，造成连续提取法普遍回收率偏低[133,134]。因此，本试验中连续提取法获得的各形态汞含量之和相对土壤总汞含量的回收率仅为65%左右。从图5-2中可以看出，与对照相比，不同盐度梯度NaCl处理的土壤各形态同位素比值R_{Hg}发生显著变化。从同位素比值R_{Hg}的改变程度上可以清晰看到外源示踪^{202}Hg的分布趋势，是一种更直观和直接的分析测定方法，尤其是在汞浓度极低的情况下（如水溶态），同位素比值的变化比直接浓度变化更精确、更显著，是一种更敏感且更具有选择性的手段[135]。

从同位素比值R_{Hg}的分析结果并结合连续提取浓度变化的结果来看，外源^{202}Hg进入NaCl处理的土壤后，变化最为显著的形态集中在交换态（含水溶态）、胡敏酸结合态和富里酸结合态，对碳酸盐结合态、铁锰氧化物结合态、有机质结合态、残渣态的影响较小。已有研究表明[136]，在污染土壤有机质中的腐殖质是对外源Hg^{2+}固持能力最强的部分。固定汞的腐殖质分为硫醇组（R-SH）、双硫组（R-SS-R）、双硫醇组（R-SSH），对应的汞形态划分为富里酸结合态与胡敏酸结合态，两者之和统称为腐植酸结合态。其中，富里酸结合态汞与富里酸中的功能组通过电荷力相结合，溶于水具有较强的迁移性和活性，属于对植物的有效态。而胡敏酸结合态汞与胡敏酸中的功能组通过共价键形成螯合物，在水中溶解性较差，生物有效性很弱[137]。在对照土壤（CK）中，腐植酸结合态汞含量所占的比例约为25%，其中胡敏酸结合态的含量是富里酸结合态的约2.5倍，因此总体而言，在对照土壤中腐植酸结合态汞仍然属于对生物有效性相对较低的形态。而在NaCl处理的土壤中，随着NaCl盐度梯度的上升，腐植酸结合态汞所占比例有所降低，其中胡敏酸结合态含量逐步下降，富里酸结合态含量相应上升，在5% NaCl处理土壤中，腐植酸结合态含量所占比例为23%，其中富里酸结合态汞含量约为胡敏酸结合态含量的1.4倍，腐植酸结合态汞的生物有效性大幅度提高。同位素可交换态土壤汞含量（E值）包括土壤溶液中的离子、吸附态离子及土壤固相表面晶格边缘固定的离子，较好地表征了生物有效性，在本试验中E值与Cl^-含量呈现显著的正相关关系，取对数后的一元回归方程为$\ln y = 0.096\,1\ln x + 4.895$（$x$为$Cl^-$含量，$y$为$E$值，$n = 7$，$R^2 = 0.918$）。因此，高浓度的NaCl环境可能会增加汞释放趋势和作物吸收风险。Na^+在土壤溶液体系中，会与Cd^{2+}竞争土壤吸附位点，使一部分Cd^{2+}被Na^+所替代，水溶态及交换态等活性态比例上升。另一方面，Cl^-对于Hg^{2+}而言是最易移动和常见的结合剂，与Hg^{2+}之间存在强烈的络合作用，可形成$HgCl_2^0$及$HgCl_3^-$等络合离子，使带负电荷的腐殖质和黏土矿物胶体对汞的专性吸附作用显著降低，进而使土壤对Hg^{2+}的固持量及吸附速率迅速下降[138]。这与本试验中添加NaCl处理的土壤汞的E值含量上升的现象相吻合。

在本试验中，Na_2SO_4处理的土壤与对照相比汞形态分布差异不显著。研究表明[139,140]，土壤与Hg^{2+}和SO_4^{2-}之间都有较强的专性吸附作用，而SO_4^{2-}和Hg^{2+}之间的络合作用较弱，可能导致$HgSO_4$络合物的解离，从而使得SO_4^{2-}的加入对土壤吸附汞不会产生显著影响。Kim等[141]研究表明，当溶液中的SO_4^{2-}的浓度从0 mol/L到1 mol/L变化时，溶液中Hg^{2+}始终是以水解的$Hg(OH)_2$占主导部分，易于与土壤进行吸附。与之相比，SO_4^{2-}与Hg^{2+}则结合得非常少，对Hg^{2+}在土壤中的吸附量影响较小，这与本试验结果也是一致的。在其他研究中，Na_2SO_4对其他重金属形态影响的报道并不统一，有学者认为可以降低重金属（主要是Cd和Pb）的有效性，如梁佩玉等[142]、刘平[143]、Karimian [144]等；有学者认为可以提高有效态含量，如Weggler-Beaton [145]、Mclaughlin [146]等；也有在试验中效果并不显著的报道，如丁能飞[147]、王祖伟[148]等。这说明在体系中加入SO_4^{2-}，其作用受其他环境因素的影响较大，对土壤重金属有效性的影响需要具体分析。

从图5-2还可以看出，残渣态的同位素比值R_{Hg}在各个处理间未出现显著变化，这与汞含量形态分析的结果相一致（图5-1）。残渣态汞在土壤中被黏土矿物的晶格所固定，可移动性及对生物的可给性最差，被认为是非活性态。从结果可以看出，在短期培养的时间范围内，外源Hg^{2+}较难进入土壤黏土矿物的晶格中，因此含量基本保持稳定。

5.1.4 结论

（1）利用稳定同位素^{202}Hg稀释技术通过同位素比值的变化及同位素可交换态含量E值进行汞形态分析，是更为直观和精确的分析手段，其应用范围有望进一步拓展。

（2）外源^{202}Hg进入NaCl处理的土壤后，同位素比值R_{Hg}变化最为显著的形态集中在交换态（含水溶态）、胡敏酸结合态和富里酸结合态，对碳酸盐结合态、铁锰氧化物结合态、有机质结合态、残渣态的影响较小，其中交换态、富里酸结合态的同位素比值R_{Hg}大幅度上升，富里酸结合态含量显著下降。Na_2SO_4处理的土壤各形态汞的同位素比值与对照土壤相比均未出现显著性差别，基本保持稳定。

（3）土壤汞同位素可交换态含量E值与Cl^-含量呈现显著的正相关关系，取对数后的一元回归方程为$\ln y = 0.096\ 1\ln x + 4.895$。NaCl对外源汞在土壤中的形态分布有显著影响，土壤的盐渍化趋势会使汞污染和作物吸收风险更趋严重。

5.2 盐分累积对土壤汞吸附行为的影响

采集天津典型污灌地区土壤，通过盆栽试验添加不同梯度的盐分及外源汞，探讨秸秆还田对盐渍化汞污染稻田土壤-作物系统汞累积的影响，为北方盐渍化且汞污染风险较高地区合理开展秸秆还田提供支撑。

5.2.1 材料与方法

1. 样品准备

土壤：参见本章5.1中“供试土壤”部分。本试验选用土壤盐分总量为0.875 g/kg（低于0.1%），按照盐土重量比划分标准[126]，不属于盐渍土。

供试秸秆：水稻秸秆采自未受汞污染的地区。秸秆洗净，30℃烘干至恒重，磨碎过2 mm筛备用。水稻秸秆总汞含量为0.129 mg/kg，甲基汞含量为0.017 μg/kg。

水稻栽培品种：津原89（具有较强耐盐渍化能力，经预试验该品种在试验设置的盐度梯度下可以生长）。

2. 试验设计

根据试验目标，设置8个处理，每个处理设置6次重复，具体设置见表5-4。

添加时，将10 kg原土按比例添加盐分和外源汞，采用逐级混匀的方法，先将盐分和重金属溶液与少量土壤混匀，再将少量土壤与大量土壤混匀，直到所有土壤。混匀后放置老化180天后（预备试验证明180天后污染土壤内重金属老化趋于稳定）自然风干，过2 mm筛后保存。制备结束后，采用IonPac AS11-HC分析柱及30 mmol/L氢氧化钾溶液分离Cl^-，测定盐处理后土壤样品中Cl^-含量（Dionex ICS-3000型离子色谱仪），同时测定土壤总汞含量（方法见GB/T 22105.1—2008），结果见表5-5。总体来看，外源加入的盐分和总汞回收率在90%～110.5%。

表5-4　试验处理设计方案

处理	汞	盐分	秸秆	播种方式
对照（CK）	背景	无添加	无添加	幼苗
秸秆（T1）	背景	无添加	添加0.1%水稻秸秆	幼苗
低盐秸秆（T2）	背景	添加0.2% NaCl（*W*/*W*），对应轻度盐渍土	添加0.1%水稻秸秆	幼苗
中盐秸秆（T3）	背景	添加0.5% NaCl（*W*/*W*），对应中度盐渍土	添加0.1%水稻秸秆	幼苗
高汞（T4）	添加5 mg/kg $Hg(NO_3)_2$	无添加	无添加	幼苗
高汞秸秆（T5）	添加5 mg/kg $Hg(NO_3)_2$	无添加	添加0.1%水稻秸秆	幼苗
高汞低盐秸秆（T6）	添加5 mg/kg $Hg(NO_3)_2$	添加0.2% NaCl（*W*/*W*），对应轻度盐渍土	添加0.1%水稻秸秆	幼苗
高汞中盐秸秆（T7）	添加5 mg/kg $Hg(NO_3)_2$	添加0.5% NaCl（*W*/*W*），对应中度盐渍土	添加0.1%水稻秸秆	幼苗

表5-5　不同处理中土壤Cl^-与总汞含量

种类	CK	T1	T2	T3	T4	T5	T6	T7
Cl^-/（g/kg）	0.71	0.70	2.64	5.42	0.71	0.72	2.57	5.68
总汞/（mg/kg）	0.60	0.62	0.72	0.68	5.51	5.64	5.62	5.71

3. 盆栽试验

供试土壤中按照总氮100 mg/kg、总磷100 mg/kg和总钾150 mg/kg施加底肥后混匀，根据表5-4实验方案开展水稻种植（2016年6—11月）。具体方法为每盆3.5 kg土壤添加35 g水稻秸秆（即土壤和秸秆质量比为100∶1，秸秆长度为0.2 cm，汞含量低于0.1 μg/kg），加入去离子水后淹水静置14天插播水稻秧（在无汞污染土壤上培育秧苗）。盆栽试验露天进行，采用有机玻璃板遮挡防止雨水。作物生长期间，淹水层保留3cm，进行常规虫害和肥料管理。

水稻盆栽周期为（120±7）天。盆栽试验结束后采集根区土壤，测定总汞、甲基汞含量。水稻收获后，采集植株地上部分，去离子水洗净后，用0.8 mmol/L半胱氨酸溶液浸泡20分钟，去除植株表面吸附的甲基汞，测定水稻籽粒中总汞与甲基汞含量[149]。

4．统计制图

土壤和水稻籽粒中总汞和甲基汞含量变化采用单因素方差分析（One-way ANOVA，LSD法）进行统计学检验，制图采用Origin 8.6 SR2软件。

5.2.2 试验结果

1．不同处理下根际土壤中总汞与甲基汞含量

图5-3为水稻收获后不同处理下根际土壤中总汞与甲基汞含量。对于土壤总汞，未添加外源汞——对照（CK）、秸秆（T1）、低盐秸秆（T2）和中盐秸秆（T3）的处理中，土壤总汞含量平均为0.655 mg/kg，处理间无显著性差别（$p<0.05$，下同）；添加外源汞——高汞（T4）、高汞秸秆（T5）、高汞低盐秸秆（T6）和高汞中盐秸秆（T7）的处理中，土壤总汞均值为5.62 mg/kg。对于土壤甲基汞，不同处理之间差异显著，土壤甲基汞含量依次为T6（高汞低盐秸秆，102.37 μg/kg）＞T5（高汞秸秆，53.27 μg/kg）＞T4（高汞，30.13 μg/kg）＞T2（低盐秸秆，8.55 μg/kg）＞T7（高汞中盐秸秆，6.09 μg/kg）＞T1（秸秆，4.25 μg/kg）＞CK（对照，2.71 μg/kg）＞T3（中盐秸秆，1.79 μg/kg）。可以看出，高汞低盐秸秆处理的土壤甲基汞含量最高，是高汞秸秆处理的1.92倍、高汞处理的3.4倍、高汞中盐处理的16.8倍、对照的37.8倍；低盐秸秆处理下土壤甲基汞含量是秸秆处理的2.01倍、对照的3.2倍；中盐秸秆处理下土壤甲基汞含量最低，仅为对照的66.1%。

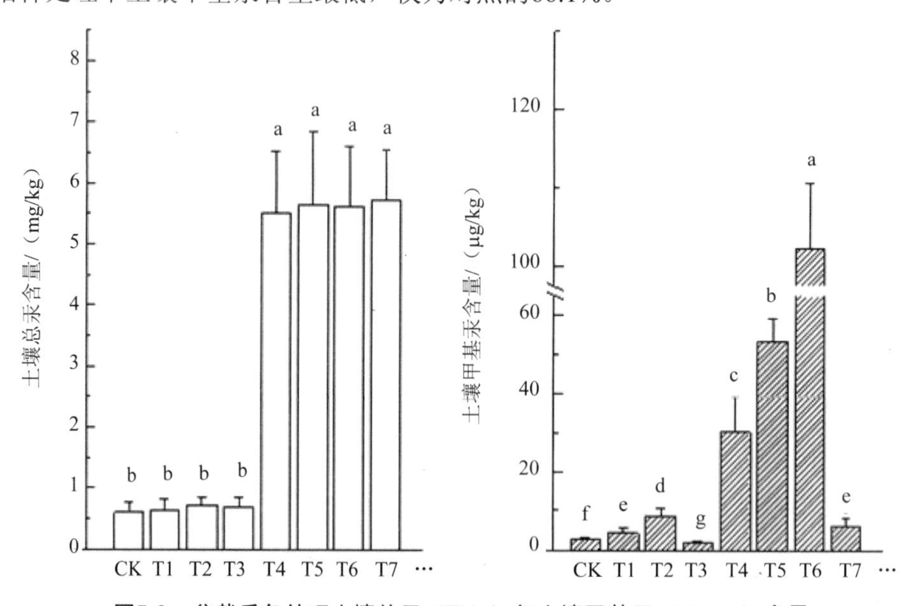

图5-3 盆栽后各处理土壤总汞（THg）与土壤甲基汞（MeHg）含量

注：CK-对照；T1-添加0.1%水稻秸秆；T2-添加0.2% NaCl和0.1%水稻秸秆；T3-添加0.5% NaCl和0.1%水稻秸秆；T4-添加5 mg/kg 汞；T5-添加5 mg/kg 汞和0.1%水稻秸秆；T6-添加5 mg/kg 汞、0.2% NaCl和0.1%水稻秸秆；T7-添加5 mg/kg 汞、0.5% NaCl和0.1%水稻秸秆。不同小写字母表示处理间差异达到显著性水平（$p<0.05$）。

2. 不同处理下水稻籽粒中总汞与甲基汞含量

图5-4为水稻收获后不同处理下水稻籽粒中总汞与甲基汞含量。对于总汞，不同处理间存在显著差异，含量依次为T7（高汞中盐秸秆，56.44 μg/kg）>T6（高汞低盐秸秆，42.15 μg/kg）>T5（高汞秸秆，29.79 μg/kg）、T4（高汞，29.33 μg/kg）>T3（中盐秸秆，16.59 μg/kg）>T2（低盐秸秆，12.77 μg/kg）>CK（对照，10.35 μg/kg）、T1（秸秆，9.48 μg/kg）。对于甲基汞，不同处理间同样差异显著，含量依次为T6（高汞低盐秸秆，20.54 μg/kg）>T5（高汞秸秆，13.44 μg/kg）>T2（低盐秸秆，6.43 μg/kg）、T4（高汞，5.92 μg/kg）>T1（秸秆，2.77 μg/kg）>T7（高汞中盐秸秆，1.78 μg/kg）>CK（对照，1.02 μg/kg）>T3（中盐秸秆，0.71 μg/kg）。总体来看，高汞中盐秸秆处理下水稻籽粒中总汞含量最高，是对照的5.45倍；高汞低盐处理下水稻籽粒中甲基汞含量最高，是对照的20.13倍。

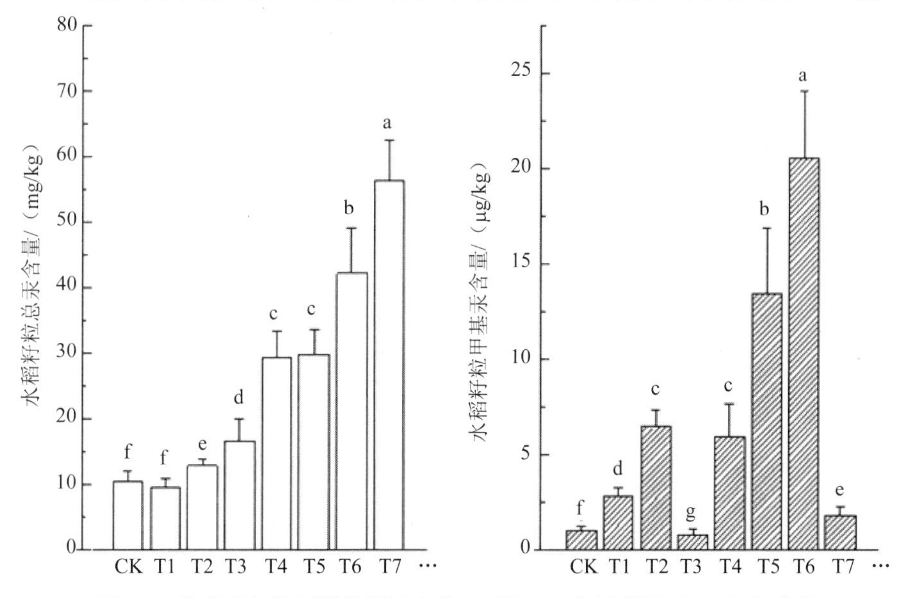

图5-4　盆栽后各处理稻米籽粒中总汞（THg）与甲基汞（MeHg）含量

注：CK-对照；T1-添加0.1%水稻秸秆；T2-添加0.2% NaCl和0.1%水稻秸秆；T3-添加0.5% NaCl和0.1%水稻秸秆；T4-添加5 mg/kg 汞；T5-添加5 mg/kg 汞和0.1%水稻秸秆；T6-添加5 mg/kg 汞、0.2% NaCl和0.1%水稻秸秆；T7-添加5 mg/kg 汞、0.5% NaCl和0.1%水稻秸秆。不同小写字母表示处理间差异达到显著性水平（$p<0.05$）。

5.2.3 讨论

未发生盐渍化的土壤与未添加秸秆的对照相比，秸秆施入后土壤和水稻中的总汞含量未出现显著性变化，这与还田的秸秆本身汞含量较低且还田量不高有关。此外，秸秆还田后，土壤和水稻籽粒中甲基汞含量均显著提高。低汞土壤中，加入秸秆的处理相比对照，土壤中甲基汞含量提高了56.8%，水稻籽粒中甲基汞含量提高了171.6%；高汞土壤中，加入秸秆的处理与未加入秸秆的处理相比，土壤中甲基汞含量提高了76.8%，水稻籽粒中甲基汞含量提高了127.0%。这种秸秆施入农田后土壤和作物甲基汞升高的趋势，与之前报道的研究结果基本一致。Zhu等报道[150]，水稻秸秆和根施入万山汞矿区污染的稻田土壤后，土壤中甲基汞的浓度提高了2～8倍。陈宗娅等[151]研究显示，小麦秸秆还田后土壤中的甲基汞含量增加127.1%，水稻秸秆还田后土壤中的甲基汞含量增加25.1%。同时，小麦根部、地上部（茎叶）和籽粒中的甲基汞含量分别增加124.6%、79.2%和169%，水稻根部、地上部和籽粒中的甲基汞含量依次增加40.1%、61.7%和25.9%。Liu等研究表明[152]，秸秆还田可大幅度提高重度汞污染土壤（含量高于5 mg/kg）中汞的甲基化，对于汞含量相对较低的土壤（0.5 mg/kg），效果弱于高汞土壤，原因可能是由于两种土壤中微生物群落特征不同。不同的土壤微生物群落组成会影响秸秆的降解、溶解性有机碳含量及其与汞的结合形态，从而影响汞的微生物甲基化。这与本试验的结果也是相统一的。其他研究者也有类似的结论，Windham-Myers等报道[153]，将植物残体覆盖于受到汞污染的农业湿地表面，其分解物进入土壤会提高土壤中甲基汞的含量。

Marvin-Dipasquale等[154]研究表明，农田表层土壤（1～2 cm）比非农田表层土壤中的甲基汞含量更高，尤其是冬季水稻收获后，此时有大量秸秆和根残留在土壤中。综合以往的报道，研究者认为[154]，秸秆还田促进稻田生态系统中汞的甲基化，可能与秸秆还田后稻田土壤性质发生变化有关，如氧化还原电位的变化、土壤中有机质含量的升高、硫和铁的还原、无机汞活性的变化、甲基化微生物数量和活性的变化等。这些因素中溶解性有机质比较关键，目前有四种解释的机制，一是秸秆分解产生的活性有机碳可直接作为速效碳源提高汞甲基化微生物的数量和活性，促进无机汞的甲基化[154]；二是溶解性有机质与硫化汞（HgS）络合形成甲基化生物可利用态的复合物[109,155]；三是溶解性有机质与土壤有机质竞争甲基汞的结合点位，促进甲基汞溶出[156]；四是孔隙水中的溶解性有机质络合汞可降低汞在土壤颗粒上的吸附量，促进附近土壤中固持的汞溶出，提高可甲基化的汞“原料”[157]。

对于盐渍化土壤，秸秆对土壤和作物中汞累积的影响更为复杂。含0.2% NaCl和0.1%秸秆的轻度盐渍土中，与不添加盐分仅加入秸秆的处理相比土壤中的总汞无显著性变化，但土壤中的甲基汞和水稻籽粒中的总汞、甲基汞含量有显著增长，其中土壤中的甲基汞含量提高了92.2%（低汞）～101.2%（高汞），水稻籽粒中的总汞含量增长了24.2%（低汞）～36.9%（高汞），水稻籽粒中的甲基汞含量增长了52.8%（高汞）～132.1%（低汞）。含0.5% NaCl和0.1%秸秆的中度盐渍土中，与不添加盐分仅加入秸秆的处理相比，土壤中的总汞仍无显著性区别，但土壤中的甲基汞含量与水稻籽粒中的甲基汞含量显著降低，其中土壤中的甲基汞含量降低了57.9%（低汞）～88.6%（高汞），水稻籽粒中的甲基汞含量降低了72.9%（低汞）～86.8%（高汞）；水稻籽粒中的总汞含量则有所上升，上升幅度为75%（低汞）～83.3%（高汞）。综合来看，在盐渍土中这些升高或降低的效应无论在低汞还是高汞土壤中均存在，这些效应可能与盐渍土中Cl^-含量有关。Cl^-对于Hg^{2+}而言是最易移动和常见的结合剂，与Hg^{2+}之间存在强烈的络合作用，可形成$HgCl_2^0$及$HgCl_3^-$等络合离子，使带负电荷的腐殖物质和黏土矿物胶体对汞的专性吸附作用显著降低，进而使土壤对Hg^{2+}的固持量及吸附速率迅速下降[158]。据报道[158]，土壤-水稻体系中Cl^-含量增加后，易被植物吸收的土壤交换态（含水溶态）、富里酸结合态汞显著上升，增加了水稻对总汞的吸收风险，这与本试验的结果是相统一的。但Cl^-对土壤-水稻体系中汞甲基化的影响与其浓度相关，根据之前的研究[159]，NaCl处理下，随着盐度的增长外源汞进入土壤后汞甲基化程度总体呈现先增长后降低的趋势。低盐度水平下（0.2%～0.6%），土壤中汞的甲基化程度提高，增加了土壤-水稻体系中甲基汞的含量；高盐度（1%～5%）则会抑制汞的甲基化，且高盐度环境下生成的甲基汞不稳定，容易发生去甲基化，从而降低土壤-水稻体系中的甲基汞水平。这可能由于盐度进一步提高后，微生物可通过溶液体系中渗透压的变化而影响其物质运输过程，引起细胞质壁分离，造成细胞死亡或活性下降，从而降低汞的甲基化程度[160,161]。这些报道与本试验的结果总体一致，但在敏感盐度水平区间上有所不同：在加入0.1%秸秆的基础上，本试验在0.2% NaCl盐度水平下出现稻田汞的甲基化程度提高，在0.5%盐度水平下就出现了显著降低，再结合之前与仅加入秸秆的处理之间土壤-水稻体系汞含量的差异，表明盐度和秸秆之间存在一些交互性作用。综合来看，在盐渍化环境中秸秆还田后的汞环境化学更加复杂，涉及多环境因子的组合及众多生物化学反应，对其机理机制有待更深入的研究。

5.2.4　结论

（1）土壤盐渍化会显著增加水稻对土壤汞的吸收，秸秆还田并未影响这一趋势。

（2）秸秆还田会促进稻田土壤中无机汞的甲基化。在轻度盐渍化稻田开展秸秆还田会进一步提高稻田土壤中汞的甲基化水平，进而增加水稻籽粒中甲基汞的含量，但更高的盐渍化水平会抑制土壤中汞的甲基化趋势，水稻籽粒中的甲基汞含量会降低。

（3）在盐渍化稻田开展秸秆还田会大幅度增加该地区汞食物链暴露风险，因此在污灌区等盐渍化较为严重的地区对秸秆还田等农艺措施需要格外慎重。

5.3　盐分累积对土壤汞甲基化的影响

5.3.1　材料与方法

1．供试土壤

参见本章5.1中“供试土壤”部分。本试验选用土壤盐分总量为0.875 g/kg（低于0.1%），按照盐土重量比划分标准[126]，尚不属于盐渍土。

2．盐渍土制备

根据调查资料，天津污灌区内由于污灌带来的土壤盐渍化，阳离子以Na^+为主，阴离子以Cl^-和SO_4^{2-}为主[127]，因此本试验考察的盐分种类为NaCl和Na_2SO_4。设置的盐度梯度为7个（按盐分种类单一添加），添加质量分数依次为0%（CK）、0.2%、0.4%、0.6%、1%、2%和5%。称取供试土壤200 g，按照上述处理在土壤中分别添加对应盐分溶液，充分混匀在室温下稳定180天，自然风干后过筛储藏，设置3次重复。制备结束后，采用IonPac AS11-HC分析柱及30 mmol/L氢氧化钾溶液分离Cl^-及SO_4^{2-}，测定盐处理后土壤样品中Cl^-和SO_4^{2-}含量（Dionex ICS-3000型离子色谱仪），结果见表5-6。

表5-6 不同盐处理后土壤中Cl^-或SO_4^{2-}含量 单位：g/kg

盐分种类	CK	0.2%	0.4%	0.6%	1%	2%	5%
Cl^-	0.71	2.40	5.05	6.80	11.79	22.96	51.68
SO_4^{2-}	0.50	2.14	4.35	6.18	9.80	21.08	50.71

3. 稳定富集同位素试剂

浓缩稳定同位素示踪剂使用美国剑桥同位素实验室公司生产的^{199}HgO和^{201}HgO。示踪剂$^{199}Hg(NO_3)_2$和$CH_3{}^{201}HgCl$分别使用对应的无机氧化汞制备，示踪剂的精确浓度由反同位素稀释分析法测定。

4. 培养试验及甲基化/去甲基化速率计算

先将制备好的盐渍土200 g放置在聚四氟乙烯烧杯中并保持一段时间淹水状态，测定土壤中总汞及甲基汞含量，再加入定量示踪剂$^{199}Hg(NO_3)_2$（土壤背景含量的80%），充分混匀后置于伊孚森恒温恒湿培养箱中（温度为25℃，湿度为75%），水分条件设置为干湿交替，在第1天、第2天、第3天、第4天、第5天、第6天、第7天、第14天、第21天、第28天、第35天连续取样。取样后在样品中加入内标示踪剂$CH_3{}^{201}HgCl$（土壤背景含量的80%），均匀混合后采用溴化钾（KBr）-硫酸（H_2SO_4）-硫酸铜（$CuSO_4$）浸提，二氯甲烷（CH_2Cl_2）萃取，氮气吹洗样本萃取物反萃取，再经$NaBPh_4$乙基化反应生成挥发性的甲基乙基汞，由氮气吹扫捕集于Tenax采样管，使用GC/ICP-MS（Agilent 6890与Agilent 7500ce通过Agilent GC-ICP-MS type接口连接）测定甲基汞含量，根据生成的$CH_3{}^{199}Hg^+$速度计算盐渍化环境中汞的甲基化速率。主要操作程序见图5-5。

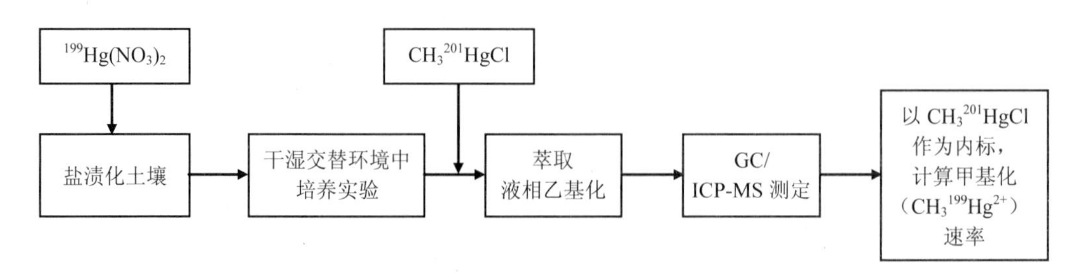

图5-5 稳定同位素标记示踪技术测定汞甲基化的路线

5.3.2　试验结果

1. 不同盐度盐分处理下土壤$CH_3{}^{199}Hg^+$含量变化趋势

NaCl处理下土壤甲基汞含量随培养时间的变化趋势见图5-6。在未添加NaCl的对照土壤中，$CH_3{}^{199}Hg^+$含量在第1天为0.498 μg/kg，仅占添加外源$^{199}Hg^+$的0.104%，到第3天，上升到0.641 μg/kg（占添加外源$^{199}Hg^+$的0.134%，以下同为占添加外源$^{19}Hg^+$的比例），而后基本保持稳定，第35天的含量为0.654 μg/kg。添加NaCl后，$CH_3{}^{199}Hg^+$含量发生显著变化。0.2% NaCl处理下，$CH_3{}^{199}Hg^+$含量在第1天为1.151 μg/kg，比例为0.242%，在培养结束时含量上升为1.869 μg/kg，比例为0.393%，是同期对照的2.86倍；0.4% NaCl处理下，$CH_3{}^{199}Hg^+$含量在第1天为1.350 μg/kg，比例为0.284%，在培养结束时，含量为3.576 μg/kg，比例为0.752%，是同期对照的5.47倍；0.6% NaCl处理下，$CH_3{}^{199}Hg^+$含量在第1天为0.899 μg/kg，比例为0.189%，在培养结束时含量为2.62 μgkg，比例为0.551%，是同期对照的4倍。1% NaCl处理下，$CH_3{}^{199}Hg^+$含量在第1天为0.747 μg/kg，比例为0.157%，在培养结束时含量为0.909 μg/kg，比例为0.191%，与同期对照无显著性差别（$p<0.05$，下同）；2% NaCl处理下，$CH_3{}^{199}Hg^+$含量在第1天为0.623 μg/kg，比例为0.131%，在培养结束时含量为0.902 μg/kg，比例为0.189%，与同期对照无显著性差别；5%处理下，$CH_3{}^{199}Hg^+$含量基本保持稳定，在第1天为0.413 μg/kg，比例为0.082%，在培养结束时含量为0.435 μg/kg，比例为0.093%。可以看出，与对照相比，5% NaCl处理会抑制外源汞加入土壤后甲基汞的生成，1%和2%盐度下甲基汞的生成量与对照较为接近。盐度0.2%～0.6%有利于甲基汞的生成，其中0.4%盐度下甲基汞的生成量最高。

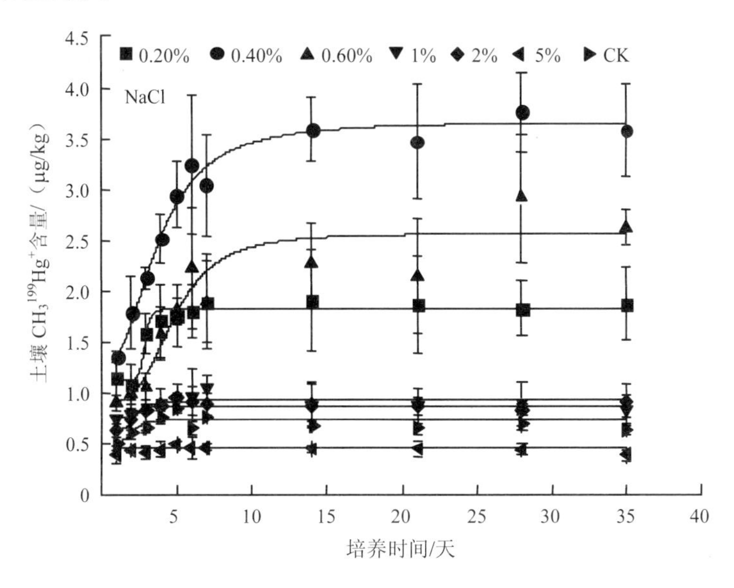

图5-6　不同NaCl盐度梯度下土壤$CH_3{}^{199}Hg^+$含量变化趋势

Na_2SO_4处理下土壤甲基汞含量随培养时间的变化趋势见图5-7。0.2% Na_2SO_4处理下，$CH_3^{199}Hg^+$含量在第1天为0.561 μg/kg，比例为0.118%，在培养结束时含量为0.702 μg/kg，比例为0.147%，与同期对照无显著性差别。其他盐度处理下，$CH_3^{199}Hg^+$含量在培养期间基本保持稳定，无明显上升或下降趋势，各时期含量均显著低于同期对照，且各盐度之间的含量无显著性差别。可以看出，当土壤中Na_2SO_4盐度水平超过0.2%时，会显著抑制外源汞加入土壤后甲基汞的生成。

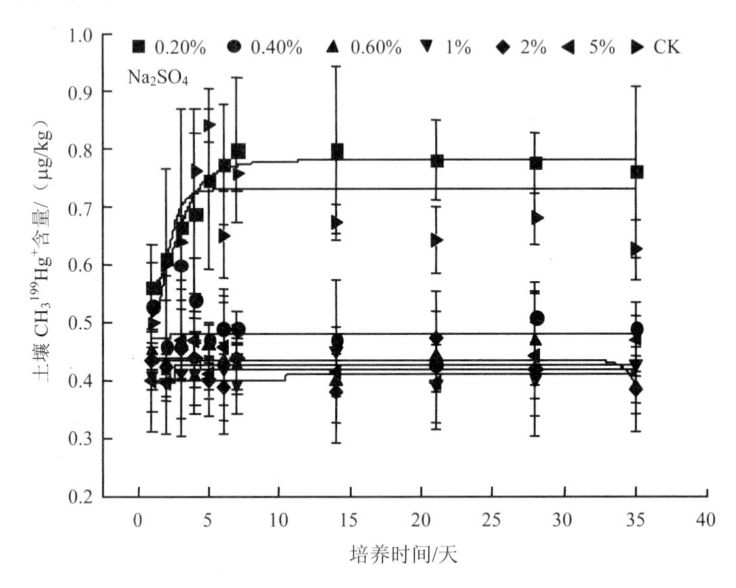

图5-7 不同Na_2SO_4盐度梯度下土壤$CH_3^{199}Hg^+$含量变化趋势

2. 对外源汞甲基化的动力学模型拟合

培养期间，土壤$CH_3^{199}Hg^+$含量变化的总体趋势呈现“S”形曲线变化（图5-6和图5-7），表现出迟缓阶段—最大速率阶段—稳定阶段，这与Logistic生长曲线相符合。利用Origin 8.6SR2 对甲基汞生成过程进行Logistic动力学方程拟合，结果表明，曲线拟合度较好，有较高的决定系数R^2和较小的标准误差。

Logistic动力学模型[162]为

$$y = \frac{a}{1 + e^{b+kx}} \tag{5-2}$$

式中，y —— x时间对应的$CH_3^{199}Hg^+$含量，μg/kg；

a —— y的极限值，即最大生成量，μg/kg；

b —— 模型参数；

k —— 反应的速率常数，即$CH_3^{199}Hg^+$的产生（汞甲基化）速率常数，通过曲线回归得到；

x —— 培养时间，d。

由模型拟合的各参数见表5-7。可以看出，决定系数为0.874～0.981，达到极显著水平（p<0.01）。

表5-7　Logistic动力学模型拟合参数及统计特征值

盐分种类	a	b	k	R^2	SE	K_{max}
CK	0.698	0.107	−1.242	0.976**	1.922	0.217
0.2% NaCl	1.882	0.382	−0.587	0.913**	3.151	0.276
0.4% NaCl	3.589	0.961	−0.463	0.981**	2.514	0.415
0.6% NaCl	2.497	1.164	−0.404	0.884**	0.957	0.252
1% NaCl	0.888	0.416	−0.913	0.969**	1.339	0.203
2% NaCl	0.846	0.141	−0.938	0.874**	1.541	0.198
0.2% Na_2SO_4	0.792	0.359	−0.983	0.953**	2.224	0.195

注：1）**表示p<0.01；2）$SE=\left[\frac{\Sigma(c_i-c_i^*)^2}{(n-2)}\right]^{1/2}$，式中$c_i$和$c_i^*$分别表示测定与预测的$CH_3{}^{199}Hg^+$含量（μg/kg），$n$表示测定数据的个数，在本试验中为11次。

可以看出，外源$^{199}Hg^{2+}$在对照土壤中最大甲基汞（$CH_3{}^{199}Hg^+$）生成量为0.698 μg/kg；1%、2% NaCl处理和0.2% Na_2SO_4处理的最大甲基汞生成量与对照较为接近，分别为0.888 μg/kg、0.846 μg/kg和0.792 μg/kg；0.2%、0.4%和0.6% NaCl处理下最大甲基汞生成量与对照相比显著提高，达到了1.882 μg/kg、3.589 μg/kg和2.497 μg/kg；0.4% NaCl处理的最大甲基汞生成量超过对照的5倍。

对式（5-3）进行求导，可以得到甲基化速率K［μg/（kg·d）］：

$$K=\frac{dy}{dx}=\frac{a(-k)e^{b+kt}}{(e^{b+kt}+1)^2} \tag{5-3}$$

对式（5-4）求极值，可得最大甲基化速率K_{max}［μg/（kg·d）］：

$$K_{max}=\frac{a(-k)}{4} \tag{5-4}$$

最大甲基化速率K_{max}拟合值见表5-7。可以看出，各处理的最大甲基化速率与最大生成量的排序基本一致。对照土壤（CK）的最大汞甲基化速率为0.217 μg/（kg·d），1%、2% NaCl处理和0.2% Na_2SO_4处理的最大汞甲基化速率与对照比较接近，分别为0.203 μg/（kg·d）、0.198 μg/（kg·d）和0.195 μg/（kg·d），0.2%、0.4%和0.6% NaCl处理下最大汞甲基化速率与对照相比显著提高，达到了0.276 μg/（kg·d）、0.415 μg/（kg·d）和0.252 μg/（kg·d），0.4% NaCl处理的最大汞甲基化速率约为对照的2倍。

5.3.3 讨论

从1969年Jensen等发现微生物能使汞甲基化以来，目前对环境体系中汞的甲基化机制还了解得很少，比较主流的观点是甲基汞主要由微生物甲基化产生，但近年来发现非微生物甲基化作用也广泛存在。从本试验的测定结果来看，土壤体系中汞的甲基化与去甲基化作用是一个复杂的动态过程，利用汞稳定同位素示踪剂结合GC-ICP-MS可以将外源汞的甲基化过程从环境的复杂综合反应体系中“剖离”出来，显示出强大的功能和作用，测试精度高，是定量化研究汞甲基化的有力手段，有广阔的应用前景。

已有研究证实盐度是影响海洋和河口沉积物中汞甲基化的重要因素，但这方面的文献并不多。经本试验，在NaCl处理下，随着盐度的增长，汞甲基化程度总体呈现先增长后降低的趋势。盐度在0.2%～0.6%时，外源汞进入土壤后甲基汞的生成量和甲基化速率与对照相比显著提高，其中0.4%盐度下汞甲基化程度最高；盐度在1%～2%时，汞甲基化程度与对照较为接近，高盐度（5%）对汞甲基化有明显的抑制作用，这可能与Cl^-与Hg（Ⅱ）之间的络合作用有关。已有研究表明，Cl^-对于Hg（Ⅱ）而言是最易移动和最常见的结合剂[163]。当NaCl盐度较低时，Cl^-与Hg（Ⅱ）之间存在强烈的络合作用，可形成$HgCl_3^-$和$HgCl_4^{2-}$等多种负性络合离子，使带负电荷的腐殖物质和黏土矿物胶体对汞的专性吸附作用显著降低，进而使土壤对Hg（Ⅱ）的固持量及吸附速率迅速下降[164,165]，汞在土壤中的移动性及活性增强，增加了汞甲基化的“供应量”，甲基化率上升；但当盐度进一步提高后，微生物可能通过溶液体系中渗透压变化而影响其物质运输过程，引起细胞质壁分离，造成细胞死亡或活性下降，从而降低了汞的甲基化程度[160,161]。这一结果表明，一定浓度下NaCl环境可能会有利于汞的甲基化，土壤盐渍化趋势或用含NaCl的污水灌溉作物可能会提高汞的甲基化风险。本试验的结果与之前关于盐度对沉积物中汞甲基化影响的研究相一致，Compeau等[166]研究表明，在还原条件下，0.4%盐度下沉积物中汞甲基化程度较高，高盐度（2.5%）会抑制汞的甲基化，且高盐度环境下生成的甲基汞不稳定，容易发生去甲基化。陈效等[167]的试验结果显示，0.7%盐度条件下汞甲基化程度较高，3.5%盐度水平下汞的甲基化几乎完全被抑制。Blum等[168]发现，盐度高时（3%）的甲基化速率只有盐度低时（0.1%）的40%，且高盐度对于汞甲基化的限制主要体现在还原环境中。但Compeau等[169]对海水中汞甲基化的研究显示，在海水中添加Cl^-会显著降低汞甲基化程度（添加量为0.01～0.5 mol/L）。由于生态系统中的汞甲基化是一个受诸多因素影响的复杂过程，各环境因子间的相互作用、一个环境因子对甲基化的影响在不同环境中的表现可能并不一样，每个生态系统都具有独特的环境因子组合，不同的研究可能得到相反的结论，因此需要开展更为系统深入的研究。

添加Na_2SO_4处理总体上可使土壤中汞的甲基化率降低，这可能与淹水环境下土壤甲基化微生物在还原硫酸盐的过程中产生了大量难溶于水的硫化物从而降低了汞甲基化的“供应量”有关[170,171]。Compeau等[166]的研究结果与本试验相一致，在Eh-220 mV条件下，加入SO_4^{2-}使盐沼沉积物中$HgCl_2$甲基化比例大幅度下降。但也有硫（酸盐）沉降促使土壤中甲基汞含量增加的报道，Jeremiason等[172]发现，在湿地喷淋硫酸盐后（5月）与未施硫酸盐的控制区相比，土壤甲基汞水平升高，显示硫刺激了某些微生物并使其在呼吸时将其他形式的汞转化为甲基汞。但是在7月和9月的试验中，喷淋硫酸盐后湿地甲基汞并没有显著增加，甚至低于检测下限。这两次的试验与5月的试验不同在于，在施用后1天，说明加入硫酸盐的时间长短也是影响汞甲基化的重要因素。考虑到本试验中土壤加入硫酸盐后老化时间超过90天，Jeremiason等的研究结果与本试验相比并不矛盾。

5.3.4　结论

（1）利用汞稳定同位素示踪剂结合GC-ICP-MS可以将外源汞的甲基化过程从环境的复杂综合反应体系中“剖离”出来，是比传统含量测定更为直观和精确的分析手段。

（2）外源汞加入土壤后，在培养期间，土壤甲基汞含量总体呈“S”形变化趋势，表现出迟缓—最大速率—稳定3个阶段，用Logistic方程可以理想地拟合盐处理下外源汞加入土壤后生成甲基汞的动力学过程。

（3）NaCl处理下，随着盐度的增长，汞甲基化程度总体呈现先增长后降低的趋势。0.2%～0.6%盐度下，外源汞进入土壤后甲基汞的生成量和甲基化速率与对照相比显著提高，其中0.4%盐度下汞甲基化程度最高；盐度在1%～2%时汞甲基化程度与对照比较接近，高盐度（5%）对汞甲基化有明显的抑制作用。Na_2SO_4处理下，当盐度水平超过0.2%时会显著抑制外源汞加入土壤后甲基汞的生成。

5.4　水分条件对土壤汞甲基化的影响

水分条件可改变土壤pH、Eh及有机质含量等土壤性质，从而影响土壤重金属含量及其形态的变化，进而对农作物吸收产生影响[172]。对于稻田土壤来说，旱作、淹水及水旱交替是其常见的水分管理方式。稻田系统中水分条件改变是否会影响汞甲基化趋势，从而加剧汞污染的危害并增加其防治难度是人们关注的问题。

5.4.1　材料与方法

1. 土壤样品

供试盆栽土壤采集自湖南省岳阳市湘阴县白泥湖乡里湖村的潮泥田（系统分类为底潜简育水耕人为土），为表层土壤（0～20 cm）。采集的土壤样品除去植物残体、碎石，自然风干，过2 mm尼龙筛后冷冻储存。基本理化性质分析参照中国土壤学会提供的分析方法[124]，结果见表5-8。

表5-8　供试盆栽土壤的基本理化性质

pH	有机质/（g/kg）	CEC/（cmol/kg）	总汞/（μg/kg）	甲基汞/（μg/kg）	全氮/（g/kg）	碱解氮/（mg/kg）	有效磷/（mg/kg）	有效钾/（mg/kg）	总硫/（mg/kg）
5.12	25.6	15.9	92.1	0.534	2.03	179.6	20.1	103.7	279.1

2．培养试验

称取1 000 g风干后的土壤样品于1 000 mL皮制塑料大烧杯中，以$HgCl_2$作为添加的外源重金属，添加浓度为5 mg/kg Hg^{2+}，将重金属与土壤充分混匀后置于恒温恒湿培养箱中，烧杯外包裹塑料膜并打孔保持通气，温度设定在25℃，湿度为75%。土壤水分设置为3个水平，并设置5次重复：

70%田间持水量：土壤的含水量设定为田间持水量的80%水平，放入恒温恒湿培养箱后，每天通过称重法添加去离子水，使土壤水分保持。

干湿交替：将土壤含水量设定为100%田间持水量，通过鼓风使土壤水分在30天左右蒸发至干，再加入去离子水，使土壤水分恢复至100%田间持水量，如此循环。

淹水：保持水分液面在土壤表面5 cm处。

取样时间为试验开始第一次加入水分后的第1天、第3天、第7天、第14天、第28天、第42天。取样前先将土壤混匀，以保证其浓度均匀一致，使用管状注射管采样器按照多点采样法分两份采集于无菌自封袋：一份4℃冷藏，用于总硫酸盐还原菌（SRB）菌群数测定（MPN法，培养基选用GB/T 14643.5—2009中测定SRB所用培养基）；另一份冷冻干燥后碾磨过0.149 mm筛，−20℃储藏，用于总汞、甲基汞测定及pH、Eh等理化性质分析。

3．土壤汞形态测定

（1）总汞

测定参考国家标准（GB/T 22105.2—2008），测定仪器为AFS-9130双道原子荧光光度计（Titan，Beijing）。以标准土壤样品GSS-5（黄红壤）作为质控样，方法检出限为0.15 μg/kg，回收率为85%～110%，相对标准偏差（RSD）＜5.5%。

（2）甲基汞

由于土壤样品中甲基汞含量较低，一般低于总汞含量的1%，因此对测定方法的灵敏度要求较高。本试验采用萃取-乙基化结合吹扫捕集-气相色谱-原子荧光光谱法（P&T-GC-AFS）测定稻田土壤的甲基汞含量。主要步骤如下：

①萃取：在20 mL玻璃瓶中称取0.25 g土壤样品（烘干重，根据含水量换算），分别加入5 mL KBr和1 mL $CuSO_4$溶液并混匀，静置1小时后再加入10 mL CH_2Cl_2，手动上下剧烈振荡30分钟，使甲基汞提取并萃取至CH_2Cl_2中。

②反萃取：以3 000 r/min离心15分钟，使用分相滤纸（1PS，Whatman Inc，UK）对有机相和水相进行分离，收集有机相。定量取5 mL有机相至40 mL玻璃瓶中，加入25 mL去

离子水，放入3颗高纯聚四氟乙烯沸石抑制暴沸（PTFE，Saint-Gobain Performance Plastics，FR），65℃加热至有机相消失后再加热4小时，使CH_2Cl_2完全挥发，将剩余的样品溶液定容至50 mL。

③乙基化及测定：在40 mL棕色进样瓶内提前加入40 mL去离子水，并加300 μL 30%柠檬酸-柠檬酸钠缓冲溶液，移取1 mL处理好的样品溶液至进样瓶内（当样品浓度较高时，可以减少移取的体积），然后加入0.04 mL 1% $NaBEt_4$溶液，并迅速将进样瓶中加满去离子水，盖紧瓶盖后放入全自动甲基汞分析系统（Merx P&T-GC-AFS，Brooks Rand Labs，USA）自动进样器进行测定。以标准物质TORT-2和DORM-3（加拿大标准物质中心）作为质控样，方法检出限为0.1 ng/mL，加标回收率为76.88%～94.26%，相对标准偏差（RSD）＜5%（n = 5或6）。

4．质量控制

试验中所用玻璃器皿均在使用前用硝酸（25%，体积分数）浸泡24小时以上，超纯水清洗后置于马弗炉500℃灼烧30分钟，洁净无汞环境冷却后使用。取样器皿使用前均湿热灭菌（121℃，30分钟）。分析过程中采用空白试验、标准物质测定、平行样控制及加标回收率进行质量控制，试验试剂都为优级纯。

5．统计制图

统计分析采用SPSS17.0软件，制图使用Excel 2007软件。

5.4.2　试验结果与讨论

1．外源汞在稻田土壤中的甲基化趋势

图5-8为3种水分条件下土壤甲基汞含量及其占总汞的比例随培养时间的变化趋势。①在70%田间持水量条件下，培养期间总汞含量呈现下降趋势，从第1天的5 120.8 μg/kg降低到第42天的4 633.7 μg/kg。土壤甲基汞在第1天的含量为12.05 μg/kg，所占总汞比例为0.24%，到第7天时含量为11.56 μg/kg，所占总汞比例为0.23%，到培养结束的第42天时含量为11.75 μg/kg，所占总汞比例为0.25%。总体来看，在70%田间持水量下，土壤甲基汞含量基本保持稳定，平均为11.55 μg/kg，所占总汞比例在0.23%左右。②在淹水条件下，随着培养时间的增加，土壤总汞含量从培养初期的5 098.2 μg/kg降低到4 721.1 μg/kg。土壤甲基汞含量与比例均呈现上升趋势，第1天的含量为22.05 μg/kg，所占总汞比例为0.43%，到第42天时，含量上升为37.42 μg/kg，比例为0.76%。土壤甲基汞含量平均为30.70 μg/kg，约为70%田间持水量的2.7倍。③在干湿交替条件下，培养期间土壤总汞含量从培养初期的5 066.31 μg/kg降低到第42天的4 744.68 μg/kg。土壤甲基汞呈现“涨-消”的波动趋势，第1天含量（比例）为18.91 μg/kg（0.37%），到第3天上升为23.41 μg/kg（0.46%），然后呈现下降趋势，到第42天时含量（比例）为16.08 μg/kg（0.33%）。土壤甲基汞含量平均为20.41 μg/kg，约为70%田间持水量的1.7倍。

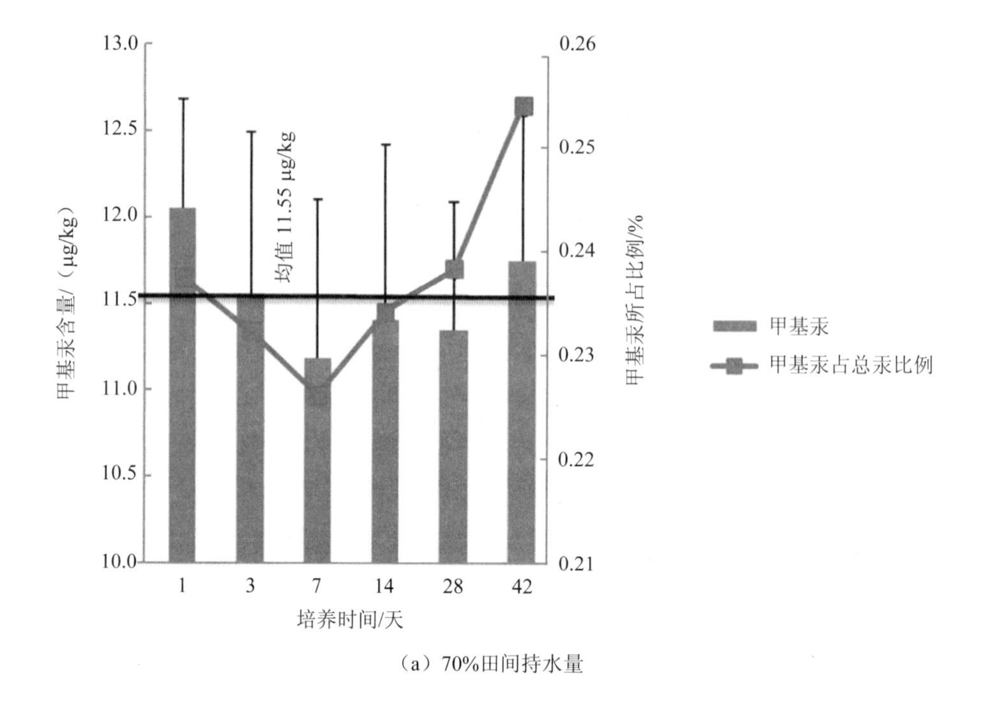

（a）70%田间持水量

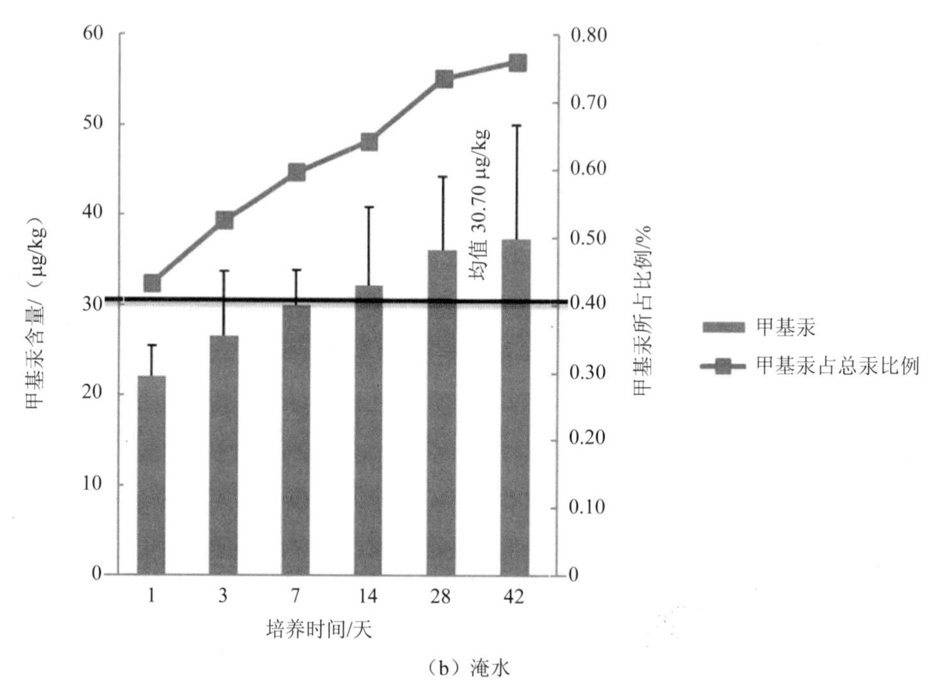

（b）淹水

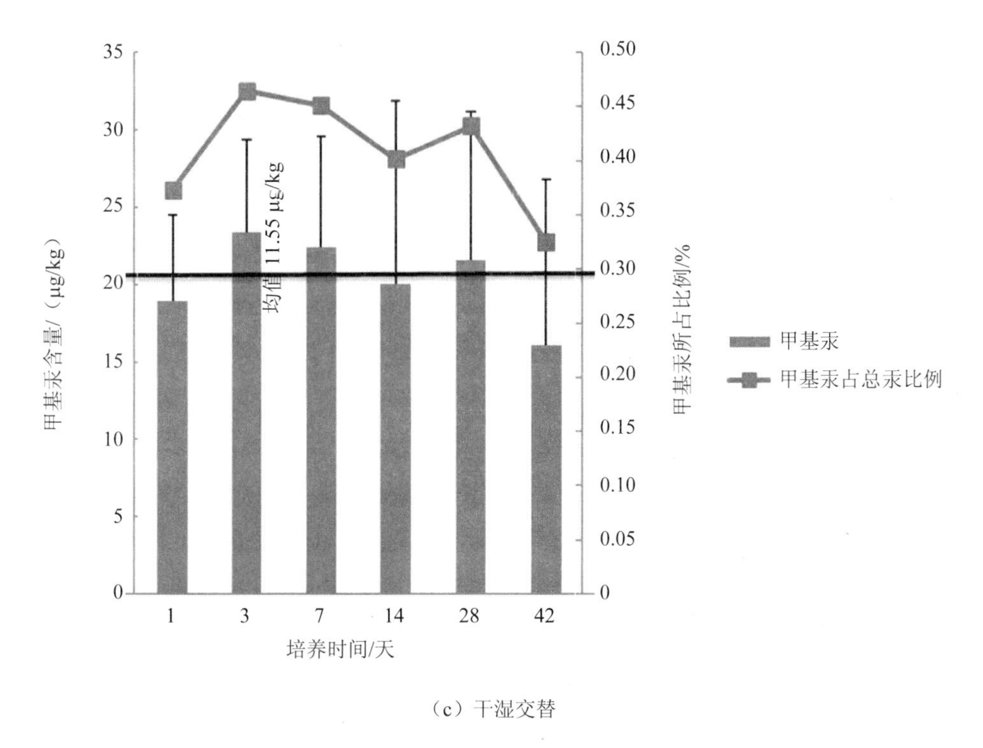

（c）干湿交替

图5-8　不同水分条件下土壤中的甲基汞变化趋势

已有研究表明[173-175]，污水灌溉或工矿企业周边的汞污染土壤不仅是汞"源"，也是汞"库"。培养过程中土壤总汞含量呈现下降趋势，这与土壤汞向大气或水体释放有关，释放的过程可以通过动力学方程进行拟合[176,177]。本试验中，在培养结束后，甲基汞所占比例依次为淹水（0.76%）＞干湿交替（0.33%）＞70%田间持水量（0.25%）。淹水后，土壤甲基汞含量上升，且占总汞的比例增加，表明淹水条件有利于水稻土汞的甲基化。这与张成[178]、Rolfhus等[179]的研究相一致。淹水形成的厌氧环境有利于汞从被淹没土壤中溶解出来，为甲基化反应提供充裕的、可供甲基化的无机汞[180]。另外，被淹没的土壤有机质及植物分解产生的有机质等为微生物提供了丰富的食物来源，使SRB等甲基化细菌大量繁殖，促进无机汞向甲基汞的转化[181]。还有研究者[182]认为，淹水期间pH会有所提高，在酸性或中性条件下有利于甲基汞的产生。目前对甲基汞含量及所占比例的研究主要集中在水体、湿地，对土壤特别是国内土壤中甲基汞含量及所占比例的报道仍然不是很多。之前对天津污灌区稻田土壤甲基汞含量的调查显示[149]，甲基汞占总汞的比例为0.12%～0.38%；Delaune[183]等测定的湖泊水体底泥中，甲基汞占比为0.27%～0.50%，湿地底泥可以达到3.2%；Shi等[184]测定的大沽河排污河道水体底泥中甲基汞的比例为2.4%；贵州万山汞矿区周边甲基汞的含量为0.72～6.7 μg/kg，比例为0.002%～0.47%[185]。研究者认为，贵州汞矿企业周边汞严重污染土壤是由于汞总量较高（可达100 mg/kg以上），甲基汞占总汞的比例反而不会特别高。本试验中淹水条件下汞的甲基化比例较高，还应考虑到本试验中土壤汞为外源添加汞，Hintelmann等[186]认为，这部分汞与土壤中原有的背景汞相比更容易甲基化，甲基化速率更高。另外，本试验在实验室内模拟水稻土淹水过程的甲基化过程，与实际稻田田间环境存在一定差异，具有一定局限性。在自然稻田环境中，水稻土在好氧和厌氧或兼性厌氧菌群作用下，持续不断地经历硫酸盐/硫化物循环，而水稻根系等为其提供溶解氧。由于模拟的装置尺寸、营养元素限制，缺少实地环境中的持续性污染输入和其他环境因子的变化，因此不能完全模拟稻田环境，只能用于趋势性研究。

2. 淹水条件下土壤中甲基汞含量变化的动力学表征

用动力学方程对淹水条件下土壤中甲基汞含量的变化动力学过程进行拟合。双常数方程、抛物线方程和Elovich方程的拟合效果均可达到显著性水平，其中Elovich方程的决定系数（R^2）更接近于1，且具有更小的标准误差系数，拟合的效果更为理想，对试验数据的拟合结果见图5-9。在本试验中测得的土壤甲基汞含量及比例反映的是土壤净甲基化产率。Balogh等[187]认为，在淹水初期，甲基化微生物处于代谢旺盛的生长期，汞的酶促甲基化反应速率较大，甲基化速率大于去甲基化速率，整体表现为甲基化。随着淹水时间的延长，甲基化微生物进入消亡期，酶促甲基化反应减少，由于非酶促甲基化反应速率较小，土壤汞的甲基化速率与去甲基化速率逐渐达到平衡，土壤甲基汞浓度变化趋于平缓。还有研究者[188]认为，在淹水培养的后期，缺氧环境对土壤汞甲基化的促进作用减弱，原因是随淹水时间的延长大量游离态汞转化为难溶性硫化汞，减少了可利用活性二价汞的数量，抑制了甲基汞的生成。

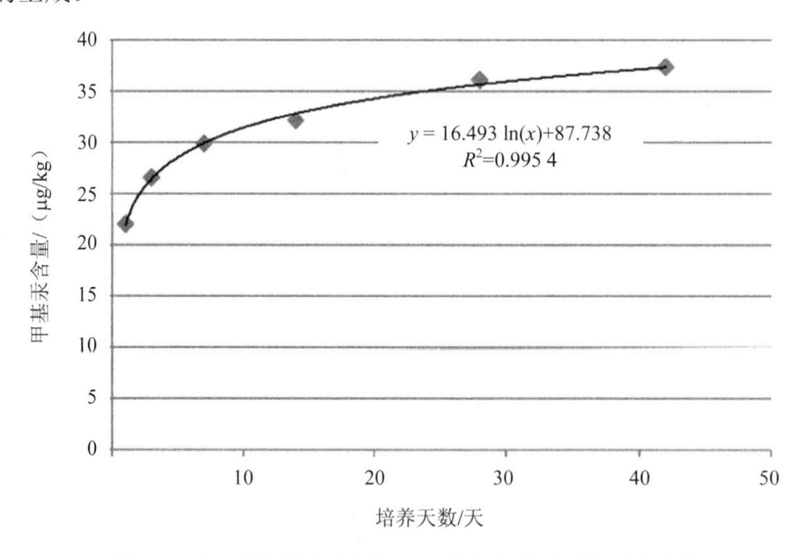

图5-9 淹水环境下土壤甲基汞含量与培养时间的拟合曲线

3. 土壤甲基汞含量与土壤因素之间的关系

各水分处理下SRB菌数量基本表现为上下波动式的周期性变化特征（图5-10），70%田间持水量水分条件下，培养期间水稻土SRB数量均值为（533±31）CFU/g，淹水条件下为

（615±39）CFU/g，干湿交替下为（509±43）CFU/g。经检验，70%田间持水量与干湿交替之间的SRB无显著性差别（$p<0.05$，下同），而淹水条件下SRB数量显著高于70%田间持水量和干湿交替。陈瑞等[189]报道，三峡库区消落带土壤中添加5 mg/kg外源汞后，淹水培养30天期间SRB有两个峰值，分别为541 CFU/g和1 105 CFU/g。本试验中，淹水条件下SRB同样存在两个峰值，分别在第7天（671 CFU/g）和第42天（681 CFU/g）。

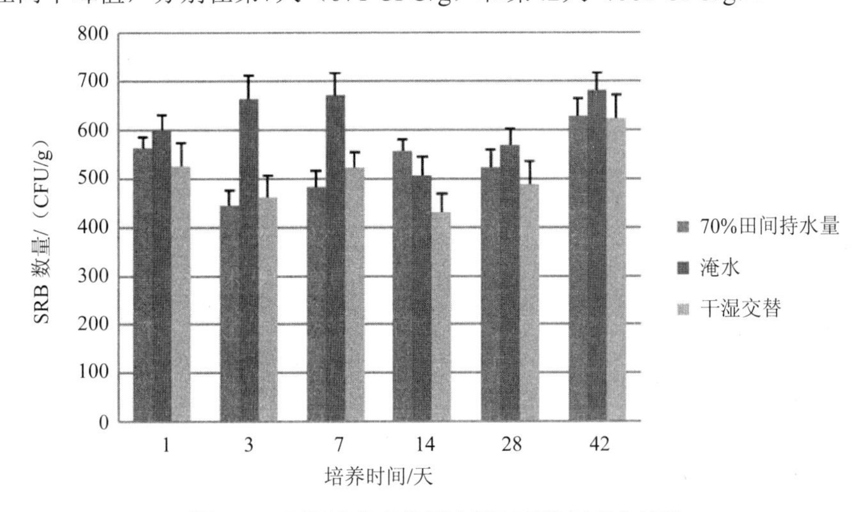

图5-10　不同水分条件下土壤SRB数量变化趋势

水稻土中甲基汞含量与总汞含量、pH、有机质、Eh、SRB数量、土壤含水量等因素的相关性分析见表5-9。结果表明，甲基汞含量与SRB、Eh、土壤含水量之间的相关性达到了显著性水平，与其他因素之间无显著相关性。可以推测，在水稻土淹水形成的厌氧环境中，SRB可能是生物汞甲基化的优势菌群。陈瑞等报道[189]，在三峡水库的干湿交替环境中，土壤甲基汞含量约为5.54 μg/kg，总SRB菌数与甲基汞含量并无显著相关性。他认为产生汞甲基化的微生物种群不仅仅是SRB等厌氧微生物，其他好氧或兼性厌氧菌群的菌落结构、数量和汞甲基化能力对于土壤汞甲基化也有重要作用，如铁还原菌和产甲烷菌等。陶兰兰等[190]也报道，在干湿交替的土壤环境中，分离纯化出一种在好氧和厌氧条件下均能将Hg^{2+}转化成甲基汞的细菌，并鉴定其为γ-变形菌纲的荧光假单胞菌。还有最新的研究表明[191]，碘甲烷可以对无机汞产生光化学甲基化作用，在天然环境水体中二价汞以及低价态的一价汞、零价汞均可被碘甲烷甲基化。但也有研究者[192,193]认为，土-水环境中汞的甲基化作用主要发生在有微生物（特别是SRB）为媒介的厌氧环境下，汞的非生物甲基化作用和好氧环境下的甲基化作用均可忽略不计。这些研究者的看法与本试验的结果相一致。可以看出，当前虽然已开展了很多对汞微生物甲基化的研究，但对该过程的关键步骤还不是很清楚，尤其是某些关键反应机制仍然存在较大争议，甚至出现截然相反的观点，特别是由于试验条件和试验技术的影响，在一定程度上也使之前的研究存在一些有待商榷的部分。还有部分研究者[194]指出，土壤中硫素含量会影响汞的甲基化，当土壤中硫素含量较高时，还原条件下土壤中可溶态汞会与S^0结合形成难溶状态的HgS，阻碍汞的甲基化进程，但对于硫素影响汞甲基化的范围值尚未有明确结果。由于本试验的水稻土中全硫含量较低（低于0.05%），可能尚未达到影响土壤甲基汞含量的阈值，因此相关性未达到显著性水平。

表5-9 土壤甲基汞含量与土壤性质之间的相关性分析

土壤性质	相关系数
pH	0.21
有机质含量	0.19
Eh	−0.51*
SRB	0.56*
土壤含水量	0.63*
总汞	0.29
全硫	0.15

注：* 表示达到显著性水平（$p<0.05$，$n=18$）。

5.4.3 结论

（1）培养结束后，3种水分条件下稻田土壤中甲基汞含量和占总汞比例依次为淹水（37.42 μg/kg，0.76%）＞干湿交替（16.08 μg/kg，0.33%）＞70%田间持水量（11.75 μg/kg，0.25%），淹水条件有利于水稻土中汞的甲基化。

（2）Elovich方程可以拟合淹水条件下稻田土壤中甲基汞含量变化的动力学过程。

（3）培养期间，各水分处理下稻田土壤中SRB数量均表现为上下波动式的周期性变化特征，均值分别为（533±31）CFU/g（70%田间持水量）、（615±39）CFU/g（淹水）和（509±43）CFU/g（干湿交替）。

（4）土壤甲基汞含量与SRB数量、Eh、土壤含水量之间的相关性达到了显著性水平。在稻田土壤淹水形成的厌氧环境中，SRB可能是生物汞甲基化的优势菌群。

第6章　盐渍化条件下土壤中汞的释放规律

6.1　盐分累积对土壤汞释放通量的影响

6.1.1　材料和方法

1．供试土壤

参见第5章5.1中“供试土壤”部分。本试验选用土壤盐分总量为0.875 g/kg（低于0.1%），按照盐土重量比划分标准[126]，尚不属于盐渍土。

2．盐渍化汞污染土壤制备

根据调查资料，污灌区内由于污灌带来的土壤盐渍化，阳离子以Na^+为主，阴离子以Cl^-和SO_4^{2-}为主[127]，因此本试验考察的盐分种类为NaCl和Na_2SO_4。设置一系列盐度梯度（按盐分种类单一添加），添加质量分数依次为0%（CK）、0.2%、0.4%、0.6%、1%、2%和5%。同时，考虑到研究土壤汞背景值较低，为保证稳定可靠的汞挥发测定，通过外源添加汞得到汞污染土壤。污染水平为2 mg/kg，对应2倍的土壤环境质量三级标准（GB 15618—1995），添加种类为硝酸汞（优级纯）。将10 kg原土按比例添加盐分和重金属，采用逐级混匀的方法，先将盐分和重金属溶液与少量土壤混匀，再将少量土壤与大量土壤混匀，直到所有土壤混匀。混匀后放置老化180天后（经预备试验证明90天后污染土壤内重金属老化趋于稳定，且界面汞释放基本稳定）自然风干，过2 mm筛后保存。制备土壤时设置4次重复，制备结束后，采用IonPac AS11-HC分析柱及30 mmol/L氢氧化钾溶液分离Cl^-及SO_4^{2-}，测定盐处理后土壤样品中Cl^-和SO_4^{2-}含量（Dionex ICS-3000型离子色谱仪），同时测定土壤总汞含量，结果见表6-1。

表6-1　不同处理中土壤阴离子与总汞含量（平均值±标准差）

种类	CK	0.2%	0.4%	0.6%	1%	2%	5%
Cl^-/（g/kg）	0.71±0.21	2.4±0.46	5.05±1.18	6.8±1.09	11.79±2.35	22.96±3.95	51.68±12.66
SO_4^{2-}/（g/kg）	0.5±0.13	2.14±0.53	4.35±0.95	6.18±1.42	9.80±1.91	21.08±4.13	50.71±9.63
总汞/（mg/kg）	2.51±0.18	2.43±0.16	2.49±0.17	2.48±0.19	2.56±0.22	2.44±0.23	2.55±0.25

3. 土壤汞向大气的释放通量测定

将制备好的盐渍化汞污染土壤搅拌均匀后置于40 cm×30 cm×20 cm有机玻璃缸中，加入去离子水使土壤水分保持在75%田间持水量（通过称重法保持）。通量箱采用透明石英玻璃制作，尺寸为30 cm×20 cm×20 cm，体积为12 L。通量箱使用前进行清洗，并测定空白值。土-气界面汞交换通量测定时将通量箱置于土壤表面，用土壤将通量箱的边缘密封，避免因漏气而造成测定误差。用聚四氟乙烯管将通量箱与大气自动测汞仪Tekran 2537A连接，通过使用配套的Tekran 1100三通调节器（Tekran 1100三通调节器将通量箱-测汞仪与计算机连接）控制测汞仪交替采集并测定流出通量箱和进入通量箱的气体汞浓度C_{out}和C_{in}。测定期间用抽气泵对通量箱抽气，使通量箱中空气流量保持稳定（当通量箱出口和进口的总气态汞浓度差值$\Delta C = C_{out} - C_{in}$达到稳定状态时，此时的流量为最优化设计，且可以使用不同通量箱法测定的汞释放通量结果具有可比性，具体解释见文献[195]，本试验中流速约为0.9 L/min），避免因空气流速的变化而对通量的测定产生影响。每次连续采样时间为20～30分钟，通量箱内、外每5分钟交替采一次，平均交换通量由式（6-1）获得。

$$F = \frac{(C_{out} - C_{in})}{A} \times Q \quad (6\text{-}1)$$

式中，F—— 汞通量，ng/（$m^2 \cdot h$），若$F>0$，则表示土壤向大气释放汞，即土壤是大气汞源，若$F<0$，则表示大气汞沉降到土壤，土壤表现为大气汞汇，若$F = 0$，则表明土壤与大气间汞浓度达到平衡；

C_{out} —— 出气口气态汞含量，ng/m^3；

C_{in} —— 进气口中气态汞含量，ng/m^3；

Q —— 通量箱中空气流量，m^3/h；

A —— 通量箱的底面积，m^2。

测定过程中的质控和校正方法详见文献[196]。计算获得的汞通量值24小时后取平均值作为一次测定数据，共测定1个月（31天），测定时间为2015年7月1日至7月31日。通量测定装置示意图见图6-1。

6.1.2　试验结果

1. 不同盐分和盐度梯度下土壤汞的释放特征

两种盐分添加后土壤汞释放通量的箱式分布见图6-2。在整个监测过程中，仅出现土壤汞向大气释放的现象，未出现大气汞沉降的现象。对照土壤（CK）的汞通量范围为21.5～140.9 ng/（$m^2 \cdot h$），平均值±标准差为（86.4±36.9）ng/（$m^2 \cdot h$）。

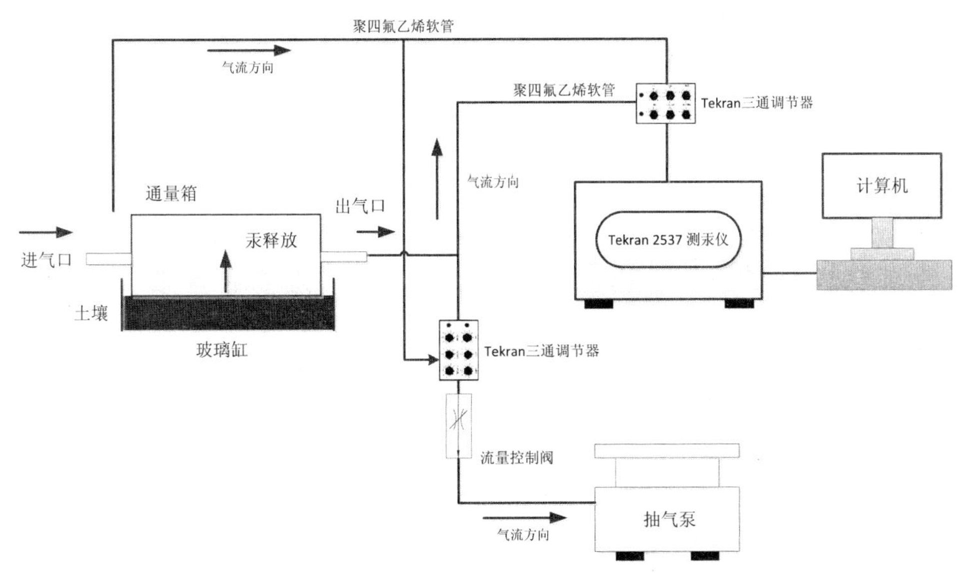

图6-1　通量箱测定装置示意图

0.2% NaCl添加后，汞通量范围为20.8～142.7 ng/（m^2·h），平均值±标准差为（86.3±42.1）ng/（m^2·h），均值、最大值、最小值与对照相比均无显著性差别，通量值的分布趋势与对照接近；0.4% NaCl处理下，汞通量范围为36.9～140.5 ng/（m^2·h），平均值±标准差为（88.4±34.5）ng/（m^2·h），均值、最大值、标准差与对照相比均无显著性差别；0.6%和1% NaCl盐度梯度下，汞通量范围分别为57.3～138.4 ng/（m^2·h）和51.3～138.9 ng/（m^2·h），平均值±标准差分别为（96.6±29.0）ng/（m^2·h）和（98.6±24.7）ng/（m^2·h）。这两个梯度下，汞通量的均值和最小值与对照相比显著提高（$p<0.05$，下同），最大值与对照相比无显著性差别；2%和5% NaCl盐度处理下，汞通量范围分别为45.1～155.9 ng/（m^2·h）和64.1～180.9 ng/（m^2·h），平均值±标准差分别为（105.8±35.7）ng/（m^2·h）和（128.6±39.8）ng/（m^2·h）。与对照土壤相比，汞通量的均值、最小值、最大值均大幅度提高。总体来看，随着NaCl盐度梯度的上升，土壤汞释放通量呈现上升趋势，5%盐度处理下，汞通量均值与对照相比提高了48.94%，最大值提高了28.39%。

Na_2SO_4添加后，土壤汞释放特征与NaCl相比有显著差别。0.2%～1% Na_2SO_4处理下，土壤汞通量的均值±标准差依次为（85.1±25.5）ng/（m^2·h）、（83.8±26.0）ng/（m^2·h）、（82.0±24.0）ng/（m^2·h）和（84.6±21.7）ng/（m^2·h），通量范围依次为21.5～140.9 ng/（m^2·h）、34.3～116.5 ng/（m^2·h）、43.8～126.9 ng/（m^2·h）、46.9～133.2 ng/（m^2·h）、48.1～115.1 ng/（m^2·h），与对照相比呈现小幅度下降趋势；2%和5%盐度梯度下，土壤汞通量的范围分别为33.8～115.8 ng/（m^2·h）和30.2～112.4 ng/（m^2·h），均值±标准差分别为（79.8±25.6）ng/（m^2·h）和（68.6±25.3）ng/（m^2·h），与对照相比均值、最大值有显著下降。总体来看，随着Na_2SO_4盐度梯度的上升，土壤汞释放通量呈现下降趋势，5%盐度处理下，汞通量均

值与对照相比降低了20.62%，最大值降低了20.25%。

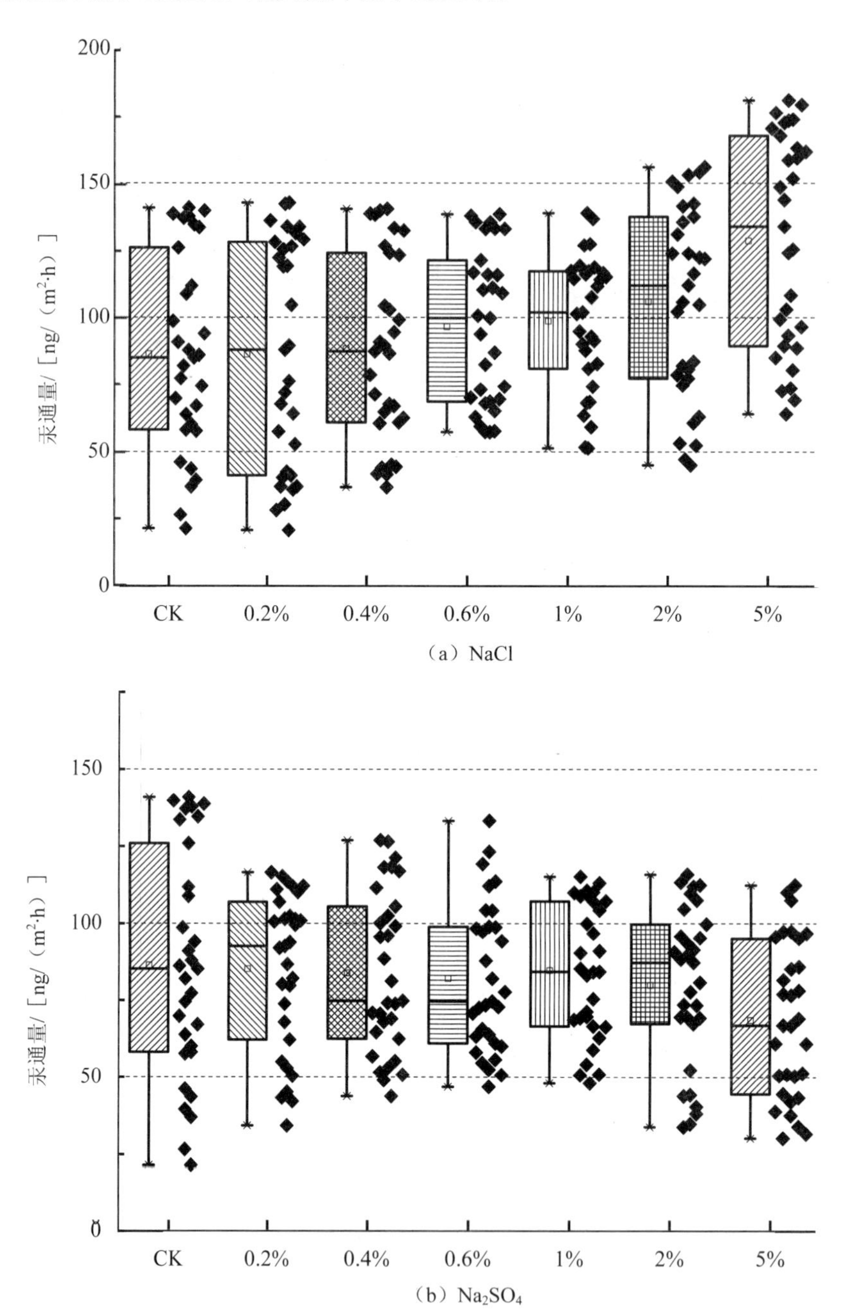

注：箱式（不含点）从上往下依次是最大值、75%分位数、中位值、25%分位数、最小值，空心方点表示平均值。

图6-2 盐处理下土-气界面汞释放通量箱式分布

2．土壤盐分含量与土壤汞通量之间的关系

经测定，添加外源汞后土壤总汞回收率在93.54%～98.46%。土壤盐分含量（g/kg）与试验期间土壤汞通量均值［ng/（m^2·h）］之间的关系见图6-3，可以看出，随着NaCl含量的增长，土壤汞通量呈现显著的线性增长趋势（$p<0.01$，下同），决定系数（R^2）达到了0.973 4；随着Na_2SO_4含量的增长，土壤汞通量呈现显著的线性降低趋势，决定系数为0.958 1。

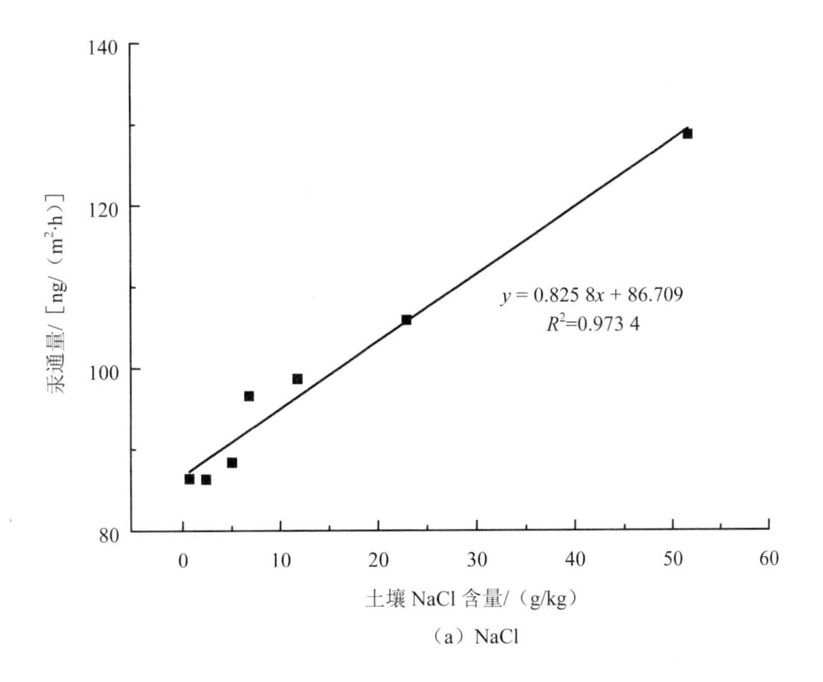

（a）NaCl

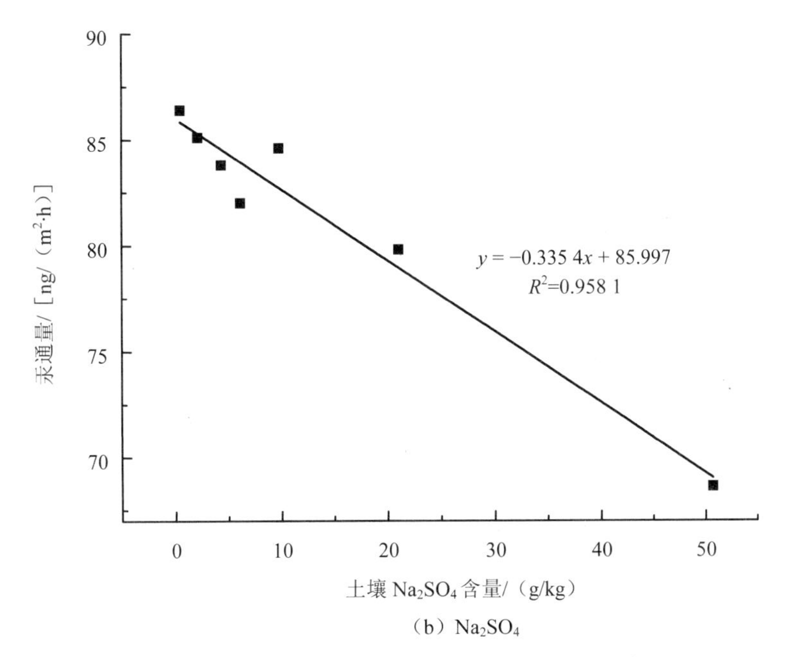

（b）Na_2SO_4

图6-3　土壤盐分含量与土壤汞通量之间的关系

6.1.3　讨论

近年来对陆地生态系统汞释放通量的研究主要集中在土壤、湖泊河流水体、草地、湿地和森林等，地表和大气汞交换通量表现为双向动态过程，即地表可作为大气汞的源，也可以是大气汞的汇[197]。关于污灌区土壤汞释放问题的研究仍不多见，除本试验组之前的报道[196]外，2014年国家自然科学基金立项了面上项目“我国典型污灌区土壤气态汞的排放特征、影响因素及全国通量估算”（No. 41371461），但尚未看到相关文献报道。根据已有研究，影响陆地生态系统（包括裸露土壤、沙漠和戈壁、草地、农田、森林、淡水湖泊和河流）向大气释放汞的因素非常多。总体来说，主要受环境介质的物理化学性质[198,199]（土壤和水体汞含量和形态、土壤湿度和孔隙度、土壤有机质、水体可溶性有机质、土壤和水体温度等）、环境和气象[200-202]（如地形、植被覆盖、光照强度、风速、气温、大气氧化物）等多种因素的共同影响，表现出极强的时间和区域性变化特征。目前对土壤汞释放通量比较一致的看法是，土壤水分含量和pH升高会在一定程度促进土壤汞的释放[200-202]，而土壤有机质则会抑制汞释放通量[203]，铁锰铝氧化物含量、土壤类型[204-206]对汞释放通量也有一定的影响。

关于土壤中汞的赋存形态对汞挥发性能的影响并不多见。根据研究，土壤释放的汞并非来自单质汞的直接挥发，而是土壤中各种形态的汞，主要是活性态的二价汞（Hg^{2+}），通过土壤中微生物的还原作用、有机质的还原作用、化学还原作用及光致还原作用而生成单质汞（Hg^0）挥发到空气中[197,198]。汞的挥发最容易发生在Hg^0含量较高的土壤中，其次是相对更容易转化为可挥发性汞的无机Hg^{2+}为总汞主要成分的土壤中。当土壤中的汞主要以HgO、HgS形态或残渣态形式存在时，汞挥发所需的活化能最大[201]。Yang等研究表明[207]，加入Hg^{2+}的土壤的释汞通量显著大于亚汞离子（Hg_2^{2+}）的土壤，原因除E^0（Hg^{2+}/Hg_2^{2+}）显著大于E^0（Hg_2^{2+}/Hg^0）以外，主要是由于很多Hg_2^{2+}化合物溶解性较低，状态稳定。Miller等[208]发现，汞的释放不仅与土壤中汞浓度较高有关，还与土壤中有更多的可以用于释放的汞有关。据此可以推测，当土壤中活性较高的交换态或水溶态汞含量增加时，可用于汞还原挥发的“储量”也随之增大，汞挥发通量呈上升趋势。根据之前的研究，土壤盐分及其梯度水平会显著影响土壤对汞的吸附性能[209]，也会影响汞在土壤中的赋存形态[210]，还会影响土壤汞的甲基化水平（已接收尚未发表）。NaCl特别是高浓度NaCl（5%质量分数）添加入潮土后，土壤对汞的吸附量、吸附强度、吸附速率显著下降[209]，汞在土壤中赋存形态向活性和移动性较强的交换态（含水溶态）、富里酸结合态转变，同位素可交换态含量（E值）大幅度上升[210]。Na_2SO_4加入土壤后对汞吸附特征、赋存形态和甲基化水平的影响没有NaCl那么显著。可以看出，本试验结果与之前关于NaCl加入土壤后对汞环境化学行为影响的研究结果是相统一的[210]，即NaCl（尤其是较高浓度）会使汞在土壤中的赋存形态向活性态转变，进而增加土壤中可供挥发的汞量，使土壤释汞量相应增加，这也表明高浓度的NaCl环境对土壤汞释放通量有显著影响，土壤的盐渍化趋势会使汞释放及作物吸收风险更趋严重。另一方面，本试验中加入Na_2SO_4使土壤汞释放通量呈现大幅度下降趋势，这与之前Na_2SO_4加入土壤后汞赋存形态变化不显著的研究结果不能相互印证。但两个研究在试验条件上并非完全一致（土壤汞含量水平等），且由于影响土壤释汞通量的因素很多，而且通常条件下土壤释汞通量处于多种因素共同作用的状态下[211]，这些因素的复合影响可能产生协同或者拮抗作用，不同因素的协同和拮抗作用使释汞强度的预测复杂化。

6.1.4 结论

（1）与未发生盐渍化的对照土壤相比，随着NaCl盐度梯度的上升，土壤汞释放通量呈现上升趋势，5%盐度处理下，汞通量均值与对照相比提高了48.94%，最大值提高了28.39%；随着Na_2SO_4盐度梯度的上升，土壤汞释放通量呈现下降趋势，5%盐度处理下，汞通量均值与对照相比降低了20.62%，最大值降低了20.25%。

（2）土壤盐分含量与土壤汞释放通量均值之间的关系可以用线性模型表征，对于NaCl，含量x（g/kg）与汞通量y［ng/（$m^2 \cdot h$）］之间的模型为$y = 0.825\,8x + 86.709$（$R^2 = 0.973\,4$）；对于Na_2SO_4，模型为$y = -0.335\,4x + 85.997$（$R^2 = 0.958\,1$）。高浓度的NaCl环境对土壤汞释放通量有显著影响，土壤的盐渍化趋势会使汞释放及作物吸收风险更趋严重。

6.2 降雨对土壤汞淋溶的影响

6.2.1 材料与方法

1. 供试土壤

供试土壤统一取自耕层（0～20 cm），风干后磨碎过2 mm筛备用。采集地点及相关性质见表6-2，各理化性质采用常规分析方法测定[126]，土壤总汞采用GB/T 22105.1—2008[212]检测方法测定。

表6-2 供试土壤相关理化性质

地区	类型	pH	有机质/（g/kg）	CEC/（cmol/kg）	游离铁/（g/kg）	活性铁/（g/kg）	容重/（g/cm^3）	黏粒*/（g/kg）	全汞/（mg/kg）	年降雨量/mm
天津宝坻	潮土	7.81	10.51	14.05	12.89	1.17	1.28	159.2	0.117	614
江西鹰潭	红壤	5.11	8.64	10.36	40.88	2.13	1.31	423.3	0.086	1 750
河北石家庄	褐土	7.90	13.54	14.81	4.14	0.56	1.12	168.8	0.114	576
广西刁江	红壤	7.53	21.78	8.68	34.44	1.33	1.27	358.6	0.817	1 726

地区	类型	pH	有机质/(g/kg)	CEC/(cmol/kg)	游离铁/(g/kg)	活性铁/(g/kg)	容重/(g/cm^3)	黏粒*/(g/kg)	全汞/(mg/kg)	年降雨量/mm
辽宁沈阳	棕壤	5.37	16.81	12.74	11.95	1.67	1.03	299.9	0.082	623
甘肃兰州	灰钙土	8.04	14.34	6.31	4.96	0.26	1.25	83.6	0.142	327
吉林双辽	盐碱土	7.83	9.09	8.14	5.88	0.38	1.28	161.0	0.100	494
新疆乌鲁木齐	棕漠土	8.18	6.18	4.55	5.29	0.35	1.18	100.1	0.093	265
吉林公主岭	黑土	5.53	62.25	25.54	12.60	3.07	1.09	225.0	0.089	633
吉林公主岭	暗棕壤	7.76	25.93	15.86	16.99	5.90	0.93	89.5	0.051	633
吉林公主岭	黑钙土	7.41	30.77	19.91	10.64	2.64	1.15	318.7	0.067	633
贵州铜仁	黄壤	4.62	19.33	12.31	31.57	1.94	0.94	269.5	0.453	1 250
陕西西安	黄绵土	8.27	11.27	20.49	6.85	0.32	1.29	121.6	0.056	620
江苏苏州	黄泥土	7.97	22.81	12.88	20.66	3.99	1.04	257.4	0.068	1 076
重庆北碚	紫色土	4.46	15.73	11.26	17.68	1.61	1.01	300.9	0.086	1 133
湖南祁阳	水稻土	5.37	27.43	12.46	40.89	3.01	1.14	368.8	0.371	1 276
西藏拉萨	草毡土	6.72	81.78	26.37	26.06	9.72	1.11	126.1	0.079	355
海南儋州	砖红壤	6.76	18.41	3.61	55.16	1.11	0.91	392.4	0.097	1 823
福建福州	黄壤	7.08	25.23	17.35	23.99	1.43	1.29	425.0	0.151	1 500
江苏南京	黄棕壤	6.08	16.37	9.68	21.18	1.83	0.92	145.6	0.113	1 107
广西南宁	赤红壤	4.56	12.33	8.52	34.10	6.04	1.22	391.9	0.150	1 304
内蒙古呼和浩特	栗钙土	8.17	22.33	12.11	4.40	0.15	1.13	100.2	0.050	435

注：* 黏粒为<2 μm的土壤颗粒。

供试土壤pH在4.46（重庆紫色土）～8.27（陕西黄绵土）范围内，其中酸性土壤8种（pH 4.46～6.08），分别为重庆紫色土、广西赤红壤、贵州黄壤、江西红壤、湖南水稻土、辽宁棕壤、吉林黑土和南京黄棕壤（按从低到高顺序，下同）；中性土壤4种（pH为6.72～7.41），分别为西藏草毡土、海南砖红壤、福建黄壤和吉林黑钙土；碱性土壤10种（pH为7.53～8.27），分别为广西刁江红壤、吉林暗棕壤、天津潮土、吉林双辽盐碱土、河北褐土、江苏黄泥土、甘肃灰钙土、内蒙古栗钙土、新疆棕漠土和陕西黄绵土。供试土壤有机质含量在6.18（新疆棕漠土）～81.78 g/kg（西藏草毡土），平均值为23.46 g/kg；供试土壤中CEC在3.61（海南砖红壤）～25.54 cmol/kg（吉林黑土），平均值为12.58 cmol/kg；供试土壤中黏粒含量在83.6（甘肃灰钙土）～425.0 g/kg（福建黄壤）范围之内，平均值为241.2 g/kg。

2．污染土壤制备

本试验设置外源添加Hg^{2+}以氯化盐的形式（$HgCl_2$），污染水平为2 mg/kg，对应2倍的土壤环境质量三级标准（GB 15618—1995[212]）。将原土按比例添加重金属，采用逐级混匀的方法，先将重金属溶液与少量土壤混匀，再将少量土壤与大量土壤混匀，直到所有土壤混匀。混匀后放置老化180天后（经预备试验证明90天后污染土壤内重金属老化趋于稳定）自然风干，过2 mm筛后保存，并检测土壤总汞含量。

3. 淋溶土柱填装

淋溶土柱为高25 cm、内径5 cm的有机玻璃管。根据实际野外土壤的容重及土壤的初始含水量进行装填。土柱分4次进行装填，每次装填5 cm，每次装填所需要的土量根据式（6-2）计算：

$$土壤总质量=土柱容积\times土壤容重\times（1+初始质量含水量） \quad (6-2)$$

填装时用塑料压实器压实土壤，使其达到规定的高度，以保证试验土柱的容重与自然土壤的容重相同或接近，同时使土柱中颗粒均匀分布。土柱的上下两端均用厚度为1 cm石英砂（事先用酸浸泡，去离子水冲洗）作为反滤层，并在反滤层之上加300目尼龙纱网和中速滤纸以防堵塞出水孔，示意图见图6-4（a）。淋溶土柱设置4次重复。

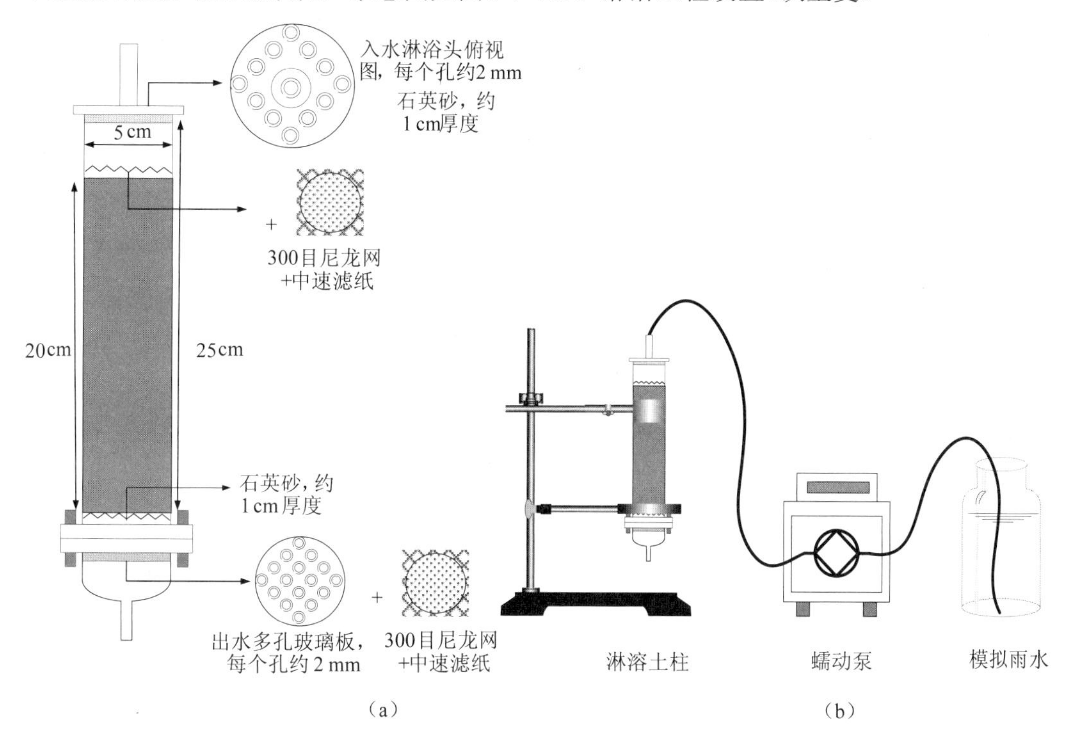

图6-4　淋溶土柱（a）及淋溶试验（b）示意图

4. 淋溶液设置

供试农田土壤所在地区年降雨量为200～2 500 mm，扣除实际降雨地表径流的影响，每年进入土壤中的雨水量约为年平均降雨量的60%。本试验设定的淋溶量为6 L，相当于各地土壤3年以上的降雨量，淋溶液用稀HCl调节pH至5.6，模拟雨水的化学成分为[213]：Ca^{2+}

1.5 mg/L、NH_4^+ 2.62 mg/L、Mg^{2+} 1.00 mg/L、SO_4^{2-} 10.00 mg/L、CO_3^{2-} 2.61 mg/L、Cl^- 11.17 mg/L、K^+ 1.78 mg/L。

5. 淋溶试验

试验开始时，先在土柱中加入少量去离子水浸湿土壤，达到田间持水量后，从顶端注入模拟雨水淋溶土壤，使用蠕动泵控制流速，土柱下端的出流液定量（0.2 L）采集，记录时间并测定其中Hg^{2+}浓度（HJ 694—2014检测方法[214]，检出下限为0.16 μg/L，北京吉天AFS930原子荧光分光光度计），直到淋溶量累计达到6 L停止，淋溶试验示意图见图6-4（b）。

6. 土壤汞累计释放量

$$q = \frac{\sum_{i=1}^{n} C_i \times v}{m} \tag{6-3}$$

式中，q —— 模拟降雨作用下土壤汞的累计释放量，μg/kg；

C_i —— 第i次采样的淋溶液中重金属浓度，μg/L；

v —— 淋溶液体积（本试验设定为0.2 L）；

m —— 供试土壤质量，kg。

土柱内汞释放率见式（6-4）：

$$K = \frac{q}{S} \times 100\% \tag{6-4}$$

式中，K —— 土柱内重金属释放率；

q —— 模拟降雨作用下土壤汞的累计释放量，μg/kg；

S —— 土柱内重金属初始含量，μg/kg。

7. 统计分析

制图及逐步回归分析拟合采用Origin 8.6（美国Origin公司）软件。

6.2.2 试验结果与讨论

1. 模拟降雨下土壤汞的淋溶特征

模拟降雨作用下供试土壤汞的淋溶特征见图6-5。可以看出，22种土壤汞的释放过程大致分为三类。第一类包括黑土、黑钙土、草毡土、水稻土、暗棕壤、福州黄壤、黄泥土、栗钙土，这8种土壤在整个淋溶过程中淋出液中Hg^{2+}浓度极低，基本在1 μg/L以下（未达到检出限的按照检出限的一半计算，下同），呈小幅振荡式变化，并无显著的上升或下降趋势。第二类包括刁江红壤、贵州黄壤、棕壤、灰钙土、黄绵土5种土壤，这类土壤的淋溶前期（前2～3 L）Hg^{2+}含量较低，基本在1 μg/L以下，到淋溶中期出现一个“跃迁”，含量显著上升，最高达到5～15 μg/L，随后出现下降，到淋溶末期（5～6 L）淋溶液中Hg^{2+}含量降低到1 μg/L以下。第三类土壤包括砖红壤、黄棕壤、紫色土、褐土、赤红壤、潮土、盐碱土、鹰潭红壤、棕漠土9种土壤，淋溶过程呈现两个阶段，当淋溶体积在4 L之内，淋出液中Hg^{2+}浓度较高，且变化比较剧烈；超出4 L后，汞释放速率明显变缓。第一阶段（4 L以内）释放的Hg^{2+}可能来源于土壤中的水溶及交换态汞，这些形态一旦有水淋洗就很容易释放出来，其释放速率主要由淋溶液在土柱中的迁移速率决定，与土柱高度、土壤容重、外源重金属的加入量和试验用土量有关[215,216]。雨水中因有CO_2的融入而呈弱酸性，H^+的连续输入使土壤溶液中H^+升高，增加了H^+对重金属的竞争吸附力，使吸附于土壤上的交换态汞易于解吸，同时土壤中的碳酸盐态、有机结合态等重金属在雨水的作用下也可被缓慢地释放出来，这就出现了释放的第二个阶段，即相对稳定的缓慢释放阶段[215,216]。Lestan等[217,218]的淋溶试验也表明了相似的重金属释放规律，但快速释放阶段所需的淋溶液量有所差异，这与研究的土壤和试验条件有关。另外，雨水中SO_4^{2-}、NH_4^+、NO_3^-、Ca^{2+}也会对土壤中汞的释放产生影响，根据郭朝晖等[219]的研究，雨水中SO_4^{2-}、NH_4^+、NO_3^-、Ca^{2+}可以激活重金属的活性，加速交换态重金属的溶出，使更多的交换态重金属被解吸溶出。NH_4^+、Ca^{2+}浓度对重金属溶出的影响更为明显。Miller[220]认为，土壤溶液中Ca^{2+}可与重金属离子竞争土壤中的有效吸附点位，使重金属的吸附点位减少，从而增加了重金属的释放量；NH_4^+离子在土壤中发生硝化产生H^+，使土壤酸度增大，从而促进重金属离子的释放。

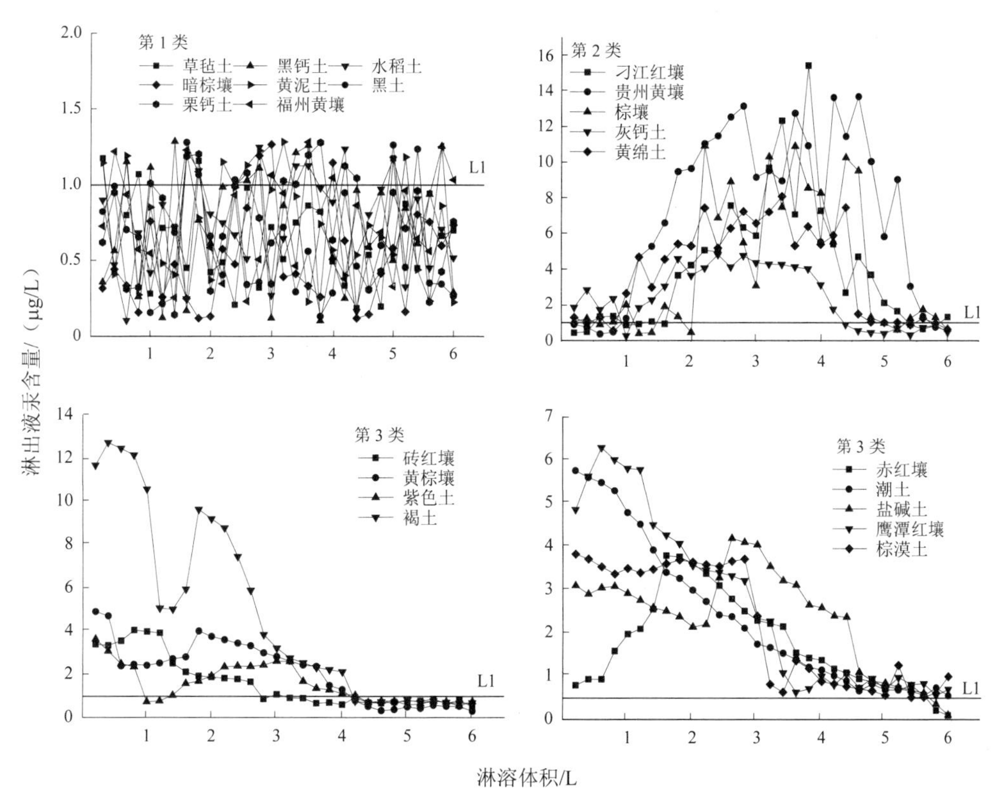

图6-5　模拟降雨作用下汞的淋溶特征

根据《地下水质量标准》（GB/T 14848—93），汞的III级标准为1 μg/L（适用于集中式生活饮用水水源及工农业用水）。可以看出，第一类土壤在整个淋溶过程中淋出液中Hg^{2+}含量均未超过III级标准；第二类土壤和第三类土壤分别在淋溶中期和淋溶前期淋溶液中Hg^{2+}浓度超出了III级标准，对环境及地下水有一定威胁。进入淋溶后期后，淋出液中Hg^{2+}浓度降低到III级标准以内。

2．土壤汞累计释放量和释放率特征

模拟降雨条件下土壤汞的释放率在0.33%～5.95%（表6-3），最高的是贵州黄壤，最低的是吉林黑土，平均为1.55%。白雪等[221]研究显示，使用pH为4.5的模拟酸雨淋溶汞含量为2 mg/kg的紫色土，淋出率不足2%。Bollen等[222]用L-Cysteine对汞污染土壤进行了淋溶，结果显示，用纯水做淋溶剂，仅能淋溶出总汞的1%，而用L-Cysteine可以淋溶出42%的无机态汞，土壤汞移除效率最大可提高到75%，但淋溶效率高度取决于土壤汞的赋存形态。本试验未对模拟降雨淋溶前后土壤汞形态进行测定。由于汞在土壤中的含量较低，且存在记忆效应，形态测定难度较大，同时，在连续提取及测定过程中不可避免地出现挥发现象，造成连续提取法普遍回收率偏低[134]。在之前的研究[223]中，连续提取法获得的各形态汞含量之和相对土壤总汞含量的回收率仅为65%左右。未来我们将通过稳定同位素^{202}Hg示踪技术测定淋溶作用下土壤汞可利用态的变化情况。此方法已在我们之前的研究中显示出强大的功能和效果[223,224]。从表6-3来看，土壤不同，累计释放量及释放率相差巨大，有必要对影响因子做进一步分析。

表6-3 模拟降雨下土壤汞的累计释放量及释放率

土壤类型	q/（μg/kg）	土壤汞含量*/（μg/kg）	K/%
贵州黄壤	117.137	1 968.4	5.95
棕壤	67.608	2 153.7	3.14
黄绵土	65.173	2 118.3	3.08
褐土	63.828	1 990.9	3.21
刁江红壤	56.462	2 030.7	2.78
盐碱土	39.014	2 071.8	1.88
灰钙土	37.036	2 126.1	1.74
鹰潭红壤	33.535	2 067.8	1.62
棕漠土	29.234	1 997.2	1.46
潮土	27.911	2 108.6	1.32
黄棕壤	25.253	2 150.6	1.17
赤红壤	23.793	2 045.1	1.16
紫色土	22.940	2 185.7	1.05
砖红壤	21.720	2 098.0	1.04
黑钙土	9.916	2 011.6	0.49

土壤类型	q/（μg/kg）	土壤汞含量*/（μg/kg）	K/%
栗钙土	9.882	1 998.0	0.49
福州黄壤	9.095	2 035.2	0.45
黄泥土	8.800	2 078.5	0.42
水稻土	8.737	1 956.6	0.45
草毡土	7.729	2 005.2	0.39
暗棕壤	7.460	2 011.3	0.37
黑土	7.077	2 135.1	0.33

注：* 为加入外源汞并老化结束后测定的土壤汞含量。

3. 土壤汞释放量影响因子分析

将土壤汞的累计释放量q作为因变量，将表6-3中各土壤理化性质（含表6-3的土壤汞含量）作为自变量（各性质间方差膨胀系数VIF＜4，多元共线性不显著），判定哪些性质是影响降雨条件下汞释放量的因子及所占权重（为缩小各性质差异性，避免异方差，将除pH之外的各因素取对数）。结果表明，有机质（OM）、pH和土壤汞含量（总汞）等因素对汞释放量的影响在逐步回归方程中达到了显著水平，而其余性质未达到显著性水平，因而排除。逐步回归方程为

$$\ln q=1.8+0.62\ln \text{THg}-0.109\text{pH}-0.918\ln \text{OM}\ (R^2=0.586\,5^{*},\ p<0.05,\ n=22) \quad (6\text{-}5)$$

回归方程可解释模拟降雨下土壤汞释放量58.65%的变异（Variance）。通过分析有进有出逐步回归方程中调整后的偏决定系数（Partial R^2），可以判定各因素对土壤汞释放量变化的影响权重。根据Origin输出的回归分析结果，模拟降雨下土壤汞释放量的最大决定因素——土壤有机质所占权重为32.13%，作用为负，即有机质含量越高，释放量越低。有机质对汞具有较大的吸附容量，有机质中的腐殖质主要以有机颗粒或有机膜包被的形式与土壤中的黏粒矿物、氧化物等无机颗粒结合形成有机胶体或有机-无机杂化复合胶体，增大了土壤颗粒的比表面积和表面活性，使土壤对汞的吸附能力随着有机质含量的增加而增强，同时，土壤腐殖质属于大分子有机化合物，含有多种含氧、含氮的功能团，容易和汞发生络合或螯合反应，显著提高土壤对汞的固持能力。回归分析的结果与Haynes等[225]和Linde等[226]报道相一致。Haynes等[225]利用同位素示踪^{199}Hg离子研究了降水和土壤水分对汞在砂壤土中迁移性能的影响，显示降水强度和土壤初始含水量两者共同影响汞在土壤中的迁移（单一元素的作用是不显著）。土壤有机质是影响汞迁移最重要的因素，超过99%的添加汞被土壤有机质吸附在3 cm的表层，仅低于0.5%的^{199}Hg示踪离子被淋溶出土壤。Linde等[226]研究表明，对中度重金属污染土壤淋溶时，无论是普通雨水还是酸雨，重金属铜、铬和汞的淋出量均与淋出液中溶解性有机质（DOC）含量关系密切，且SHM-DLM模型分析显示，土壤有机质含量是决定这些污染物淋溶效率的关键因素。

土壤pH在回归方程中所占权重为13.65%，作用为负。pH是土壤化学性质的综合反映，

土壤pH较高，则土壤中黏土矿物、水合氧化物及有机质表面的负电荷较多，对Hg^{2+}的吸附能力也随之提高。高pH还有利于金属羟基复合物增加，降低离子的平均电荷，使吸附反应的屏障降低，有利于土壤对Hg^{2+}的专性吸附；另外，OH^-的增加也削弱了H^+对交换位点的竞争，提高了土壤有机质-重金属络合物的稳定性，同样会提高土壤对Hg^{2+}的吸附能力[227]。土壤汞污染水平在回归方程中所占权重为12.87%，作用为正，即土壤汞污染越严重释放越多。在22种土壤中，释放量最大的是贵州省铜仁市的黄壤。贵州省铜仁市受汞矿开发的影响，土壤重金属污染比较严重，汞是主要污染重金属元素，已有调查表明[228]，该市万山区土壤汞含量为24.31～347.52 mg/kg，比全国平均值高出2～3个数量级，整个环境汞污染严重。从本试验的结果来看，在降雨等淋溶作用下该地区地下水受到比较严重的威胁，值得高度关注。

6.2.3 结论

（1）22种土壤汞的释放过程大致分为三类：

第一类包括黑土、黑钙土、草毡土、水稻土、暗棕壤、福州黄壤、黄泥土、栗钙土，这8种土壤在整个淋溶过程中淋出液汞浓度极低，未超过地下水III级标准。

第二类包括刁江红壤、贵州黄壤、棕壤、灰钙土、黄绵土5种土壤，淋溶前期汞含量较低，到淋溶中期含量显著上升，随后出现下降，到淋溶末期淋溶液汞含量降低到III级标准以下。

第三类土壤包括砖红壤、黄棕壤、紫色土、褐土、赤红壤、潮土、盐碱土、鹰潭红壤、棕漠土9种土壤，淋溶过程呈现两个阶段，当淋溶体积在4 L之内，淋出液中汞浓度较高，且变化比较剧烈，对环境及地下水威胁较大；超出4 L后，汞释放速率明显变缓，浓度降低到III级标准以下。

（2）模拟降雨条件下22种土壤汞的释放率为0.33%～5.95%，最高的是贵州黄壤，最低的是吉林黑土，平均为1.55%。逐步回归分析的结果表明，土壤有机质（OM）、pH及土壤汞含量（总汞）对降雨作用下土壤汞释放量（q）有重要作用，三者累计的决定系数为0.586 5，回归方程为$\ln q=1.8+0.62\ln THg-0.109pH-0.918\ln OM$。

第 7 章　污灌区稻田土壤中汞的污染特征及健康风险评价

7.1　天津污灌区稻田汞污染特征

7.1.1　材料与方法

1．研究区概况

天津市污灌区分为南（大沽）排污河灌区、北（塘）排污河灌区和北京排污河（武宝宁）灌区，其中北（塘）排污河灌区主要分布在东丽区，灌区内除引灌外同时施用污泥，污染比较严重，灌区污灌史在12～48年，农灌污水量约为$1.12\times10^{9}\ m^{3}/a$，污灌作物主要是蔬菜和水稻。

2．样品采集

样品采集时间为2011年8—10月，按照土壤环境监测技术规范（HJ/T 166—2004）采集了北（塘）排污河沿岸29块稻田的0～20 cm耕作层土壤及对应的水稻植株样（分为稻根、稻茎、稻叶、稻米）。

土壤样品：采用梅花形采样方法，采样1 kg左右，样品由每亩5个取土点均匀混合后四分法获得，同时记录采样点的地理地质状况，调查施肥和耕作情况以及附近的污染源情况。采集的土壤样品除去植物残体、碎石后自然风干，过2 mm尼龙筛后冷冻储存，基本理化性质分析参照中国土壤学会提供的分析方法[124]，结果见表7-1。

水稻样品：稻谷去壳后取得稻米，稻根、茎秆和稻叶用Teflon剪刀剪短2 cm左右。自来水冲洗干净，冲洗1～2分钟，再用去离子水冲洗3遍，最后用滤纸吸去表面水分，称取鲜重。将鲜样放入烘箱中，在105℃杀青20分钟，再70℃烘干至恒重，时间约为2天，记录干重。烘干后的植株进行粉碎，装于纸袋存储于干燥器内待测。

3．样品汞的测定

土壤中总汞的测定：参考国家标准（GB/T 22105.2—2008），测定仪器为AFS-9130双道原子荧光光度计（Titan，Beijing）。

表7-1 采集稻田土壤的基本理化性质

土壤编号	pH	有机质/（g/kg）	CEC/（cmol/kg）	游离铁/（g/kg）	活性铁/（g/kg）	硫素/（mg/kg）	黏粒[①]/（g/kg）	污灌时间[②]/a
S1	7.43	15.73	22.18	7.36	0.92	673.6	77.18	25～30
S2	7.80	20.96	27.04	9.61	1.59	690.3	111.16	15～20
S3	7.47	17.22	23.94	13.59	2.06	450.0	206.84	20～25
S4	7.86	29.87	37.04	17.3	1.77	624.8	90.77	30～35
S5	7.59	19.7	27.19	10.24	1.43	502.3	136.74	10～15
S6	7.54	25.81	39.23	15.03	1.54	464.9	118.68	10～15
S7	8.05	27.87	45.71	11.68	2.09	653.6	195.09	20～25
S8	7.82	24.42	22.71	10.32	1.4	673.1	205.67	20～25
S9	7.83	22.02	21.14	14.04	1.85	403.3	165.48	15～20
S10	7.77	17.83	26.92	6.18	1.58	591.4	51.48	15～20
S11	7.94	29.26	38.62	11.04	1.05	489.7	74.2	30～35
S12	7.95	21.68	27.53	11.65	1.39	550.8	72.77	5～10
S13	8.03	21.44	26.16	8.68	2.11	320.0	108.1	15～20
S14	8.02	21.13	22.82	6.55	0.91	571.4	88.7	25～30
S15	7.72	14.34	12.76	9.29	1.27	391.7	78.9	5～10
S16	7.75	14.16	17.42	10.72	1.46	536.9	165.72	15～20
S17	8.08	20.74	22.19	7.3	1.99	683.8	99.78	20～25
S18	7.65	19.87	30.6	11.3	1.15	284.6	105.45	20～25
S19	7.93	26.43	28.81	6.96	1.35	687.3	91.33	15～20
S20	7.66	16.17	15.36	10.42	1.97	670.4	141.62	10～15
S21	7.85	29.85	35.52	8	1.5	404.4	153.98	15～20
S22	7.40	13.85	11.08	14.08	1.64	608.9	78.68	15～20
S23	8.11	14.22	22.33	12.65	1.89	512.9	93.98	25～30
S24	7.87	13.65	22.11	7.7	1.84	405.4	155.42	10～15
S25	7.62	17.44	14.65	15.18	1.74	626.9	158.09	10～15
S26	7.89	15.62	18.28	17.48	0.86	368.6	111.29	20～25
S27	7.41	27.51	40.44	12.95	1.87	292.4	78.41	15～20
S28	8.00	18.32	23.45	17.24	1.61	618.6	69.67	5～10
S29	7.56	16.14	15.82	11.57	1.24	471.0	183.61	10～15

注：[①]<0.002 mm 土壤颗粒；

[②]来自实地调查、走访和查阅文献，仅起参考作用，无法保证真实性。

以标准土壤样品ESS-4（褐土）作为质控样，方法检出限为0.15 μg/kg，回收率为87.7%～108.9%，相对标准偏差（RSD）<7.5%。

水稻中总汞的测定：采用国家标准（GB/T 5009.17—2003）方法。称取植株样品0.5 g（精确至0.000 1 g）于50 mL带塞比色管中，加入10 mL硝酸（优级纯），加塞后隔夜放置。转天放置于多孔炉中，80℃加热20分钟，再升至120℃加热30分钟后升至150℃，消解2～3

小时至消解完全后加去离子水定容至50 mL待测，测定仪器同上。以标准样品GBW10014（GSB-5，圆白菜）作为质控样，方法检出限为0.15 μg/kg，回收率为89.5%～111.2%，相对标准偏差（RSD）<8%。

土壤中甲基汞的测定：由于土壤样品中甲基汞含量较低，一般低于总汞含量的1%，因此对测定方法的灵敏度要求较高。本试验采用萃取-乙基化结合吹扫捕集-气相色谱-原子荧光光谱法（P&T-GC-AFS）测定稻田土壤甲基汞含量。具体步骤：①萃取，在20 mL玻璃瓶中称取0.25 g土壤样品，分别加入5 mL KBr和1 mL $CuSO_4$溶液并混匀，静置1小时后再加入10 mL CH_2Cl_2，手动上下剧烈振荡30分钟，使甲基汞提取并萃取至CH_2Cl_2中；②反萃取，以3 000 r/min离心15分钟，使用分相滤纸（1PS，Whatman Inc，UK）对有机相和水相进行分离，收集有机相，定量取5 mL有机相至40 mL玻璃瓶中，加入25 mL去离子水，放入3颗高纯聚四氟乙烯（PTFE）沸石抑制暴沸（Saint-Gobain Performance Plastics，FR），65℃加热至有机相消失后再加热4小时，使CH_2Cl_2完全挥发，将剩余的样品溶液定容至50 mL；③乙基化及测定，在40 mL棕色进样瓶内提前加入40 mL去离子水，并加300 μL30%柠檬酸-柠檬酸钠缓冲溶液，移取1 mL处理好的样品溶液至进样瓶内（当样品浓度较高时，可以减少移取的体积），然后加入0.04 mL 1% $NaBEt_4$溶液，并迅速将进样瓶中加满去离子水，盖紧瓶盖后放入全自动甲基汞分析系统（Merx P&T-GC-AFS，Brooks Rand Labs，USA）自动进样器进行测定。以标准物质TORT-2和DORM-3（加拿大标准物质中心）作为质控样，方法检出限为1 pg/kg，回收率为75%～97%，相对标准偏差（RSD）<10%。

水稻中甲基汞的测定：参照美国国家环保局方法（USEPA 1630）。称取0.2 g植株样品放入8 mL玻璃样品中，加入25%的NaOH-CH_3OH溶液，在摇床中恒温（45℃）振荡4小时（250 r/min）后，吸取1 mL液体低温冷冻（4℃）离心5分钟（1.0×10^4 r/min）。在50 mL进样瓶中加入约40 mL去离子水，加入40 μL样品，再加入300 μL30%柠檬酸-柠檬酸钠缓冲溶液，快速加入0.04 mL 1% $NaBEt_4$溶液后迅速加满去离子水，盖紧瓶盖后放入全自动甲基汞分析系统（Merx P&T-GC-AFS，Brooks Rand Labs，USA）自动进样器进行测定。质控样同土壤，方法检出限为1 pg/kg，回收率为81%～115%，相对标准偏差（RSD）<9%。

7.1.2　试验结果与讨论

1. 土壤和水稻总汞分布特征

采集的29块污灌区稻田土壤和水稻各部位总汞含量箱式分布见图7-1。受污灌的影响，调查的稻田土壤汞含量为（367.04±129.36）μg/kg（平均值±标准差，下同），显著高于区域土壤汞背景值（73 μg/kg），但低于土壤环境质量二级标准（pH>7.5为1 000 μg/kg，GB 15618—1995）。由于调查的稻田土壤污灌时间长短不一，土壤汞含量差异较大，为185.6～600.8 μg/kg。水稻各部位总汞含量依次为稻叶（154.27±91.88）μg/kg>稻根（104.62±49.89）μg/kg>稻茎（59.38±27.27）μg/kg >稻米（12.80±5.14）μg/kg（差异性均达到显著性水平，$p<0.05$，下同）。根据食品中汞限量指标（GB 2762—2012，稻米为20 μg/kg），调查的29个污灌区稻田中有2个田块的水稻稻米Hg超标，分别为27.88 μg/kg、22.49 μg/kg，有7个田块的水稻稻米汞含量在15～20 μg/kg。辛术贞等[229]对30年来我国污灌污水中重金属含量特征及年代变化规律进行了分析，认为污灌污水中汞、镉和砷的含量相对农田水质灌溉标准超标率最高（汞排第一），因而在污染源头控制中需要优先控制。王祖伟等[230]2004年对天津污灌区农作物和土壤的调查结果显示，水田土壤汞含量在30～2 140 μg/kg，均值为1 410 μg/kg，属于重度污染；水稻籽粒中汞含量在1～257 μg/kg，均值为22.3 μg/kg，超标严重。王婷等[231]对天津3条排污河污灌区农田的调查中，22个土壤采集点有7个样点汞超标（＞1 000 μg/kg），最高值为2 200 μg/kg。与这些调查相比，本次调查的天津北（塘）污灌区稻田土壤和水稻汞污染状况还没有报道的那么严重，大体仍然属于安全范畴，但富集情况值得重视。

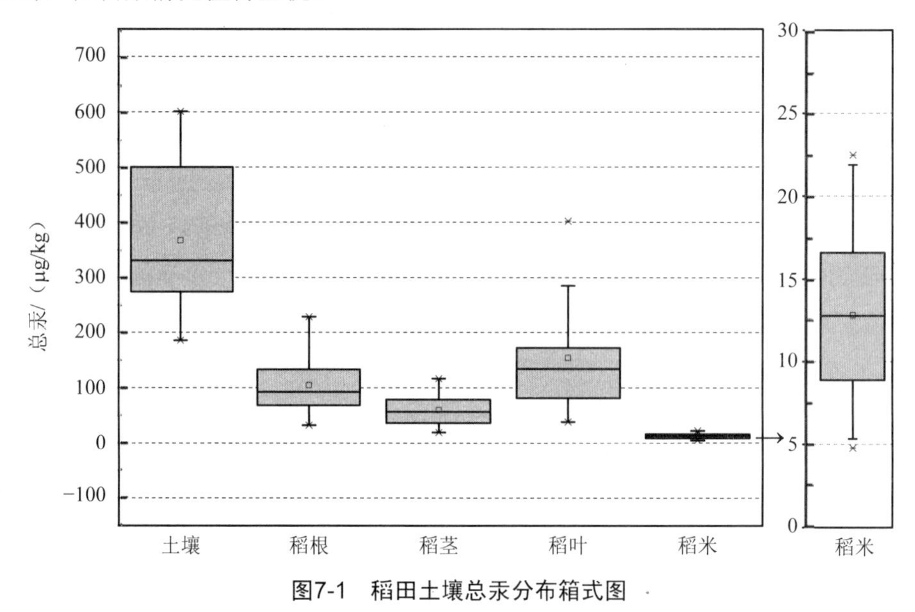

图7-1 稻田土壤总汞分布箱式图

注：箱式（不含点）从上到下依次为90%分位数、75%分位数、中位数、25%分位数、10%分位数，星点表示异常值，空心方点表示平均值（下同）。

水稻总汞含量较高的部位是稻叶和根部，稻米含量最低，这与Fay等[232]及Meng等[233]的研究相一致，与Zhang等[110,234]的研究比较接近（稻根与稻叶总汞含量无显著差别）。植株叶片部位总汞含量不仅受土壤汞影响，还与大气汞含量有关，课题组之前的研究表明，天津污灌区稻田和菜地大气环境已受到较为严重的汞污染，气态总汞均值分别为71.3 ng/m^{3}和39.2 ng/m^3，远高于北半球大气总汞含量的背景水平（1.5～2.0 ng/m^3）[235]，因此在污灌地区种植叶类作物不仅需要考虑土壤污染的因素，也需要考虑气态汞暴露的风险。水稻根部和稻米中总汞含量则主要受土壤汞含量影响，Yin等[236,237]利用汞同位素示踪的方法对气态汞在水稻各部位的分布进行了定量化研究，表明气态汞在水稻组织中的分布趋势为叶＞茎＞稻米＞根部。

2．土壤和水稻甲基汞分布特征

29块污灌区稻田土壤及水稻各部位甲基汞含量箱式分布见图7-2。稻田土壤甲基汞含量为（0.87±0.77）μg/kg，甲基汞含量占全汞比例为0.12%～0.38%。水稻各部分甲基汞含量依次为稻米（2.09±1.20）μg/kg＞稻根（1.28±0.71）μg/kg＞稻茎（0.63±0.38）μg/kg＞稻叶（0.31±0.19）μg/kg，甲基化率（甲基汞/总汞，%），植物器官不同部位甲基汞占总汞的比例代表了汞在该部位的甲基化状态）依次为稻米（16.08±6.61）%＞稻根（1.28±0.58）%，稻茎（1.11±0.48）%（稻根与稻茎间差异未达到显著性水平）＞稻叶（0.23±0.14）%，这表明污灌区稻米甲基汞含量及甲基化率较高（均值超过10%），食用存在一定暴露风险。Horvat等[239]和冯新斌研究组[239-241]对贵州万山、务川汞矿区等不同类型土壤及稻田生态系统汞污染调查显示，汞矿区稻田土壤与邻近玉米地土壤中总汞含量相当，但稻米中甲基汞含量比旱地作物中甲基汞高出10～1 000倍，显示水稻对甲基汞具有很强的富集能力。

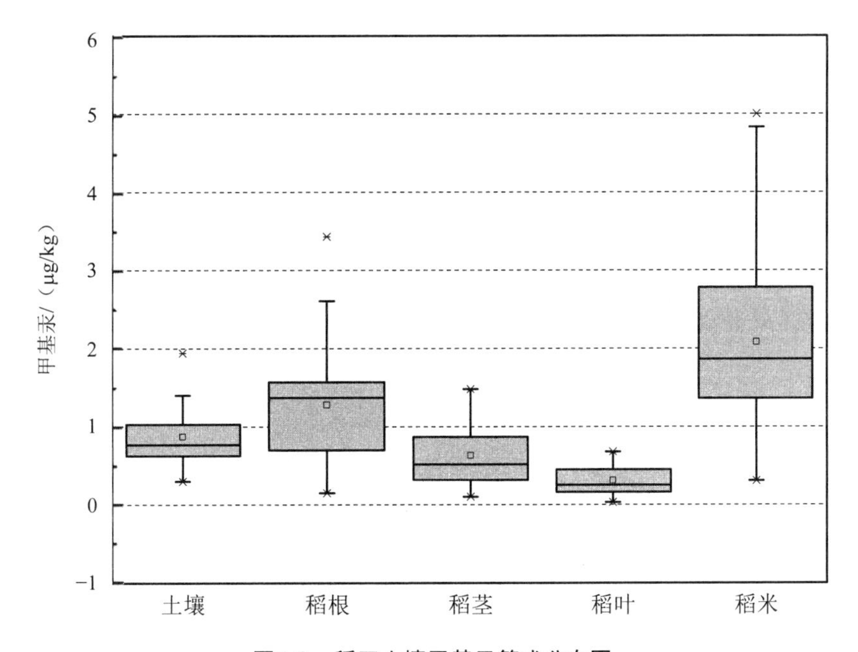

图7-2　稻田土壤甲基汞箱式分布图

汞的甲基化有非生物和生物途径。在自然条件下，生物甲基化在甲基汞的产生中起着支配性作用，通常是由厌氧细菌（主要是SRB）在缺氧的情况下合成的。对沉积物、湖泊及湿地中的甲基汞的研究较多，但关于土壤中汞甲基化的报道较少。稻田生态系统是一个典型的人工湿地，稻田土壤为汞的甲基化提供了适宜的物理化学环境，是水稻甲基汞的主要来源；此外，来自大气干湿沉降的汞进入稻田生态系统后容易被转化为甲基汞，进而被水稻吸收，并富集到水稻籽粒中。水稻籽粒相比其他部位具有更强的富集甲基汞的能力[110,241]。叶志鸿研究团队[242,243]的研究表明，甲基汞在水稻中的转移系数大于1，显著大于总汞的转移系数，且水稻籽粒中甲基汞含量显著高于其他组织，表明在水稻中甲基汞比无机汞更容易迁移，这也与Schwesig等[244]及Meng等[245]的研究相一致。Zhang等[110]推测，总汞在水稻籽粒中含量较低与水稻根部对总汞的阻隔有关，但对甲基汞在水稻组织中的传递则无相应的根部阻隔作用，具体机制有待进一步阐明；Rothernberg[246]进一步阐述，糙米中总汞含量显著高于精米，而甲基汞含量在两种米之间无显著差别，这表明即使去除糠皮，仍然无法阻断甲基汞进入食物链，暴露风险显著高于总汞。

7.1.3　结论

调查的29个污灌区稻田中，土壤总汞含量为（367.04±129.36）μg/kg，显著高于区域土壤汞背景值；甲基汞含量为（0.87±0.77）μg/kg。水稻各部位总汞含量依次为稻叶＞稻根＞稻茎＞稻米，甲基汞含量依次为稻米＞稻根＞稻茎＞稻叶；稻米总汞含量为（12.80±5.14）μg/kg，甲基汞含量为（2.09±1.20）μg/kg；对甲基汞具有很强的富集能力，甲基化率均值超过10%。

7.2　天津污灌区稻田汞污染健康风险评价

7.2.1　天津污灌区稻米汞暴露健康风险评估

根据7.1研究区域中稻田土壤和水稻中总汞和甲基汞的含量及分布特征，进一步评估污灌区稻米食用汞暴露风险，并对污灌区土壤-稻米甲基汞的影响因素进行研究。

WHO与FAO联合制定的总汞临时性每周人体耐受摄入量（PTWI）为5 μg/（kg·bw），甲基汞为1.6 μg/（kg·bw）；USEPA规定的每日甲基汞参考剂量（Reference Dose，RfD）为0.1 μg/（kg·bw）[247]，折算成周为0.7 μg/（kg·bw）。根据这两个标准，对污灌区稻米总汞和甲基汞暴露健康风险进行评估。稻米总汞和甲基汞每日摄入量（PWI）计算方式为[247]：

$$\mathrm{PWI}_{\mathrm{THg(MeHg)}} = \sum (C^{i}_{\mathrm{THg(MeHg)}} \mathrm{IR}^{i})^{i=\mathrm{rice}} / \mathrm{bw} \qquad (7\text{-}1)$$

式中，C —— 稻米总汞或甲基汞含量，μg/kg；

bw —— 人均体重，按照60 kg取值；

IR —— 每人每周稻米摄入量，根据2009年中国统计年鉴，城镇为1.492 kg，农村为2.134 kg。[248]

可得出天津污灌区稻米总汞每周摄入量为0.068～1.25 μg/（kg·bw）（表7-2，下同），占PTWI的1.3%～25%，甲基汞每周摄入量为0.009 5～0.49 μg/（kg·bw），占PTWI的0.59%～30.6%，占RfD的1.35%～70%。从结果来看，污灌区稻米总汞及甲基汞暴露对居民健康风险总体仍在安全阈值内，但个别汞污染较严重地区甲基汞暴露风险值得高度关注。研究表明，稻米摄入是汞暴露的重要途径，李筱薇等[249]研究显示，从谷类中输入的总汞约占总摄入量的一半，是中国成年人总汞最大的膳食来源。冯新斌等[241]研究表明，在中国西南汞矿区，食用稻米是农村居民甲基汞暴露的主要途径，居民甲基汞总输入量的94%来自稻米食用（日本及北欧地区主要来自于食用鱼类）。

表7-2　污灌区稻米总汞和甲基汞每周摄入量　　单位：μg/（kg·bw）

分类	地区	最小值	最大值	平均值±标准差
总汞	城镇	0.068	0.85	0.53±0.059
	农村	0.094	1.25	0.38±0.040
甲基汞	城镇	0.009 5	0.34	0.078 ±0.004 4
	农村	0.014	0.49	0.111±0.008

7.2.2　天津污灌区稻田土壤-稻米甲基汞含量影响因素分析

由表7-3可以看出，在列出的土壤因子中，土壤甲基汞含量仅与土壤总汞含量及黏粒含量之间相关性达到显著性水平（$p<0.05$，下同），稻米甲基汞含量与土壤总汞含量、土壤甲基汞含量、稻米总汞含量及黏粒含量之间相关性达到显著性水平，这说明在污灌区，外源汞输入是土壤-水稻甲基汞污染的一个重要来源，且受土壤质地的影响。在土壤方面，关于汞甲基化过程的影响因素目前国内外已有一些研究，但针对不同生境差异较大，且对于影响机制仍然缺乏令人满意的解释。早在1976年，Rogers等[250]即发现，土壤甲基汞含量与土壤质地、水分含量、土壤温度、外源汞添加物及其老化时间关系密切。一般来说，影响汞甲基化过程的因素可分为两类，一类控制甲基化细菌生理生化代谢活性，另一类控制汞甲基化环境中汞的形态或生物可利用性。由于影响因素众多，不同研究者有着不同的看法，甚至出现矛盾的观点，例如国内学者[178,251]在三峡库区消落带研究发现，土壤甲基汞与pH、总汞含量显著正相关，与有机质和CEC呈负相关，与土壤机械组成之间的相关性不显著；在干湿交替环境下则主要受pH、有机质、Eh和土壤含水量等因素的影响。尹德良等[252]研究表明，土壤甲基汞含量与总汞、总硫、总磷、总氮和有机质存在显著的正相关，与二氧化硅呈现显著性负相关，而与pH相关性不显著。Jeremiason等[172]研究表明，硫沉降促使土壤中甲基汞增加，这证实了酸雨可引起土壤甲基汞的产生，也印证了在佛罗里达州Everglades[253]的观察结果，即硫酸盐与土壤甲基汞之间存在联系，表明农艺措施特别是含硫肥料使用可能引起汞污染地区土壤甲基汞暴露风险。关于水稻甲基汞影响因素的研究目前比较少见。研究表明[243]，水稻基因型（内部因素）及土壤条件（外部因素）对其吸收甲基汞均有显著的影响，在土壤条件中，仅pH是影响水稻甲基汞吸收的相关因子。水稻基因型对水稻甲基汞含量的影响受环境条件影响较大，当环境气候条件相差较大时，在污染地A具有甲基汞低积累特性的基因型种植到污染地B后不一定还具有低积累的特性（而对

总汞的吸收特征是基本一致的），这可能是因为不同稻田汞甲基化速率不同，从而影响水稻对甲基汞的吸收。在本试验中，由于水稻品种（基因型）并不统一，可能也是水稻甲基汞含量与土壤理化性质之间相关性较弱的原因。

表7-3 稻田土壤甲基汞含量与土壤参数的相关性分析

因素	土壤总汞	土壤甲基汞	稻米总汞	稻米甲基汞	pH	有机质	黏粒	CEC	游离铁	活性铁	全硫
土壤总汞	1										
土壤甲基汞	0.64**	1									
稻米总汞	0.65**	0.63**	1								
稻米甲基汞	0.51**	0.91**	0.68**	1							
pH	−0.13	−0.05	−0.17	−0.12	1						
有机质	0.19	−0.10	0.00	−0.22	0.23	1					
黏粒	0.48*	0.45*	−0.02	0.48*	−0.11	−0.01	1				
CEC	−0.03	−0.24	−0.11	−0.28	0.17	0.85**	−0.07	1			
游离铁	0.07	0.03	−0.09	−0.04	−0.16	0.03	0.09	0.03	1		
活性铁	−0.02	0.07	0.13	0.18	0.10	0.07	0.30*	0.13	0.12	1	
全硫	0.28	0.10	0.10	0.03	0.15	0.02	−0.02	−0.12	−0.14	0.05	1

注：* 表示在 0.05 显著性水平上（两侧）显著相关；**表示在 0.01 显著性水平上（两侧）显著相关。

7.2.3 结论

（1）污灌区稻米总汞及甲基汞暴露对居民健康风险总体仍在安全阈值内，但个别汞污染较严重地块甲基汞暴露风险值得高度关注。

（2）土壤甲基汞含量仅与土壤总汞含量及黏粒含量之间的相关性达到显著性水平，稻米甲基汞含量与土壤总汞含量、土壤甲基汞含量、稻米总汞含量及黏粒含量之间的相关性达到显著性水平。调查稻田水稻品种（基因型）并不统一，可能是稻米甲基汞含量与土壤理化性质之间相关性较弱的原因。

第8章　汞污染农田的安全利用

8.1　汞污染农田安全利用技术

8.1.1　农艺调控技术

1. 节水灌溉

研究发现在水稻生长过程中稻田灌溉水量的多少（阶段性落干）可以显著影响稻米对汞的富集程度。例如，Rothenberg等[254]通过采用干湿交替的农艺方式种植水稻来降低汞污染区稻米对甲基汞的富集。稻田在淹水条件下，土壤水分饱和使土壤通气性相对较差、土壤氧化还原电位较低，导致与铁锰氧化物结合的汞被释放出来（Hg^{2+}和Hg^0），间接地促进了汞的甲基化作用[255]。当稻田土壤处于落干状态时，土壤通气性增强、含氧量增加、有机质分解增多及氧化还原电位升高，使土壤中无机汞的甲基化速率降低、甲基化微生物（主要为SRB）的数量及种群密度减少，最终导致水稻对甲基汞富集程度降低[256,257]。此外，Peng等[258]的研究结果同样显示，稻田落干状态下（好氧条件）可以有效地降低水稻根际土壤孔隙水中溶解态汞的浓度，其主要原因是土壤中的铁锰氧化物通过吸附或共沉淀作用固定了土壤孔隙水中的可溶态汞（Hg^{2+}），从而抑制了无机汞的甲基化作用，最终降低了甲基汞在稻米中的富集量。另外，Xun等[259]在水稻生长期间采用4种不同的生长环境，分别为持续淹水（CF）、持续落干（CA）、淹水-落干交替（F-A）、落干-淹水交替（A-F），研究水稻对甲基汞的富集程度差异，研究结果显示，不同生长环境下稻米对甲基汞的富集程度（含量）表现为CF＞F-A＞A-F＞CA，出现上述差异的主要原因为落干环境显著降低了土壤中汞的生物可利用性以及土壤中甲基化微生物（主要为SRB）的数量（活性）。

2. 施肥管理

（1）长期施用化肥和有机肥

长期定位施肥会改变土壤的条件，如质地、矿物组成、有机质含量、氧化还原电位和微生物等，进而影响土壤中汞的含量。刘玉荣选取桃源县、祁阳县等地的稻田生态系统为研究对象，分析长期不同施肥处理后土壤中汞的生态环境特征，评价了长期施用化肥和有机肥对农田生态系统土壤汞含量的影响。

桃源县农田生态系统土壤样品主要通过以下施肥处理（3个重复）：不施肥，收获产品全部移出，代表一种移耕农业施肥制度；化学氮肥+秸秆还田，代表20世纪60年代开始的一种结合农业施肥制度；化学氮磷肥，代表70年代初的一种农业施肥制度；化学氮磷肥+秸秆还田，代表70年代初的一种结合农业施肥制度；化学氮钾肥，代表70年代末80年代初的一种农业施肥制度；化学氮磷钾肥，代表石油农业施肥制度；化学氮磷钾肥+秸秆还田，代表较高水平的有机无机结合农业施肥制度。祁阳县的红壤长期试验从1990年开始，初始的土壤pH均为5.7。试验设7个处理（4个重复）：①不施肥；②化学氮钾肥；③化学氮磷肥；④有机肥；⑤化学磷肥+钾肥；⑥化学氮磷钾肥；⑦常量氮磷钾+常量有机肥，代表较高水平的有机无机结合农业施肥制度。

试验结果显示，在桃源县和祁阳县两个试验站长期施用磷肥使土壤表层中汞的含量增加，桃源县A层（0～20 cm）土壤汞含量要大于B层（20～40 cm）土壤汞含量，祁阳县土壤B层（20～40 cm）汞含量要高于A层（0～20 cm）[260]。

（2）添加硒肥

硒（Se）作为人体必需的一种微量元素和营养元素，可以影响环境中汞的形态转化过程及生物体对汞的吸收及代谢过程，然而人体高剂量硒暴露时，则会引起人体硒中毒。大量研究证实，汞和硒在自然环境中普遍存在拮抗作用，能有效缓解重金属汞的毒性[261,262]，尤其当硒与汞的原子比例接近或超过1时，硒会显著降低环境中汞的潜在生物毒性[263]。比如，当MeHg-Cys的活性部位含有硒酶时，MeHg-Cys的硫原子直接被离子态硒取代，形成生物体难以利用的甲基汞-Sec复合物（MeHg-硒代半胱氨酸复合物），从而抑制生物体对甲基汞的生物利用性[264]。稻田土壤中的汞和硒可发生反应生成硒化汞（HgSe）这一溶解度极低的化合物（溶度级K_{sp}=10～58），从而降低土壤中汞的生物可利用性（活性的Hg^{2+}浓度降低），间接地抑制了无机汞的甲基化作用[265,266]。

Hua等[266]研究发现，周围土壤环境中硒浓度的增加会抑制水稻地上部位对无机汞和甲基汞的吸收和富集，具体可表现为水稻地上部位（茎、叶和果实等）对无机汞和甲基汞的转运因子（TFs）均显著降低。然而，当硒在稻米中的浓度小于100 μg/kg时，汞和硒之间的拮抗作用不明显，当硒的浓度大于100 μg/kg时，汞和硒之间的拮抗作用明显[266]。随后，Hua等[267]针对万山汞矿区高硒稻田土壤中硒的形态（水溶性硒、配体交换态硒、有机结合态硒、OAHC结合态硒（铁/锰/铝氧化物、非晶材料、水合物和碳酸盐结合态硒）、硫化物结合态硒和残渣结合态硒进行了深入的研究，发现水溶态硒在抑制稻米对汞的吸收和富集过程中起着关键作用。同时，大气汞也可影响水稻对硒的吸收和富集，比如，Chao等[268]研究还发现，汞矿区大气中的汞经过干湿沉降过程进入稻田后，可与土壤中的硒发生反应生成惰性的HgSe化合物，进而限制了土壤硒向稻米的迁移。Li等[269]在清镇工业污染区采用不同浓度（0 μg/mL、0.01 μg/mL、0.1 μg/mL、0.5 μg/mL、1 μg/mL和5 μg/mL）的亚硒酸钠（Na_2-SeO_3）处理土壤种植水稻，研究硒对水稻吸收富集甲基汞的影响，结果表明，

0.5 μg/mLNa_2SeO_3处理的土壤生产的稻米对甲基汞的富集程度最低，同时水稻的结实率和干粒重最高。然而，向土壤中添加Na_2SeO_3的浓度低于0.5 μg/mL时，稻米中汞的富集程度较小；而在土壤中添加高于0.5 μg/mL的Na_2SeO_3时，稻米对甲基汞的富集程度随添加Na_2SeO_3浓度的增加而呈现增加趋势。该结果表明，适当浓度的Na_2SeO_3处理确实可以抑制水稻对甲基汞的吸收富集。以上的研究证实，稻田生态系统中的硒确实可以抑制水稻对汞的吸收、富集，其作用机理表现在以下几个方面：

①硒通过降低水稻根际土壤中汞的生物可利用性来抑制无机汞的甲基化作用（甲基汞的净生成量）并降低水稻对汞的吸收，以达到降低水稻对甲基汞的吸收富集程度的目的。Shanker等[270]试验发现，土壤中的汞和硒普遍存在如下的化学反应过程：

$Hg^0 \leftrightarrow Hg_2^{2+} \leftrightarrow Hg^{2+} \leftrightarrow (CH_2)Hg \leftrightarrow (CH_2)_2Hg$，$SeO_4^{2} \rightarrow SeO_3^{2} \rightarrow Se^0 \rightarrow Se^{2-}$

因此，研究人员推测在稻田的土壤中同样存在上述反应过程：

$$Hg^0 + Se^0 \rightarrow HgSe \text{ 或 } Hg^{2+} + Se^{2-} \rightarrow HgSe$$

稻田土壤中活性的汞和硒形成惰性的、生物利用度低的HgSe化合物[265,266,270]。此外，HgSe可进一步与土壤中的溶解性有机物反应形成大分子复合物来进一步降低汞的生物利用度[271]。Ping等[272]分别用0.01 μg/mL、0.1 μg/mL、0.5 μg/mL和1 μg/mL的亚硒酸钠处理土壤后，发现超过90%的汞都被固定在水稻的根部，其中27.8%的汞形成了HgSe化合物。另外，Tang等[273]采用土壤施硒和叶面喷施硒的方法研究了硒对水稻吸收富集汞的影响，结果表明水稻对无机汞的富集程度取决于喷施硒的剂量而不是硒的形态，但是土壤施硒可以减少稻米对无机汞的富集程度，而叶面喷施硒虽然可以增加稻米中硒的含量，但不能抑制稻米对无机汞的吸收富集。该研究推测，土壤施硒会促进惰性的HgSe化合物的形成，从而达到抑制水稻对土壤中无机汞的吸收目的，而叶面喷施硒并不能形成HgSe化合物，只能提高水稻对硒的吸收量。上述研究说明，稻田生态系统中HgSe拮抗作用依赖于喷施硒的途径（叶面和土壤施硒）和剂量。除此之外，方勇等[274]研究发现，喷施量为75 g/hm^2和100 g/hm^2的硒肥可以显著降低稻米中总汞的含量。

②稻田土壤中的硒可以促进水稻根表铁膜的形成，铁膜可以通过吸附或共沉淀作用抑制重金属离子进入水稻根内部。比如，Zheng等[275]通过在水培营养液中添加硒，进而发现其可以促进水稻根表铁膜的形成，从而抑制水稻对汞的吸收及富集。

③硒可诱导和促进细胞外屏障的产生，从而抑制水稻对汞的吸收富集。汞从土壤到水稻的吸收涉及共质体途径和质外体途径，而水稻根部通过形成凯氏带和木栓质的共质体途径和质外体途径可以降低大分子HgSe复合物（large molecular weight Hg-Se complex）的吸收和转移[272]。因为凯氏带可以阻止水稻根部对物质的被动运输，如阻止水和溶质进入水稻的中柱；而木栓质片会影响水的径向吸收、溶解的营养成分和径向氧损失[276]。比如，Yu-dong等[277]水培试验用高浓度为10 μmol/L、低浓度为1.0 μmol/L的Na_2SeO_3及用10 μmol/L的KCl取代硒（对照组）处理水稻幼苗（Nanfeng和Zixiang）后解剖其根部发现，

在低浓度硒的处理下Nanfeng水稻根部有凯氏带，而Zixiang水稻根部没有；而在高浓度硒处理时，两种水稻根部都发现了凯氏带。但在对照组和低浓度硒的处理下两种水稻的根部都很少有木栓质片，在高浓度硒处理时，两种水稻根部都发现了木栓质片。以上研究说明，低浓度硒处理水稻不利于其根部形成凯氏带和木栓质片，高浓度硒处理水稻有助于其根部形成凯氏带和木栓质片[278]。

3．低积累品种筛选

近年来，筛选和培育重金属低积累、高耐性的水稻基因型被认为是一种可行和有效的解决稻田重金属污染和保证稻米安全的方法[279,280]。目前，国内外针对水稻的基因型差别所引起的对毒性元素（包括Cd、Pb、Cr和As）的吸收和耐性差异已经开展了大量的工作。Norton等[281-283]通过在中国、孟加拉国、印度和美国的As污染区种植不同基因型的水稻，发现了水稻对As的吸收存在显著基因型差异。此外，关于水稻对Cd、Pb吸收的基因型差异国内外学者也做了大量研究工作[284-288]。他们的研究结果显示，即使在重金属污染条件下也存在对重金属低积累的水稻基因型，由此表明通过低积累水稻基因型去解决稻田的重金属污染和保证稻米安全的方法是可行的。但目前关于低积累汞的水稻基因型筛选和培育工作只有零星的报道。Zhu等[289]报道了38个水稻品种对汞的吸收和耐性存在显著的基因型差异。余有见等[290]通过对8个基因型水稻对汞的耐性进行对比发现，9311的耐汞性最强，其次为IR64，Azucena耐汞性最弱，IR64是高Hg积累基因型。本实验室的早期工作也发现了不同水稻基因型间总汞、甲基汞和甲基化率（%）存在显著的基因型差异[258]。

由于不同品种的水稻在基因遗传上存在差异，因此其对汞的吸收富集也存在一定差异。近年来，国内外学者针对汞高耐性低积累水稻品种的筛选开展了大量的研究工作，如余有见等[290]通过使用0.08 mmol/L $HgCl_2$溶液对8个不同基因型水稻处理发现，不同基因型水稻对汞的吸收富集程度确实存在明显差异，其中，IR1552、IR64属高汞积累基因型水稻，而Kasalath、Azucena、日本晴则为低汞积累基因型水稻。随后，李冰[291]在汞矿区选择了26种不同基因型的水稻（共4种类型：籼型杂交稻、籼型常规稻、粳稻和有色稻）开展了详细的野外调查，发现种植在相同土壤的不同基因型水稻对总汞和甲基汞的吸收存在显著差异，这一研究结果表明，水稻对总汞和甲基汞的吸收富集程度确实受基因型限制。其中，日本晴和南丰糯这两个水稻品种能同时低积累总汞和甲基汞。对于4种不同的水稻类型，其中粳稻中总汞浓度最低，有色稻的甲基汞浓度最高。除此之外，李冰等[291]在贵州清镇汞污染严重的化工厂附近对20个水稻品种（茂优601、金优431、黔优568、黔优107、福优012、农虎禾、奇优894、奇优801、汕优联合2号、金优527、岗优827、金优785、D优202、瑞优399、川谷优204、川香优6号、Ⅰ优4761、黔优联合9号、奇优915和中优838，其中，中优838是当地农民常种的品种，其余19个品种购买自贵州省金农科技有限责任公司）再次进行对比研究，其结果表明，水稻在相同种植条件下，不同品种的稻米对总汞和甲基汞的吸收富集能力存在显著差异，其中总汞浓度变化范围为10.3～36.25 μg/kg，对应的甲基汞浓度变化范围为1.91～3.95 μg/kg。Rothenberg等[256]在贵州高污染区、中污染区和背景区调查了50个籼稻品种发现，不同品种的水稻精米中甲基汞的浓度具有显著差异，表明稻米（精米）对甲基汞的富集程度受水稻基因型控制，但是精米中无机汞浓度受水稻基因型影响相对较小。上述研究结果表明，通过筛选低积累汞基因型水稻品种（基因型）是缓解汞污染区稻米甲基汞污染问题的有效途径。

8.1.2 生物修复技术

生物修复技术主要包括微生物修复和植物修复，修复效果与其他方法相比具有高效、投资小、费用低，不会有二次污染产生等优点，成为未来污染土壤修复的研究重点。生物修复技术除汞机理可大致概括为两种：一是通过生物作用改变汞在土壤中的化学形态，从而降低汞在土壤中的移动性和生物有效性；二是通过生物的吸收、代谢对土壤中的汞进行固定，从而减少土壤中的汞含量。

1. 微生物修复

微生物修复机理：土壤微生物包括与植物根部相关的自由微生物、共生根际细菌、菌根真菌，它们是根际生态区的完整组成部分。排放到环境中的重金属在浓度低时不但不会对微生物产生影响，某些金属还可以被微生物利用。然而，当重金属浓度增加时会抑制微生物的生长繁殖，甚至改变微生物的结构，在这样的重金属环境中会产生一些对重金属的毒性有抗性的微生物。微生物的抗重金属机制主要包括生物吸附、胞外沉淀、生物转化、生物累积和外排作用[39]。

第一种途径是Hg^{2+}被还原成单质汞，单质汞再以蒸气的形式挥发掉[292]。这一过程的实现步骤如下：微生物体内的汞转运蛋白基因（merT）编码合成汞转运蛋白，Hg^{2+}在转运蛋白的作用下迁移到细胞质里[293]，与操纵子（mer）的调控蛋白形成复合产物，蛋白构象发生变化，汞解毒基因被激活并转录，随后汞还原酶基因（merA）编码合成汞还原酶，Hg^{2+}被还原成单质汞，最后单质汞将以被动扩散的方式挥发掉。如果是有机汞，则必须首先释放出Hg^{2+}，这一过程是由抗汞性微生物体内的有机汞裂解酶基因（merB）实现的，它编码合成的有机汞裂解酶能够催化Hg-C键的断裂，释放出Hg^{2+}。Canstein[294]发现Pseudomonasputida能够将Hg^{2+}还原成单质汞，他将纯化出来的7种菌株投入生物反应器用来处理含汞3～10 mg/L的工业废水，经过10小时的处理，97%的汞被有效去除。第二种途径是生成HgS沉淀。一些细菌会还原SO_4^{2-}产生H_2S，H_2S与Hg^{2+}直接反应生成HgS沉淀[292]。Panhou HSK[295]等在2 μg/mL的$HgCl_2$溶液中，连续供养培养Klebsiella aerogenes NCTC418，没有检测到Hg^{2+}被还原或者生成单质汞，而是发现细胞内硫化物浓度升高，原因是生成了HgS。第三种途径是汞在生物矿化作用下生成不溶解的汞-硫化合物，这是因为一些细菌能够分泌不稳定硫基化合物，它们与Hg^{2+}反应生成沉淀[292]。这种除汞方式有着很高的效率，并且能够适应较广的pH范围和盐度范围，有被进一步开发利用的广阔空间。

2. 微生物修复技术分类

根据修复重金属的微生物类型，微生物修复技术可以分为以下类型：

（1）细菌修复

细菌是地球上最丰富的微生物，在重金属修复领域有着广泛的应用，人们在细菌对重金属的耐性、吸附性和降解性以及对重金属的活化机理等方面做了大量研究。研究发现，细菌细胞壁带有负电荷，具有阴离子的性质，金属离子能够被细胞表面上的羧基阴离子和磷酸阴离子吸附。

（2）真菌修复

真菌胞壁上的多糖、蛋白质、纤维素、几丁质等能够提供巯基、羧基、羟基等多种官能团，这些官能团上带有较多的负电荷，能够与重金属通过静电作用、配位体、络合等方式结合，并且真菌细胞壁的多孔结构增加了细胞的比表面积，一系列的活性化学配位体在细胞壁上合理分布，大大提高了真菌对重金属的吸附效率。真菌发酵生产操作简单、成本低，多形成稳定的菌丝或菌球结构，利于收集；真菌不仅对特定的重金属有着较高的吸附率，还能够同时吸附多种重金属；真菌对重金属的抗性强，能够在重污染区存活。朱一民等[296]利用酵母治理含汞废水，发现该菌对Hg^{2+}吸附效率很高，在pH为3时，处理2.6 g/L的含Hg^{2+}溶液，15分钟后96%的Hg^{2+}被有效去除。

（3）藻类修复

藻类细胞壁由内外两层组成，内层的主要成分为纤维素，外层是由纤维素、果胶、多糖和聚半乳糖硫酸酯等多层纤维丝组成的多孔结构；细胞壁上的多糖、多肽等胞外产物富含氨基、羧基、羟基及磷酰基等官能团，含有负电荷能够通过静电吸引、配位反应、离子交换甚至氧化还原反应[297]等方式吸附金属离子。藻类细胞壁为多褶皱结构，增加了细胞的比表面积，各类官能团能够在细胞壁上与金属离子充分接触，大大提高了吸附效率。同时，众多研究表明，死亡的藻类细胞能够像活体细胞一样高效吸附金属离子，这主要是因为死亡的藻类细胞细胞壁破裂，释放出更多的官能团[298]，同时，死亡细胞的渗透性遭到破坏，金属离子更容易穿透细胞膜在细胞内积累。藻类以光合自养的方式生长，具有培育成本低、易收集、对重金属的吸附效率高且容量大等特点。吸附后的藻类可回收处理，避免了对环境的二次污染，因此具有良好的生态效益和应用前景。早在1982年，高玉荣[299]就测定了刚毛藻对汉沽污水库中汞的积累量，并进一步研究了刚毛藻对汞的吸附特性，结果表明，刚毛藻在1.0 mg/L以下的汞溶液中能够正常生长；在含汞量5.0 mg/L的半咸水中培养刚毛藻，汞富集量高达420 mg/kg，并呈随汞离子浓度增加而增加的趋势；10 g刚毛藻处理5 L浓度在0.5～5.0 mg/L的含汞废水，48小时后平均去除率达72.3%。湖北省水生生物研究所的藻类研究小组[300]研究了丝状绿藻对$HgCl_2$的吸附特点，结果显示，丝状绿藻对0.5～10 mg/L的含汞废水吸附效率均能达到70%左右。对4.0 mg/L的含汞废水分四次处理，每次都加入等量的丝状绿藻，24小时后去除效率可达到94%。

微生物修复主要分为原位微生物修复和异位微生物修复。原位微生物修复是不需要改变污染土壤的位置，主要依靠人为作用向土壤中投放有益于微生物繁殖的物质，促进微生物在土壤中的代谢活动或者接种高效微生物菌种，以达到降解污染物的目的。当挖取污染土壤较为困难时，适合采用原位生物修复方法。而异位微生物修复是将被污染的土地搬移到其他地方进行处理。微生物修复方法受环境影响较大，温度、水、pH、氧气等均可能影响微生物的生物活性，从而影响微生物的修复效果，因此在进行试验时要控制最佳的环境条件，以提高生物修复的效率。对于微生物修复来讲，常见的微生物主要指细菌，细菌可以利用汞还原酶把Hg^{2+}还原成汞分子，如铁氧化细菌、菌丝体真菌、芽孢杆菌、恶臭假单胞菌[301]。微生物修复技术的研究前景十分的广阔，某些微生物有显著的脱甲基功能，从而可以降低土壤的毒性，但其缺点为适用于低浓度污染的土壤，且微生物对生存环境较为敏感，同时现有的理论研究较为薄弱。

3．植物修复

植物修复机理：植物修复是利用科学的研究方法，筛选出合适的对汞有富集能力的植物，从而实现汞从土壤中的去除，进一步对植物进行回收达到修复的目的。按照修复机理的不同，对汞的处理常用的植物修复技术有植物提取、植物固定和植物挥发[39]。

（1）植物提取

植物提取是指通过种植能够富集汞的植物，将土壤中的汞转移、积累到植物体内，随后收割植物体并进行集中处理。植物修复技术修复周期长，只能吸附可利用态的汞，并且需要对收割后的含汞植物体进行再处理。研究发现，加拿大杨、红树等能够吸收土壤中的汞并在体内富集，在汞含量为50 mg/kg的土壤上种植加拿大杨，经过一个生长期的培育，汞积累量高达6 779.11 μg/株，为对照的130倍[39]。王明勇等[302]发现乳浆大戟对汞具有很高的富集作用，可以达到25.3～35.1 mg/kg；Liu等[303]在氯化汞含量为10 μg/L的营养液中培养白三叶草，培养7天后，白三叶草根、茎、叶汞含量分别为22.63 mg/g、53.98 mg/g、22.98 mg/g。韩志萍[304]通过湿土盆栽芦竹的方法模拟研究了芦竹对汞的富集，在101 mg/kg的含汞土壤中培育8个月后发现，根茎叶中汞含量分别为（281±31）mg/kg、（208±14）mg/kg、（189±9.0）mg/kg，各部位的积累量与培育4个月生长期的芦竹相比分别增长了31.8%、30.4%和47.5%。

（2）植物固定

植物根系及根际微生物能够通过分泌物与汞离子发生氧化还原、沉淀、螯合等反应，从而减少汞的迁移性和生物有效性，防止其渗滤到地下水或者挥发到空气中。植物稳定没有将汞离子从土壤中清除，只是将活跃态转变成稳定态或者生成沉淀，降低其迁移性和生物有效性，当土壤性质发生改变时会产生二次污染，该技术主要用于农田及矿区汞污染治理。

（3）植物挥发

一些植物能够将吸收到体内的汞转化成单质汞，并通过叶片的蒸腾作用经维管束组织将汞释放到大气中，植物根际微生物作用也能还原部分汞，植物挥发不须收割和处理含汞的植物体，简单可操作，但这种方法会将汞转移到大气中从而造成二次污染。何玉科等[305]将人工改造的merA基因通过农杆菌的介导作用导入烟草基因中，经过改造的烟草能够在含高浓度的$HgCl_2$培养基上发芽生长，利用汞汽测定仪检测发现，转基因的烟草植株对汞离子的汽化率比对照组高出5～8倍，并且在植株的根茎叶部位都能发生汞汽化作用。

植物修复技术与传统的物理、化学修复技术相比，具有技术和经济上的双重优势，主要表现为：①可以同时对污染土壤及其周边污染水体进行修复；②成本低廉，而且可以通过后置处理进行重金属回收；③具有环境净化和美化作用，社会可接受程度高；④种植植物可提高土壤的有机质含量和土壤肥力。植物修复技术也有以下缺点，如：植物对重金属污染物的耐性有限，植物修复只适用于中等污染程度的土壤修复；土壤重金属污染往往是几种金属的复合污染，一种植物一般只能修复某一种重金属污染的土壤，而且有可能活化土壤中的其他重金属；超富集植物个体矮小、生长缓慢、修复土壤周期较长，难以满足快速修复污染土壤的要求[39]。

对于植物修复目前有一定的研究成果，如樊政等[306]通过测定万山植物汞含量，经过实地调研和实验室模拟法筛选对汞富集效果好的植物，发现了苣荬菜和艾蒿对于汞浓度为2.76 mg/kg和4.54 mg/kg的富集系数分别为0.53和0.83，但是对于高浓度汞污染土壤的富集效果没有研究。王明勇等[302]研究发现一种新型植物大戟科乳浆大戟（*Euphorbiaesula* Linn）具有较强的汞富集能力，但富集系数和转运系数不高。目前，报道的汞富集能力最强的植物是三叶草[303]，但是该试验的结果是在实验室中的汞溶液中做出来的，与汞污染土壤修复情况相差甚远，在受汞污染土壤中的修复效果不为而知。龙育堂曾尝试利用苎麻做盆栽试验，苎麻耐汞能力较强，年净化率达41%，土壤恢复年限比正常种植水稻缩短8.5倍，且头麻积累汞量低于糙米，后续利用安全系数高[307]。研究发现，稻米草具有较强的抗汞性，能够吸收有机汞并转化为无机汞贮存在根部，由于其强大的繁殖能力，所以在降低土壤汞方面的作用是不容忽视的[308]。有学者研究了芦竹对汞的富集量、生物富集系数和转运系数，结果显示芦竹茎部吸收量为19～30 mg/kg、富集系数＞1、转运系数＜1，表明芦竹对汞具有一定的超积累能力[309]。这种方式的优点在于操作简单、经济，还可以利用工程技术回收汞，但是筛选抗性植物或者超积累植物周期较长且不容易实现。

4．汞富集植物的筛选

不同植物对重金属的耐性、吸收、转运能力相差很大，因此修复植物的选择可能是影响植物提取效率最重要的因素。植物吸收需要能耐受且能积累重金属的植物，因此研究不同植物对金属离子的吸收特性、筛选出超量积累植物是研究的关键。

根据美国能源部的规定，能用于植物修复的最好的植物应具有以下几个特性：①即使在污染物浓度较低时也有较高的积累速率；②能在体内积累高浓度的污染物；③能同时积累几种金属；④生长快，生物量大；⑤具有抗虫抗病能力。在选择植物时，尽管金属的吸收性能是最主要的因素，但同时也要考虑诸如污染物分布特征和生态系统保护等其他因素[310]。

目前，用于植物提取修复的植物可分为超积累植物和富集植物两大类。

（1）超积累植物

超积累植物（Hyper accumulator）是植物修复的基础，其一般定义是超积累植物是能超量吸收重金属并将其运移到地上部，在地上部能够较普通作物累积10～500倍以上某种重金属的植物[311]。超积累植物积累的Cr、Cu、Ni、Co、Pb的含量一般在0.1%以上，积累的Mn、Zn含量一般在1%以上。目前，国际上已发现400多种超积累植物，分属45个科，其中大多数为十字花科植物。以超量积累Ni的植物最多，有150多种[312]。国内对于超积累植物的研究相对较晚，研究较为系统的当属As、Zn等重金属的超积累植物[313]。世界上研究最多的植物主要是芸薹属（*Brassica*）、庭芥属（*Alyssums*）及遏蓝菜属（*Thlaspi*）。超积累植物往往是长期生长在重金属含量较高的土壤上，经过不断的生物进化而形成的，或是通过遗传工程或基因工程培育、诱导而成的[311]。通常，超积累植物的界定可考虑以下两个主要因素[314]：①植物地上部积累的重金属应达到一定的量；②植物地上部的重金属含量应高于根部。由于各种重金属在地壳中的丰度及在土壤和植物中的背景值存在较大差异，因此对不同重金属，其超积累植物积累浓度界限也有所不同。目前采用较多的是Baker和Brooks于1983年提出的参考值，即把植物叶片或地上部（干重）含Cd达到100 mg/kg、含Co、Cu、Ni、Pb达到1 000 mg/kg、含Mn、Zn达到10 000 mg/kg以上的植物定为超积累植物。对于理想的超积累植物还希望它具有根系长、生长快、生长量大等特点。虽然未发现Hg的超积累植物，但田吉林等[308]通过对大米草对有机汞的耐性、吸收及转化等方面的研究，得出大米草对汞的积累、有机汞到无机汞的转化作用在环境污染的植物修复方面有重要的利用价值。与普通植物相比，重金属离子进入超积累植物体内同样经过吸收、转运、积累、转化、矿化等生理生化过程，而且许多重金属离子进入植物体内的离子通道与必需营养元素相同，这就决定了超积累植物必然具有独特的生理代谢过程。关于这些过程的研究已经成为新的研究热点。

（2）富集植物

超积累植物虽然积累能力很高，但是大多超积累植物生长缓慢、生物量低、植株矮小，而且有很大的地域限制性，所以寻找一种耐性较高、生物量较大、较易生长的富集植物，然后对其进行改良、诱导，使其具有较高的修复效率也是一种可行的方法[315]。有许多植物能吸收大量的汞贮存在体内，如纸皮桦富集10 000 μg/kg的汞；加拿大杨体内汞的耐受阈值为95～100 ppm①，每株体内最大汞吸收积累量约为6 779 μg。吸入汞的植物可作为某些工业与建筑用材。红树植物对汞也有很强的吸收积累作用，能将大量的汞贮藏在植物体内，可有效地净化土壤中的汞。藓类和地衣以及藻类对汞都有较高的累积量，生长在用浓度为100 ppb②、1 000 ppb、10 000 ppb醋酸汞处理的基质中的蘑菇，累积的汞水平分别达到516 ppm、3 670 ppm、27 482 ppm（占干物重）。植物吸收汞的数量不仅取决于土壤的物理化学特性，也与土壤中微生物的活性有关。甲基汞易被植物吸收。大多数木本植物吸收的汞贮藏于根部，对净化土壤起着重要作用。因此，对这些具有较高富集能力的耐性植物的筛选，无论在理论上和实践上均具有重要意义。

受高浓度汞的长期影响，汞矿区废弃地上不同种类植物对汞污染的吸收、积累及耐性产生较强的适应性，为高汞耐性植物的发现提供了可能，是寻找汞富集植物或超积累植物的有效靶区和有利场所。故研究汞矿区自然定居植物对汞的吸收和积累特征，筛选和发掘富集或超积累汞的新型植物，对汞污染场地的植物修复具有重要的现实意义和理论价值。钱晓莉以我国典型汞矿区贵州万山汞矿为重点研究区域，系统调查了垢溪（GX）、四坑（SK）、五坑（WK）和十八坑（SBK）矿区废弃地自然定居植物的种类，测定废弃地耐性植物根部和地上部总汞、甲基汞以及对应根际土壤汞的含量，评价了不同植物对汞的富集能力和转移能力，筛选鉴定出汞耐性植物优势种和潜在汞超富集植物。结果表明，汞矿区废弃地自然定居优势耐性植物57种（29科52属），优势度呈现较大的变化特征，菊科植物居多，其中凤尾蕨科蜈蚣草、蓼科酸模、木贼科节节草和禾本科白茅呈现较高的优势度特征，为汞耐性植物优势种。蜈蚣草、荩草和何首乌体内总汞含量高出其他植物1～2个数量级，其中，蜈蚣草表现出极强的汞及甲基汞富集能力，可作为汞矿区高汞背景值废弃地自然生长的“潜在汞超积累植物”[40]。

8.1.3 化学修复技术

钝化修复技术就是采用不同材料将重金属钝化在土壤中，并且长时间保持在土体中。其目的主要是通过加入的钝化剂与土壤中的重金属离子发生吸附、络合、沉淀、离子交换和氧化还原等作用，以改变重金属在土壤中的赋存形态和化学形态，从而达到降低重金属的迁移性和生物有效性的目的[316]。

1. 硫化物

硫化物做稳定剂修复汞污染土壤，通常与土壤中的汞结合成一种极难溶、低毒性、非常稳定的化合物——硫化汞，从而缓解土壤汞污染[303]。碱性物质做稳定剂可以提高土壤pH，增加土壤中负电荷量，增强土壤对汞的亲和力，还可以直接或间接提供OH^-，为氧化汞、氢氧化汞等难溶物质的形成提供条件[317]。

① ppm是parts per million的缩写，代表10^{-6}。

② ppb是parts per billion的缩写，代表10^{-9}。

魏赢等[318]以FeS、Na_2S、黄铁矿、CaO、黄铁矿+CaO作为稳定剂，应用化学稳定化修复技术对贵州万山地区的两种汞污染程度不同的农田土壤（1号土、2号土）进行修复，并研究稳定剂用量、稳定时间等因素对稳定效率的影响，确定最佳稳定条件。试验结果显示：在五种稳定剂FeS、Na_2S、黄铁矿、CaO和黄铁矿+CaO中，Na_2S的稳定效果最好，对两种土的稳定效率均高达90%左右；对于1号土，最佳稳定条件为稳定剂Na_2S，稳定时间7天，稳定剂用量S∶Hg=1。对于2号土，最佳稳定条件为稳定剂Na_2S，稳定时间7天，稳定剂用量S∶Hg=5。Na_2S作为稳定剂通过改变汞在土壤中的形态分布降低污染土壤中汞的浸出毒性。

近几年在此方面开展了很多研究：袁俊等[319]不同形态的硫对木榄吸收汞与甲基汞的影响，试验结果表明不同形态的硫能够提高木榄植物的根部甲基汞含量，但对茎叶中甲基汞含量的影响复杂且无规律；魏赢等[318]分别以FeS、Na_2S、黄铁矿、CaO、黄铁矿+CaO这5种化学试剂为钝化剂，对汞污染农田土壤进行修复试验研究，并用汞浸出浓度为评定指标，试验结果显示Na_2S对高浓度、超高浓度污染土壤的稳定效率分别为91.90%和91.26%，其他稳定剂效果不佳。金岑研究了小麦对汞的吸收与水溶及离子交换态的汞有直接关系，并用Na_2S钝化剂研究了汞形态的稳定效率，得出了钝化土壤中汞的最优条件[320]。谢园艳等[321]以汞矿区污染农田为试验田，研究添加膨润土、磷酸氢二铵、膨润土+磷酸氢二铵混施对土壤中汞的形态分布以及四季菜心的产量和汞含量的影响，结果表明，与对照组相比，三种钝化剂均能增加四季菜心的地上部分和根系的干重，四季菜心中汞含量最低的处理组为膨润土和磷酸氢二铵混合施用，并降低土壤中的有效态汞，其他处理无明显降低趋势。对于金属氧化物的吸附，任丽英等[322]将两种铁氧化物（铁铝、铁锰）分别添加到两种污染的土样中，有效态为2.10 mg/kg、3.58 mg/kg。14天后，土壤中的有效态降低了94.6%和93.11%（铁铝氧化物）、88.69%和87.85%（铁锰氧化物），其原因主要为土壤中的有效态向氧化态进行了转移。孙雪城[323]对我国贵州丹寨卡林型汞矿区的废弃尾渣采用原位钝化的方法进行修复，钝化剂为鸡粪和硫酸亚铁，试验结果显示向尾渣中添加有机肥（鸡粪）和硫酸亚铁可以有效降低淋滤液pH、Hg和As的含量，并使淋滤液中的Hg和As浓度均满足《农田灌溉水质标准》（GB 5084—2005）中汞浓度（0.001 mg/L）和砷浓度（0.1 mg/L）[324]。

2. 腐植酸

在众多制约土壤汞形态分布的因子中，土壤有机质是最重要的影响因素之一。腐植酸是一类广泛分布于河流、湖泊、海洋、地下水、土壤以及沉积物等介质中的天然有机质，由于其结构中含有大量的羟基（—OH）、羧基（—COOH）、羰基（C=O）、氨基（—NH_2）和巯基（—SH）等活性基团，能与汞进行交换吸附和配位螯合作用，从而可以改变土壤汞的存在形态与生物活性[325]。

降低酸性稻田甲基汞污染的改良剂制备方法主要通过对风化煤制得煤基腐植酸后，再按重量百分比加入0.1%～0.2%的亚硒酸钠并陈化，最后按重量比1∶1.5～1∶1.2加入碳酸钙，混匀即得。通过以下步骤制得：将风化煤去除杂物、碾磨后过0.5～2.0 mm筛；过筛后，按照水煤比（质量比）8∶1～12∶1加入清水，搅拌均匀，使用超声波功率400～700 W进行超声活化处理30～50分钟，室温风干；按照体积比1∶3～1∶1加入0.1 mol/L HCl，搅拌或振荡条件下浸泡65～80小时，过滤后用清水漂洗3次以上，在室温下摊开风干，得到煤基腐植酸；在所述煤基腐植酸中按重量百分比加入0.1%～0.2%的亚硒酸钠，混匀后陈化2～4天；在经过上述步骤陈化的物料中按重量比1∶1～1∶2加入碳酸钙，混匀，即得。

该改良剂对于pH在4～6、汞污染程度在6 mg/kg以下的酸性稻田，土壤和稻米甲基汞含量相比对照减少可达60%以上，土壤pH显著提高，具有较好的重现性，且低成本、高效率、易于操作，水稻产量和植株生物量不降低，具有较高的经济效果[326]。

3．改性蒙脱石

以蒙脱石作为原始材料并对其进行有机改性，将巯基基团负载在有机改性的蒙脱石上制备出重金属汞的稳定剂以稳定化修复汞污染土壤。考察稳定化时间、稳定剂添加量、浸出液pH和有机质含量对稳定化效果的影响，研究分析稳定化前后土壤汞形态变化。通过X射线衍射（XRD）、傅里叶交换红外光谱（FTIR）和扫描电子显微镜（SEM）分析蒙脱石、有机改性蒙脱石（Mont-OR）和负载巯基有机改性蒙脱石（Mont-OR-SH）的物理化学特征，通过原子吸收法测定汞浓度。稳定化修复结果显示，稳定化时间为30天，稳定剂添加量为9%时，汞浸出浓度为0.066 mg/L，稳定率为98.3%，达到GB 5085.3—2007规定的汞限值0.10 mg/L。添加不同质量的小麦秸秆作为有机质的来源均对整个稳定化有促进作用，其中添加量为6%时促进作用最明显，改变浸出液pH，在强酸性和强碱性条件下利用此稳定剂对汞的稳定作用则会降低。TESSIER五步提取法结果表明，负载巯基的有机改性蒙脱石的添加导致可交换态汞、碳酸盐结合态汞、铁锰氧化物结合态汞含量下降，而有机结合态汞、残渣态汞含量增加。试验结果表明，有机改性蒙脱石负载巯基能够有效地应用于汞污染土壤修复[327]。

4．纳米材料

（1）纳米材料吸附汞原理

随着复合材料工程与环境分子科学的发展，人们发现纳米尺度的物质会表现出特殊的物化特性，具体表现为小尺寸效应、表面效应、量子效应等。纳米修复技术就是利用直径在1～100 nm的微小颗粒改变有毒物质的移动性、毒性、生物可利用性等。由于纳米颗粒具有高的比表面积，其对土壤中Hg^{2+}具有强吸附性[328]。纳米吸附材料汞脱附技术具有高选择性、大吸附量、极低能耗、长寿命、低成本等特点。

许多研究证实纳米颗粒对污染水体中的汞离子具有极强的吸附能力，但由于纳米粒子在土壤中往往以聚合物形式存在，流动性差，所以目前纳米技术在土壤汞污染修复方面应用不多。Wang等[329]研究了壳聚糖-聚乙烯醇/膨润土纳米复合材料（CTS-PVA/BT）对Hg^{2+}

的吸附作用，发现CTS-PVA/BT对Hg^{2+}具有极强的吸附性，且膨润土的加入能在一定程度上提高材料热稳定性。Gong等[330]应用CMC-FeS纳米粒子对美国新泽西州汞污染土壤进行修复试验。试验采用羧甲基纤维素（CMC）钠作为稳定剂，修复前土壤汞含量为193.04 mg/kg，当污染土样中FeS与Hg摩尔比为c（FeS）∶c（Hg）=118∶1时，样品渗滤液中汞减少了90%，TCLP试验中渗滤出的汞减少了76%。利用稳定的FeS纳米粒子固定污染物中的汞，Xiong等[331]研究发现，在汞污染土壤中添加质量比为26.5（FeS/Hg）的FeS纳米粒子，使渗滤液中的汞减少了97%，TCLP试验中渗滤出的汞减少了99%。

迄今为止，纳米技术在修复土壤汞污染方面的应用还处于起步阶段，并且更加侧重于对降低汞生物有效性效果的研究，因此对相关吸附机理的研究比较薄弱。但纳米修复技术作为一种新兴土壤修复技术，本身具有很多优势，发展前景将十分广阔[332]。纳米修复技术的主要优点在于该技术耗能少、花费较低，且可以在原地对土壤进行修复。然而尽管纳米粒子本身对人体没有危害，但其通过各种途径进入人体可能对人体产生不利影响，况且该技术尚不成熟，实际应用还需进一步研究[333]。

（2）土地翻耕-纳米技术联合应用

冯钦忠等[334]提出了“土地翻耕-纳米技术”联合应用的土壤永久除汞方案。

①技术路线

将纳米材料颗粒包裹在尼龙或者不锈钢网袋中，或将纳米材料制成可从农田中回收的砖块状，通过纳米材料对汞的超强吸附性来吸附土壤中的汞，从而减低土壤中的汞含量。由于纳米材料对重金属的亲和性（吸附力）比植物根部强几千倍，在纳米材料存在的情况下，重金属汞离子主要是向材料迁移并被其吸附。在有水的情况下，通过土地翻耕使土壤中的汞进入水中，从而可以更快地被纳米材料所吸收。根据数据分析，土壤中大部分汞都以惰性的硫化汞形式存在，为提高去除效率，可视情况添加适量环境友好的土壤重金属提取剂，促使土壤中的重金属进入水体从而被纳米材料吸收。在种植作物几季后再将这些吸附了汞的纳米材料回收，并用再生剂将重金属（如汞）回收作为资源，再生后的纳米材料可继续使用。

②工艺流程

土壤永久去除工艺流程如图8-1所示。

翻耕深度依据污染物深度而定，由于翻耕效果直接影响重金属的去除效率，因此翻耕时应达到指定深度并做到均匀全面，不得有遗漏处。作物种植一季或两季后，依据跟踪监测结果再将材料取出。取出的材料可使用再生液再生，重复利用。

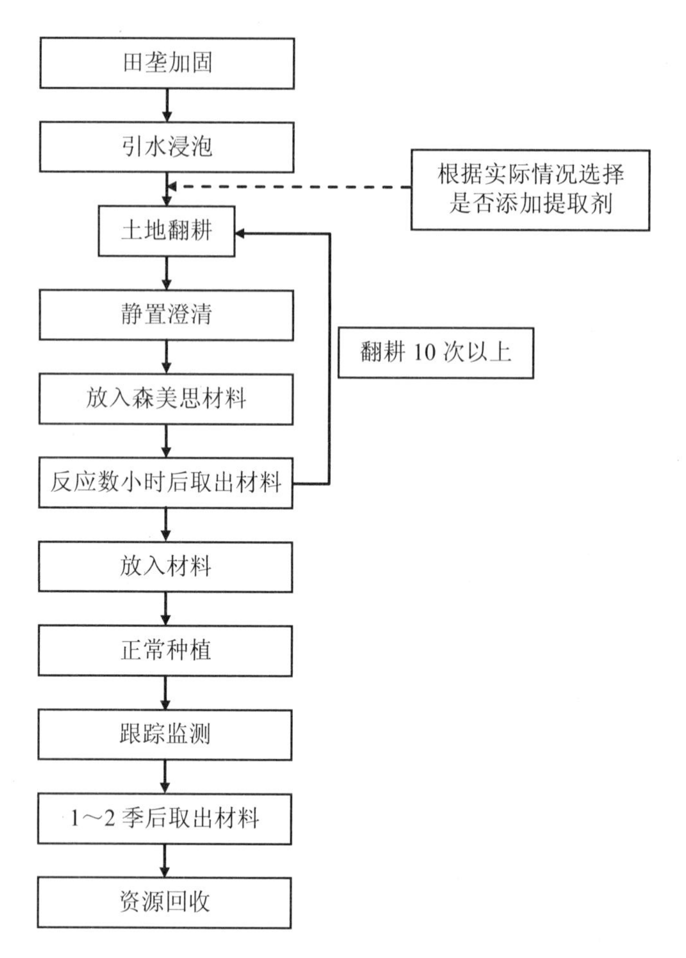

图8-1 土壤永久除汞工艺流程

5. 生物炭

（1）生物炭的起源与性质

生物炭，英文名称为Biochar，在2007年澳大利亚第一届国际生物炭会议上取得了统一命名。生物炭是利用生物质在无氧氛围下，经高温慢热解（通常＜700℃）产生的一种难溶的高度芳香化、富含碳素的固态物[335]。其主要组成元素为C、H、O、N等，含碳量多数在70%。生物炭具有高度羧酸酯化和芳香化结构[336]，其生产原材料来源广泛，主要分为农业废弃物，如牛粪、猪粪、木屑、秸秆，以及工业有机废弃物、城市污泥[337,338]等。生物炭具有丰富的碳元素，能够提高作物产量、减少温室效应、改良土壤以及减少营养成分流失、减少农田灌溉和施肥量[339-342]。尤其生物炭是一种多孔结构，表面含有多种官能团（如羧基、羟基等)，对重金属有很好的吸附作用。总结现有文献，主要围绕生物炭的pH、官能团、比表面积、孔径结构等方面进行研究，概述如下：

①生物炭的物理性质

生物炭的物理性质（粒径分布、密度和机械强度）有助于发挥其作为环境管理工具的功能，它与土壤系统之间存在着直接或间接的关系。基于矿物质和有机物质的性质、相对含量以及两者之间的相互作用，每种土壤都有自己独特的物理性质。当生物炭施加到土壤中时，很可能会对土壤系统的物理性质产生明显的影响。

②生物炭的微化学性质

生物炭的复杂化学性质与土壤原本的化学性质会形成竞争“对手”，主要体现在表面化学性质上，其表面具有各种官能团，这些基团能够通过表面所带的电荷和π电子影响其吸附行为。此外，还有生物炭的纳米孔径和大孔的数量。孔径的分布与其比表面积大小有着密切的联系，所以纳米孔径决定比表面积，大孔能够起到使土壤通气和排水的作用，还可以为土壤系统中的微生物提供一个大小合适的栖息地，使微生物免予被捕食。

③生物炭的有机化学性质

主要是生物炭的共价键类型、生物炭的结构和生物炭的元素比率。未经燃烧的原料H/C比约为1.5，燃烧后比值明显降低，所以生物炭的生产一般可以通过C、H、O、N的元素浓度和其比率来评估。一般的H/C、O/C的比率常被用来确定芳香化合熟化的程度。

④生物炭的营养性质

很多研究中没有提供生物炭的营养含量或是使用率，有的是将作物的积极反应归因于生物炭提供的营养，有的将积极的植物反应归因于生物炭的其他效应而非直接的营养供应。营养贮藏或是改善了肥料的利用率，可以看作是生物炭的间接营养价值。

（2）生物炭在稻田土壤汞污染修复中的研究

研究结果初步表明，生物炭能够降低土壤中汞对农田作物的风险。我国学者赵伟等[343]用500℃条件下烧制的玉米秸秆生物炭按照不同的梯度用量添加到模拟汞污染土壤中种植菠菜，对植株检测总汞和甲基汞。试验结果显示，添加7%的碳含量可以明显降低植物生物体中的甲基汞含量，从而降低汞在土壤中的毒性。李庆召等[344]发明的一种含有生物炭的复合材料对汞污染土壤的原位修复方法，通过施用三种钝化物处理后显著降低了农作物中的汞含量，并且该混合钝化剂具有较强的土壤环境友好性，不会产生二次污染，具有推广应用价值。余亚伟等[345]用城市污泥和秸秆生物炭好氧堆肥种植白菜，对幼苗和成熟期进行了甲基汞和总汞的分析表明，生物质炭堆肥能促进土壤中甲基汞的含量，但对土壤中甲基汞的迁移和植物对甲基汞的富集具有一定的抑制作用。

据报道，我国汞污染土壤中种植的水稻甲基汞含量高，容易暴露并危害人体健康。Shu等[346]把经600℃烧制的水稻秸秆生物炭添加到陕西浔阳的稻田，结果显示，生物炭能够明显减少粮食中的甲基汞含量（49%～92%），但生物炭与水稻秸秆混合处理组提高了土壤中的甲基汞浓度。Liu等[347]选用生物炭（柳枝稷300℃、600℃）进行了自制混合沙底泥中汞的成岩过程，表明生物炭可能对汞有长期稳定的作用。O’Connor等[348]将硫改性稻壳炭应用于高汞污染土壤中，添加比例分别为1%、2%和5%，发现可降低土壤中的TCLP，与空白组相比，改性稻壳炭可降低汞浓度95.4%、97.4%和99.3%。未经改性的稻壳炭的毒性浸出含量降低94.9%、94.9%和95.2%，汞得到有效的钝化。可见，生物炭在汞污染土壤修复治理方面具有广阔的前景，是今后学者研究的重点方向。

8.1.4 联合修复技术

1. 植物-微生物联合修复技术

植物-微生物联合修复技术是利用土壤中复杂的环境关系，在微生物的作用下改变土壤中汞的有效性，然后选择合适的对汞超积累的植物对汞进行吸收，在植物体内富集，最后对植物进行特殊处理，达到治理土壤污染的目的。微生物是土壤中重要的组成部分，在植物生长过程中起着十分重要的作用，同时植物根际分泌多种营养物质（如氨基酸、有机质等）可以反作用于植物的生长，因此植物-微生物的联合修复是一种十分有效、环保的治理方式。盛下放等[349]利用从污染土壤中分离的三株镉抗性菌株，将其与番茄进行联合修复镉污染土壤试验，研究结果表明，供试菌都能够显著促进植物生长、活化植物根际，与对照组相比，地上植株干质量增加64%，根际有效镉含量及植株吸收镉含量分别增加了46%和107%。

2. 植物-改良剂联合修复技术

改性的植物修复法主要存在两个方面的应用，一方面，通过在土壤中添加有机配体、施用肥料等改进措施提高植物对重金属的提取效率[350]，有研究通过向土壤中添加硫代硫酸铵处理后，荠菜型油菜的根、茎、叶对汞的富集系数有了显著提高，根系的富集能力比对照增加了105～223倍，效果非常明显，并且这种良好效果在野外大田得到验证，每公顷大黄油菜地上部分可收获0.5 kg汞[351]；另一方面，利用基因工程改良具有积累能力的植物，促进植物的积累或抗性能力[352]。利用高效表达的外源基因植入植物中用以修复土壤污染，将越来越受到研究者的青睐，Bizily从细菌中分离出有机汞裂解酶编码基因merB和汞离子还原酶编码基因merA，裂解酶还原有机汞为Hg^{2+}，还原酶还原Hg^{2+}为Hg^0，将merB和merA转入阿拉伯芥，同时表达这两个基因的阿拉伯芥表现出比野生型植物50倍甲基汞的耐受性，merB基因的单独表达提高了10倍的耐受能力。有研究将merB整合到包含聚磷酸盐激酶基因（ppk）和汞转运编码基因（merT）的烟草中构建了一个复合表达的转基因植物，相比野生烟草和ppk/merT转基因烟草，这种基因工程烟草的愈伤组织表现出良好的甲基汞抵抗和汞累能力，并且阻止了Hg^0的蒸腾释放，为工程化获取富含汞残体和回收汞提供了基础技术支持[353]。基因工程在土壤环境污染治理方面的优势正得到各领域的持续关注，但是必要的生物安全性评价需要被执行。

为了提高低汞污染农田土壤的修复效率，有研究在低汞污染农田土壤中分别投加螯合剂硫代硫酸钠、富里酸（投加量均为0.075 kg/m^2、0.15 kg/m^2、0.225 kg/m^2），研究印度芥菜对汞的富集情况，并分析植物生物量和组织内汞含量及土壤总汞、有效汞含量。结果表明，硫代硫酸钠（0.075～0.225 kg/m^2）不但未抑制印度芥菜生长而且能够提高植物中总汞的含量，促进植物根部汞向地上部分转运，降低土壤总汞及有效汞的含量；投加富里酸能促进印度芥菜生长，提高植物中总汞的含量，促进土壤总汞及有效汞含量的降低，投加量为0.075～0.15 kg/m^{2}时，促进植物根部汞向地上部分转运。硫代硫酸钠、富里酸投加量均为0.15 kg/m^2，修复后土壤总汞含量均由0.45 mg/kg降低到0.35 mg/kg。土壤有效汞含量由1.45 μg/kg分别降低到0.57 μg/kg、0.63 μg/kg。投加螯合剂硫代硫酸钠或富里酸可作为促进印度芥菜修复低汞污染农田土壤的潜在修复技术[353]。

3．植物—动物联合修复技术

刘钊钊等[354]采用自然土壤人工染毒法，模拟2 mg/kg、10 mg/kg的汞污染土壤，选用苎麻作为修复植物，研究蚯蚓活动对苎麻修复汞污染土壤效果的影响。试验结果显示，添加蚯蚓能显著提高苎麻地上部分对汞的富集效果，最大提升效果分别为59.34%和33.69%。同时也发现，接种蚯蚓使苎麻对汞的富集系数提升效果明显，最大分别达到0.340和0.160，但是对转运系数的影响并不明显。在2 mg/kg、10 mg/kg汞污染水平下，蚯蚓活动能显著提高苎麻地上部分对汞的富集效果，同时添加蚯蚓也使苎麻对汞的富集系数和富集速率有所提高，添加蚯蚓处理使土壤中汞的去除量增加，其原因可能有以下几种：①蚯蚓活动使苎麻对汞的富集和挥发能力增加；②蚯蚓活动提高了土壤中微生物和土壤中酶的活性，同时对土壤造成翻动效果，促进土壤中汞的挥发；③蚯蚓活动使土壤通透性增加，导致浇水引起的淋失量增加；④蚯蚓本身富集了土壤中一定量的汞。

8.2　组配改良剂和水分管理对稻田汞甲基化的影响

8.2.1　材料与方法

1．试验材料

土壤改良剂的制备：将取自山西霍州一露天煤矿的风化煤（腐植酸含量为623 g/kg，汞含量为0.012 mg/kg）去除杂物、碾磨后过1 mm筛。按照10∶1的水煤比（质量比）在风化煤粉中加入清水，搅拌均匀，在超声波清洗机（KQ-500 DE型，昆山超声仪器有限公司）处理池中，按照超声波功率500 W、超声时间40分钟进行超声活化处理。活化完成后，将风化煤粉室温风干。按照体积比1∶2加入0.1 mol/L HCl，浸泡72小时，浸泡期间充分振荡。浸泡后的物料用竹晒垫过滤，反复用清水漂洗5次，在室温下摊开风干，得到煤基活化腐植酸。在煤基活化腐植酸中加入0.1%的Na_2SeO_3溶液（优级纯，上海国药），充分混匀，陈化3天。再按照重量百分比加入1∶1.2的$CaCO_3$（分析纯，上海国药），充分混匀，得到土壤改良剂。

水稻品种：威优46、五丰优2168。

2．盆栽试验

供试盆栽土壤采集自湖南省岳阳市湘阴县白泥湖乡里湖村的潮泥田（系统分类为底潜

简育水耕人为土），基本理化性质见表8-1。种植的水稻品种为威优46。

表8-1 供试盆栽土壤的基本理化性质

pH	有机质/（g/kg）	CEC/（cmol/kg）	总汞/（μg/kg）	甲基汞/（μg/kg）	全氮/（g/kg）	碱解氮/（mg/kg）	有效磷/（mg/kg）	有效钾/（mg/kg）
5.12	25.6	15.9	92.1	0.134	2.03	179.6	20.1	103.7

盆栽试验在花盆中进行，花盆上缘直径为40 cm，底面直径为30 cm，高为35 cm，底部有托盘。每盆5 kg（风干土重）。按照5 mg/kg添加外源汞溶液（优级纯，上海国药），保持80%田间持水量，置于室温老化90天（经预备试验证明，90天后外源汞的形态分布趋于稳定）。

将水稻种子先用清水悬浮法去除不实粒，然后用30% H_2O_2浸种30分钟，用清水冲洗干净，然后继续用清水浸种10小时，催芽。稻种催芽后先在育秧板上育秧，25天后将秧苗移栽到处理好的盆内，每盆2穴，每穴1株。为保证幼苗生长，移栽后加水至水面高出土壤界面1 cm，等水分慢慢蒸发后开始控制水分。

种植期间，通过重量法保证水分条件，定期添加去离子水。水稻生长期间追肥2次：分蘖期每盆施分析纯尿素0.545 g、KCl 0.310 g；抽穗期每盆施分析纯尿素0.545 g、KH_2PO_4 0.235 g、KCl 0.310 g。

老化结束后，在土壤中加入底肥（分析纯尿素2.17 g、KH_2PO_4 0.47 g、KCl 1.08 g，经检测，这些肥料中汞和硒未检出，对试验的影响可忽略不计），充分混匀。

盆栽试验分为对照组、土壤改良剂组和土壤改良剂+水分管理组共3个组，每个组处理重复10次，具体条件如下：

（1）对照组：不添加土壤改良剂，水分条件为模拟常规水稻种植的水分管理模式，即前期淹水（水面高于土壤界面2 cm），抽穗扬花期开始维持80%的田间持水量。

（2）土壤改良剂组：在加入底肥的同时添加土壤改良剂（9 g/盆），水分条件与对照相同。

（3）土壤改良剂+水分管理组：在土壤改良剂处理的基础上，水稻全生育期保持土壤水分为80%田间持水量。

3. 田间试验

田间试验位于广东省韶关市凡口铅锌矿附近10 km处的农田，土壤质地为黏壤土，基本理化性质见表8-2。水稻品种为五丰优2168。

表8-2 田间试验土壤理化性质

pH	有机质/（g/kg）	CEC/（cmol/kg）	总汞/（μg/kg）	甲基汞/（μg/kg）	全氮/（g/kg）	碱解氮/（mg/kg）	有效磷/（mg/kg）	有效钾/（mg/kg）
4.81	30.2	19.3	4.89	0.507	1.73	132.7	15.3	133.8

田间试验分为对照组、土壤改良剂组和土壤改良剂+水分管理组共3个组。不同处理田块用田埂包塑料薄膜隔开。每组设置4个试验小区，每个试验小区面积为667 m^2（1亩），试验田总面积为8 004 m^2（6亩）。

（1）对照组：不施用任何土壤改良剂，水分、农药和化肥管理按照当地常规水稻栽培方式。

（2）土壤改良剂组：按照每亩300 kg的重量将土壤改良剂全部基施，然后进行翻耕、耙匀，使土壤改良剂与20 cm耕层土壤混合均匀，淋水、平衡14天后进行水稻播种或移栽。其余水分、农药和化肥管理均按照当地常规水稻栽培方式。

（3）土壤改良剂+水分管理组：在土壤改良剂组处理的基础上，在水稻生长期间始终保持土面处于无明水的湿润状态。其余农药和化肥管理措施均按照当地常规水稻栽培方式。

4．样品采集与测定

土壤：在水稻种植后的第5天、第35天、第90天、第120天（水稻收获）和第160天从花盆水稻根系附近采集土壤样品，测定土壤中甲基汞含量、Eh及pH。

水稻：收获后将水稻样品地上部与地下部分开，先用自来水小心洗去根系上的泥土，再用去离子水、高纯水清洗整个植株，用吸水纸纱布吸干表面水分，取样分析水稻甲基汞含量、株高、穗粒数、千粒重。

试验分析所用关键仪器：用于分析土壤和水稻甲基汞含量的全自动甲基汞分析系统（Merx P&T-GC-AFS，Brooks Rand Labs，USA）。

5．统计分析

统计分析采用SPSS17.0软件，制图使用Origin8.0软件。

8.2.2　试验结果与分析

1．盆栽试验结果分析

从图8-2可以看出，随着种植时间的增长，水稻根际土壤甲基汞含量总体呈现增长趋势。第5天以后，土壤改良剂+水分管理组的土壤甲基汞含量显著低于对照组和土壤改良剂处理组（$p<0.05$，下同），到水稻收获的第120天，对照组和土壤改良剂处理的水稻根际土壤甲基汞含量（均值，下同）分别为21.36 μg/kg和6.11 μg/kg，土壤改良剂+水分管理组的水稻根际土壤甲基汞含量为2.87 μg/kg，仅为对照组的13.4%，降低了85%以上。至最后一次土壤采样（160天），对照组和土壤改良剂组的水稻根际土壤甲基汞含量分别为19.34 μg/kg和7.55 μg/kg，土壤改良剂+水分管理组的水稻根际土壤甲基汞含量为3.11 μg/kg，为对照组的16%，降低了80%以上。

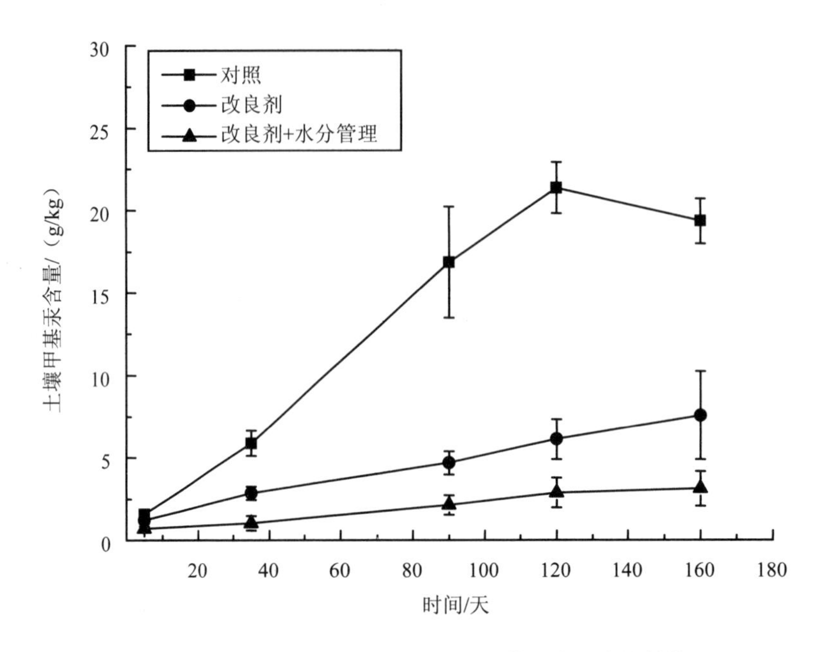

图8-2 盆栽试验不同处理土壤的甲基汞含量变化趋势

加入土壤改良剂后，与对照组相比，土壤pH显著上升（图8-3）。到水稻收获的120天，对照组、土壤改良剂组和土壤改良剂+水分管理组的土壤pH分别为5.8、6.3和6.1。到最后一次土壤采样（160天），对照组、土壤改良剂组和土壤改良剂+水分管理组的土壤pH分别为5.7、6.1和6.0。总体来看，与对照组相比，土壤改良剂使土壤pH提高了0.3以上。

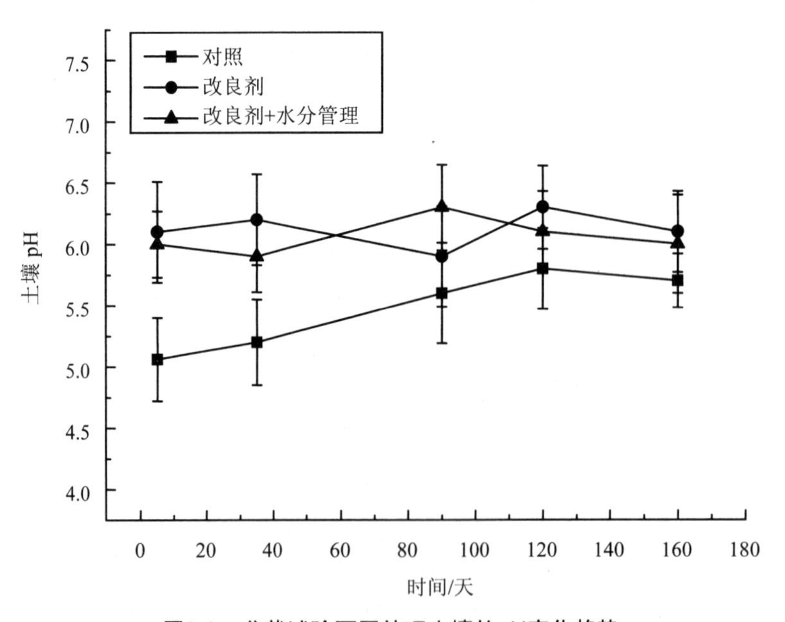

图8-3 盆栽试验不同处理土壤的pH变化趋势

水稻收获后，对照组、土壤改良剂组、土壤改良剂+水分管理组处理的籽粒甲基汞含量分别为61.2 μg/kg、20.33 μg/kg和7.61 μg/kg（图8-4），土壤改良剂+水分管理组的籽粒甲基汞含量为对照的12.4%，下降了85%以上；株高分别为103.1 cm（对照组）、99.3 cm（土壤改良剂组）和100.07 cm（土壤改良剂+水分管理组），三种处理之间没有显著差别；穗粒数分别为96粒/株（对照组）、113.1粒/株（土壤改良剂组）和93.2粒/株（土壤改良剂+水分管理组），土壤改良剂处理下穗粒数最高，土壤改良剂+水分管理组与对照组之间无显著性差别；千粒重分别为23.1 g（对照组）、25.3 g（土壤改良剂组）和24.3 g（土壤改良剂+水分管理组），土壤改良剂处理下千粒重最高，土壤改良剂+水分管理组与对照组之间无显著差别。

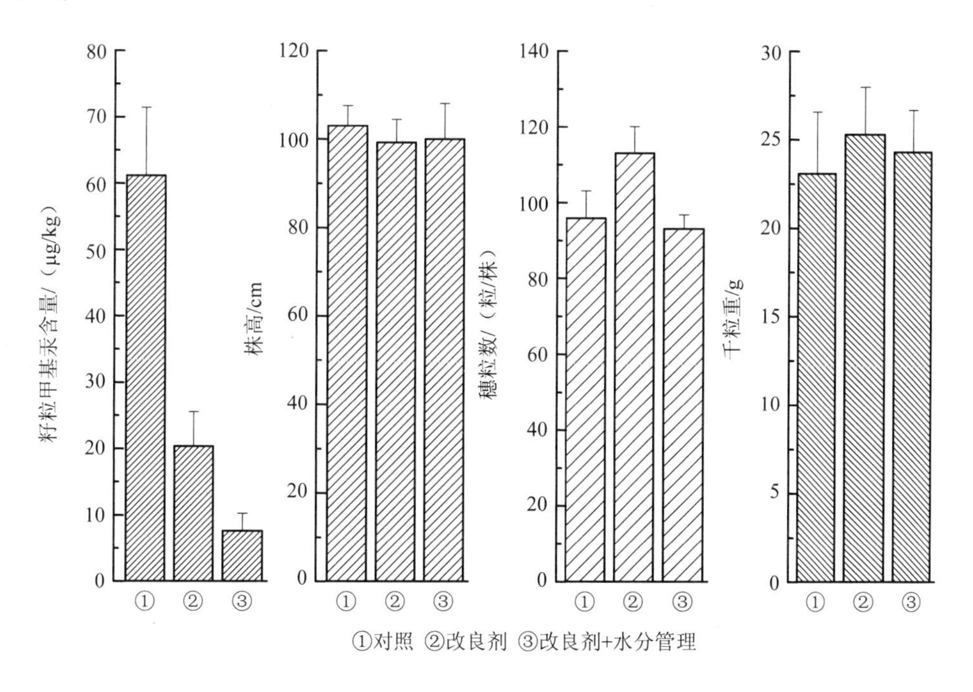

图8-4　盆栽试验水稻收获后籽粒中甲基汞含量、株高、穗粒数

综合来看，在盆栽试验中，与对照组相比，土壤改良剂+水分管理处理下水稻根际土壤甲基汞含量和水稻籽粒中甲基汞含量大幅度下降（均在80%以上），土壤pH显著上升（提高幅度在0.3以上），且水稻产量和植株生物量未出现下降。

2．大田试验结果分析

水稻种植时间越长，水稻根际土壤甲基汞含量越高（图8-5）。从水稻分蘖期开始，改良剂+水分管理组下的土壤甲基汞含量显著低于对照组和改良剂组；到水稻成熟期，对照组和改良剂组的水稻根际土壤甲基汞含量分别为6.578 μg/kg和2.658 μg/kg，改良剂+水分管理组的水稻根际土壤甲基汞含量为1.487 μg/kg，仅为对照组的22.6%，降低了75%以上。

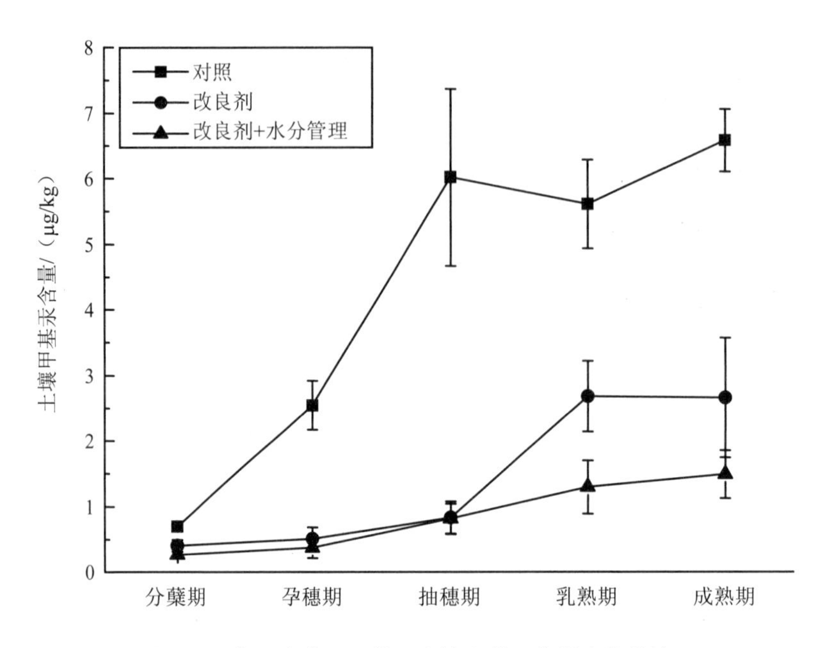

图8-5　大田试验不同处理土壤甲基汞含量变化趋势

加入改良剂后，与对照组相比，土壤pH显著上升（图8-6）。至水稻成熟期，对照组、改良剂组和改良剂+水分管理组的土壤pH分别为4.61、5.03和5.48。与对照组相比，改良剂使土壤pH提高0.4以上。

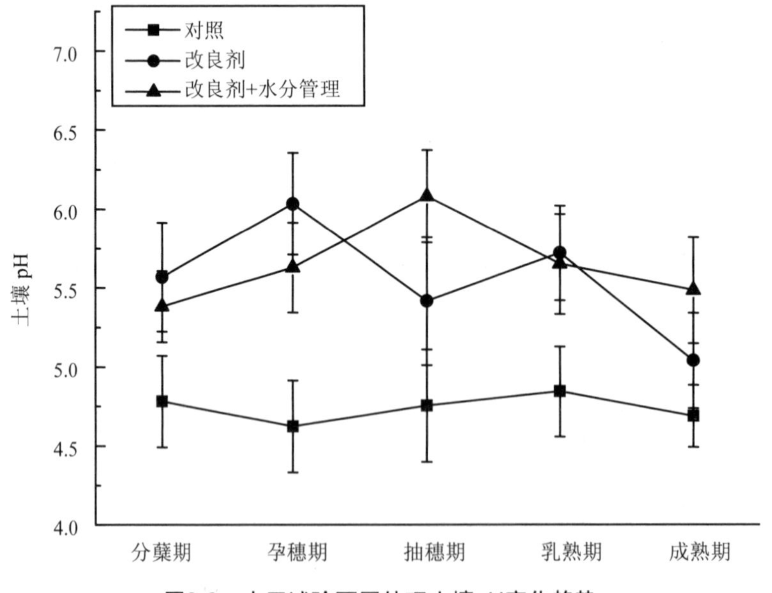

图8-6　大田试验不同处理土壤pH变化趋势

水稻收获后，对照组、改良剂组、改良剂+水分管理组处理的籽粒甲基汞含量分别为18.23 μg/kg、5.44 μg/kg和3.10 μg/kg（图8-7），改良剂+水分管理组的籽粒甲基汞含量为对照组的17%，下降了80%以上；株高分别为84.21 cm（对照组）、82.41 cm（改良剂组）和82.1 cm（改良剂+水分管理组），穗粒数分别为97.92粒/株（对照组）、95.00粒/株（改良剂组）和93.64粒/株（改良剂+水分管理组），千粒重分别为24.95 g（对照组）、23.78 g（改良剂组）和25.03 g（改良剂+水分管理组）。三种处理的株高、穗粒数及千粒重之间无显著性差别。

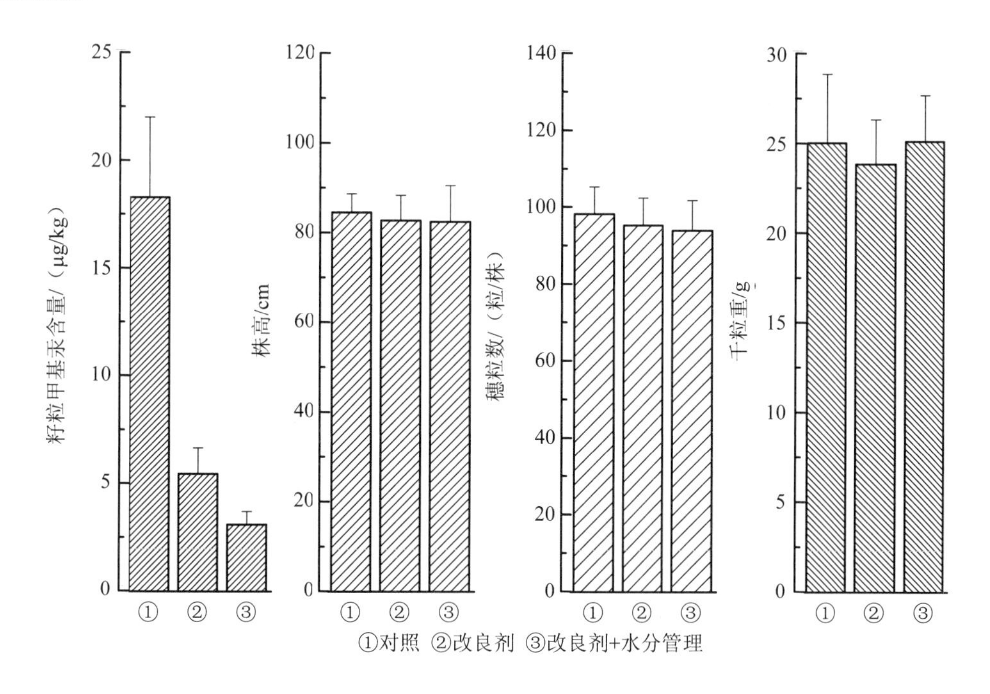

图8-7　大田试验水稻收获后籽粒中甲基汞含量、株高、穗粒数

综合来看，在田间试验中，与对照组相比，改良剂+水分管理组处理下水稻根际土壤甲基汞含量和水稻籽粒中甲基汞含量下降75%以上，土壤pH提高0.4以上，且水稻产量和植株生物量不降低。

8.2.3　讨论

煤基活化腐植酸是经过超声活化和酸洗后的风化煤腐植酸，具有刺激作物生长、改良土壤、抗逆、提高肥效等多种作用，同时对无机态汞有较强的吸附和配位络合能力，能够有效降低无机汞对甲基化微生物的生物有效性[355]。由于腐植酸的来源、种类以及环境条件的差异，致使其对环境中汞的迁移性及活性的影响明显不同[356]，其中某些小分子富里酸对土壤体系固持的汞具有较高的活化作用，而灰色胡敏酸则具有抑制效应[357]。李家家等[358]的研究结果显示，风化煤腐植酸总酸性基含量、酚羟基含量和羧基含量均在超声波处理后显著增加。而经过HCl浸泡，可以去除风化煤腐植酸中部分小分子富里酸及其可溶性简单有机物，提高土壤体系对汞污染的净化和缓冲能力，同时减少了重金属等杂质含量。

酸性土壤施用碳酸钙后，可以缓效提高酸性稻田土壤pH，改善土壤理化性状，增加土壤表面的可变电荷[359]，提高土壤黏土矿物、含水铁氧化物等对Hg^{2+}的吸附能力、降低其生物有效性、提高土壤中交换性钙和水稻中Ca^{2+}含量。由于Ca^{2+}与Hg^{2+}竞争作物根系上的吸收点位，进而减轻汞对作物的危害[360]。碳酸钙还能调节土壤对微量元素的供应，改善土壤微生物生活条件，增强土壤的通气透水性，提高土壤的保肥能力[361]。此外，碳酸钙便于使用，在施撒时安全性高，不像生石灰（CaO）易烧苗或灼伤操作人员，与本试验中的煤基活化腐植酸配合使用，可以有效防止土壤板结。

亚硒酸钠施入土壤后，可以通过非生物过程与无机态汞生产胶状难溶的惰性硒汞化合物HgSe，达到沉降作用，从而抑制汞的甲基化，还可以通过形成$(CH_3Hg)_2Se$络合物促进对甲基汞的去甲基化作用。此外，水稻对Se的吸收率越高，则对甲基汞吸收的排斥作用越强[362]。

水分管理是指在水稻生育期间保持田面湿润状态（土层表面无明水或积水，土壤水分含量为田间持水量测定值的70%～80%）。湿润状态是一种氧化环境，可以大幅度提高土壤氧化还原电位（Eh）[362]。当Eh从−200 mV提高到50 mV后，土壤溶液体系中甲基汞含量大幅度下降[363]。淹水环境会显著提升总汞及甲基汞的生物有效性，特别是在淹水环境下，硫酸还原菌（SRB）和铁还原菌（IRB）活动增强，有利于甲基汞的形成和传递[193,364]。在水稻生育期间，将淹水环境改变为湿润状态（氧化环境）可以显著抑制土壤-水稻体系中无机态汞向甲基汞的转变过程，降低甲基汞在水稻籽粒内的富集风险[365]。改良剂的加入可保证水稻在湿润状态下有效穗、穗粒数和籽粒产量不会有显著降低。

8.2.4 结论

（1）盆栽试验结果表明，与对照组相比，土壤改良剂+水分管理处理下水稻根际土壤甲基汞含量和水稻籽粒中甲基汞含量下降80%以上，土壤pH上升0.3以上，且水稻产量和植株生物量未出现下降。

（2）田间试验结果表明，与对照组相比，土壤改良剂+水分管理组处理下水稻根际土壤甲基汞含量和水稻籽粒中甲基汞含量下降75%以上，土壤pH提高0.4以上，且水稻产量和植株生物量不降低。

（3）本试验中使用的土壤改良剂和农艺调控措施（水稻全生育期维持田间80%持水量）见效快、方便实用、治理效果显著且不会造成二次污染，能够有效降低水稻甲基汞暴露风险。

第 9 章　汞的限量标准

9.1　国内土壤汞限量

<table>
<tr><th>序号</th><th>标准名称</th><th colspan="2">土壤类型</th><th>土壤 pH</th><th>限量值/（mg/kg）</th><th>备注</th></tr>
<tr><td rowspan="12">1</td><td rowspan="12">土壤环境质量 农用地土壤污染风险管控标准（试行）（GB 15618—2018）</td><td rowspan="8">农用地土壤污染风险筛选值</td><td rowspan="4">水田</td><td>pH≤5.5</td><td>0.5</td><td>—</td></tr>
<tr><td>5.5＜pH≤6.5</td><td>0.5</td><td>—</td></tr>
<tr><td>6.5＜pH≤7.5</td><td>0.6</td><td>—</td></tr>
<tr><td>pH＞7.5</td><td>1.0</td><td>—</td></tr>
<tr><td rowspan="4">其他</td><td>pH≤5.5</td><td>1.3</td><td>—</td></tr>
<tr><td>5.5＜pH≤6.5</td><td>1.8</td><td>—</td></tr>
<tr><td>6.5＜pH≤7.5</td><td>2.4</td><td>—</td></tr>
<tr><td>pH＞7.5</td><td>3.4</td><td>—</td></tr>
<tr><td colspan="2" rowspan="4">农用地土壤污染风险管制值</td><td>pH≤5.5</td><td>2.0</td><td>—</td></tr>
<tr><td>5.5＜pH≤6.5</td><td>2.5</td><td>—</td></tr>
<tr><td>6.5＜pH≤7.5</td><td>4.0</td><td>—</td></tr>
<tr><td>pH＞7.5</td><td>6.0</td><td>—</td></tr>
<tr><td rowspan="6">2</td><td rowspan="6">食用农产品产地环境质量评价标准（HJ/T 332—2006）</td><td rowspan="3">水作、旱作、果树等</td><td rowspan="6">对实行水旱轮作、菜粮套种或果粮套种等种植方式的农地，执行其中较低标准值的一项作物标准值</td><td>＜6.5</td><td>0.3</td><td rowspan="6">若当地某些类型土壤 pH 在 6.0～7.5，鉴于土壤重金属的吸附率，在 pH 为 6.0 时接近 pH 为 6.5，pH 在 6.5～7.5 时可考虑在该地扩展至 pH6.0～7.5</td></tr>
<tr><td>6.5～7.5</td><td>0.5</td></tr>
<tr><td>＞7.5</td><td>1.0</td></tr>
<tr><td rowspan="3">蔬菜</td><td>＜6.5</td><td>0.25</td></tr>
<tr><td>6.5～7.5</td><td>0.3</td></tr>
<tr><td>＞7.5</td><td>0.35</td></tr>
<tr><td rowspan="3">3</td><td rowspan="3">温室蔬菜产地环境质量评价标准（HJ/T 333—2006）</td><td rowspan="3">土壤环境质量评价指标限值</td><td rowspan="3">按元素量计，适用于阳离子交换量＞5 cmol/kg 的土壤，若≤5 cmol/kg，其标准值为表内数值的半数</td><td>＜6.5</td><td>0.25</td><td rowspan="3">若当地某些类型土壤 pH 在 6.0～7.5，鉴于土壤重金属的吸附率，在 pH 为 6.0 时接近 pH 为 6.5，pH 在 6.5～7.5 时可考虑在该地扩展至 pH 在 6.0～7.5</td></tr>
<tr><td>6.5～7.5</td><td>0.3</td></tr>
<tr><td>＞7.5</td><td>0.35</td></tr>
</table>

序号	标准名称	土壤类型		土壤 pH	限量值/（mg/kg）	备注
4	畜禽养殖产地环境评价规范（HJ 568—2010）	土壤环境质量评价指标限值	放牧区	＜6.5	0.3	—
				6.5～7.5	0.5	—
				＞7.5	1.0	—
			养殖场、养殖小区		1.5	—
5	绿色食品产地环境质量（NY/T 391—2013）	土壤质量要求	旱田	＜6.5	0.25	—
				6.5～7.5	0.3	—
				＞7.5	0.35	—
			水田	＜6.5	0.3	—
				6.5～7.5	0.4	—
				＞7.5	0.4	—
		食用菌栽培基质质量要求			0.1	—

9.2 国外土壤汞限量

序号	国家	限值/（mg/kg）		备注
1	日本	试样溶出标准	0.000 5（mg/L）	采用 1∶10 试样水溶液标准
		试样溶出标准（烷基汞）	0（mg/L）	
2	美国	通用值	5.34	
		居住用地基准（标准）值	10	
3	英国	城市土壤标准值	1.9	
		主要土壤标准值	0.5	
4	法国	通用值	1	
		居住用地基准（标准）值	7	
5	德国	通用值	2	
		居住用地基准（标准）值	20	
6	意大利	通用值	2	
		居住用地基准（标准）值	1	
7	俄罗斯	通用值	2.1	
8	泰国	居住用地基准（标准）值	23	
9	荷兰	居住用地基准（标准）值	10	
10	加拿大	通用值	0.5	

9.3　国内农产品汞限量

序号	农产品类别	农产品名称	限量值/（mg/kg）
（一）中国大陆			
1	水产动物及其制品	肉食性鱼类及其制品除外	0.5（甲基汞）
2	水产动物及其制品	肉食性鱼类及其制品	1.0（甲基汞）
3	谷物及其制品	稻谷、糙米、大米、小麦、小麦粉、玉米、玉米面（渣、片）	0.02
4	蔬菜及其制品	新鲜蔬菜	0.01
5	肉及其制品	肉类	0.05
6	乳及其制品	生乳、巴氏杀菌乳、菌乳、制乳、酵乳	0.01
7	蛋及其制品	鲜蛋	0.05
（二）中国香港			
1	杂项	所有固形农产品	0.5
2	杂项	所有液态农产品	0.5
（三）中国台湾			
1	谷物及其制品	糙米、大米	0.05
2	鱼及其制品	鱼及甲壳类，不包括洄游鱼	0.5（甲基汞）
3	鱼及其制品	洄游鱼	2.0（甲基汞）

9.4　国外农产品汞限量

序号	农产品类别	农产品名称	限量值
（一）国际食品法典委员会（CAC）			
1	鱼及其制品	肉食性鱼类及其制品除外	0.5 mg/kg（甲基汞）
2	鱼及其制品	肉食性鱼类及其制品	1.0 mg/kg（甲基汞）
（二）欧盟			
1	鱼及其制品	包括以下鱼类的肉：琵琶鱼、大西洋鲇鱼、鲣鱼、鳗鱼、帝王鱼、橙连鳍鲑、绯红金鳞鱼、长尾鳕科深海鱼、大比目鱼、岬羽鼬、大马林鱼、鲽鱼、鲻鱼、粉红鳕鳗、梭子鱼、鲣、鳕鱼、葡萄牙角鲨鱼、鲼鱼、雄鲑、旗鱼、安哥拉带鱼、海鲷、鲨鱼（所有种类）、鲭鱼、鲟鱼、剑鱼、金枪鱼	1.0 mg/kg（湿重）
2	鱼及其制品	鱼制品和鱼肉，不包括上述所列种类的鱼；此限量适用于甲壳动物，不包括褐色蟹肉、龙虾和类似的大型甲壳动物的头、胸肉	0.5 mg/kg（湿重）

序号	农产品类别	农产品名称	限量值
（三）美国			
1	谷物及其制品	小麦（只限粒、粉）	1.0 mg/kg
2	鱼及其制品	鱼类、贝壳类、甲壳类、其他水生动物（鲜活、冰冻或在加工中）可食部分的限量	1.0 mg/kg（仅限可食部分的汞、甲基汞）
（四）日本			
1	鱼及其制品	鱼类和贝类	0.4 mg/kg
2	鱼及其制品	鱼类和贝类	0.3 mg/kg（甲基汞）
（五）奥地利			
1	谷类	糙米、黑麦、麦麸及小麦	0.03 mg/kg
2	水果、蔬菜及其制品	食用香草	0.1 mg/kg
3	水果、蔬菜及其制品	柑橘类水果	0.03 mg/kg
4	奶及其制品	牛奶	0.01 mg/kg
（六）比利时			
1	谷类及其制品	谷类及其制品，包括大豆	0.03 mg/kg
2	蛋及其制品	蛋类	0.03 mg/kg
3	鱼及其制品	甲壳类海产品	1.0 mg/kg
4	鱼及其制品	软体类和甲壳类	0.5 mg/kg
5	鱼及其制品	肉食性鱼类和鳗鱼	1.0 mg/kg
6	鱼及其制品	其他鱼类	0.5 mg/kg
7	水果、蔬菜及其制品	蔬菜	0.03 mg/kg
8	水果、蔬菜及其制品	水果	0.01 mg/kg
9	水果、蔬菜及其制品	人工种植蘑菇	0.1 mg/kg
10	水果、蔬菜及其制品	马铃薯及其制品	0.02 mg/kg
11	肉及其制品	肉类	0.05 mg/kg
12	奶及其制品	牛奶	0.01 mg/kg
（七）克罗地亚			
1	谷类及其制品	包括荞麦在内的谷物类食品	0.05 mg/kg
2	谷类及其制品	面粉和其他谷物制品	0.03 mg/kg
3	蛋及其制品	蛋类	0.3 mg/kg
4	水果、蔬菜及其制品	水果	0.02 mg/kg
5	水果、蔬菜及其制品	新鲜蘑菇	0.5 mg/kg
6	水果、蔬菜及其制品	蔬菜	0.02 mg/kg
7	肉及其制品	肉类	0.03 mg/kg
8	奶及其制品	牛奶	0.01 mg/kg
（八）俄罗斯			
1	谷类及其制品	谷类	0.03 mg/kg
2	蛋及其制品	蛋类	0.02 mg/kg
3	鱼及其制品	淡水鱼类（肉食性鱼类除外）	0.3 mg/kg
4	鱼及其制品	淡水鱼类（肉食性鱼类）	0.6 mg/kg

序号	农产品类别	农产品名称	限量值
5	鱼及其制品	咸水鱼类	0.5 mg/kg
6	水果、蔬菜及其制品	水果	0.02 mg/kg
7	水果、蔬菜及其制品	新鲜蘑菇	0.05 mg/kg
8	水果、蔬菜及其制品	马铃薯	0.02 mg/kg
9	水果、蔬菜及其制品	蔬菜	0.02 mg/kg
10	肉及其制品	肉类	0.03 mg/kg
11	奶及其制品	牛奶	0.01 mg/kg
（九）乌克兰			
1	谷类及其制品	谷类	0.03 mg/kg
2	谷类及其制品	面粉	0.02 mg/kg
3	蛋及其制品	蛋类	0.02 mg/kg
4	鱼及其制品	淡水鱼类（肉食性鱼类除外）	0.3 mg/kg
5	鱼及其制品	淡水鱼类（肉食性鱼类）	0.6 mg/kg
6	鱼及其制品	海鱼	0.5 mg/kg
7	水果、蔬菜及其制品	水果	0.02 mg/kg
8	水果、蔬菜及其制品	新鲜蘑菇	0.05 mg/kg
9	水果、蔬菜及其制品	马铃薯和蔬菜	0.05 mg/kg
10	肉及其制品	肉类	0.03 mg/kg
11	奶及其制品	牛奶和发酵乳制品	0.005 mg/kg
（十）毛里求斯			
1	鱼及其制品	鱼及其制品	1.0 ppm
2	鱼及其制品	贝类	0.03 ppm
3	水果、蔬菜及其制品	面粉	0.03 ppm
4	水果、蔬菜及其制品	苹果	0 ppm
5	水果、蔬菜及其制品	蔬菜	0.03 ppm
6	肉及其制品	肉及其制品	0.03 ppm
7	乳及其制品	乳及其制品	0.03 ppm

第10章　农田环境样品中汞的检测方法

10.1　土壤样品中总汞的检测方法

10.1.1　原子荧光法（GB/T 22105.1—2008）

土壤质量　总汞、总砷、总铅的测定
原子荧光法　第 1 部分：土壤中总汞的测定

1　范围

GB/T 22105的本部分规定了土壤总汞的原子荧光光谱测定方法。

本部分适用于土壤总汞的测定。

本部分方法检出限为0.002 mg/kg。

2　原理

采用硝酸-盐酸混合试剂在沸水浴中加热消解土壤试样，再用硼氢化钾（KBH_4）或硼氢化钠（$NaBH_4$）将样品中所含汞还原成原子态汞；由载气（氩气）导入原子化器中，在特制汞空心阴极灯照射下，基态汞原子被激发至高能态，在去活化回到基态时，发射出特征波长的荧光，其荧光强度与汞的含量成正比。与标准系列比较，求得样品中汞的含量。

3　试剂

本部分所使用的试剂除另有说明外，均为分析纯试剂，试验用水为去离子水。

3.1　盐酸（HCl）：ρ=1.19 g/mL，优级纯。

3.2　硝酸（HNO_3）：ρ=1.42 g/mL，优级纯。

3.3　硫酸（H_2SO_4）：ρ=1.84 g/mL，优级纯。

3.4　氢氧化钾（KOH）：优级纯。

3.5　硼氢化钾（KBH_4）：优级纯。

3.6　重铬酸钾（$K_2Cr_2O_7$）：优级纯。

3.7　氯化汞（$HgCl_2$）：优级纯。

3.8 硝酸-盐酸混合试剂［（1+1）王水］：取1份硝酸（3.2）与3份盐酸（3.1）混合，然后用去离子水稀释一倍。

3.9 还原剂［0.01%硼氢化钾（KBH_4）+0.2%氢氧化钾（KOH）溶液］：称取0.2 g氢氧化钾（3.4）放入烧杯中，用少量水溶解，称取0.01 g硼氢化钾（3.5）放入氢氧化钾溶液中，用水稀释至100 mL，此溶液现用现配。

3.10 载液［（1 + 19）硝酸溶液］：量取25 mL硝酸（3.2），缓缓倒入放有少量去离子水的500 mL容量瓶中，用去离子水定容至刻度，摇匀。

3.11 保存液：称取0.5 g重铬酸钾（3.6），用少量水溶解，加入50 mL硝酸（3.2），用水稀释至1 000 mL，摇匀。

3.12 稀释液：称取0.2 g重铬酸钾（3.6），用少量水溶解，加入28 mL硫酸（3.3），用水稀释至1 000 mL，摇匀。

3.13 汞标准贮备液：称取经干燥处理的0.135 4 g氯化汞（3.7），用保存液（3.11）溶解后，转移至1 000 mL容量瓶中，再用保存液（3.11）稀释至刻度，摇匀。此标准溶液汞的浓度为100 μg/mL（有条件的单位可以到国家认可的部门直接购买标准贮备溶液）。

3.14 汞标准中间溶液：吸取10.00 mL汞标准贮备液（3.13）注入1 000 mL容量瓶中，用保存液（3.11）稀释至刻度，摇匀。此标准溶液汞的浓度为1.00 μg/mL。

3.15 汞标准工作溶液：吸取2.00 mL汞标准中间溶液（3.14）注入100 mL容量瓶中，用保存液（3.11）稀释至刻度，摇匀。此标准溶液汞的浓度为20.0 ng/mL（现用现配）。

4 仪器及设备

4.1 氢化物发生原子荧光光度计。

4.2 汞空心阴极灯。

4.3 水浴锅。

5 分析步骤

5.1 试样制备

称取经风干、研磨并过0.149 mm孔径筛的土壤样品0.2～1.0 g（精确至0.000 2 g）于50 mL具塞比色管中，加少许水润湿样品，加入10 mL（1+1）王水（3.8），加塞后摇匀，于沸水浴中消解2 h，取出冷却，立即加入10 mL保存液（3.11），用稀释液（3.12）稀释至刻度，摇匀后放置，取上清液待测。同时做空白试验。

5.2 空白试验

采用与5.1相同的试剂和步骤，制备全程序空白溶液。每批样品至少制备2个以上空白溶液。

5.3 校准曲线

分别准确吸取0.00 mL、0.50 mL、1.00 mL、2.00 mL、3.00 mL、5.00 mL、10.00 mL汞标准工作液（3.15）置于7个50 mL容量瓶中，加入10 mL保存液（3.11），用稀释液（3.12）

稀释至刻度，摇匀，即得含汞量分别为0.00 ng/mL、0.20 ng/mL、0.40 ng/mL、0.80 ng/mL、1.20 ng/mL、2.00 ng/mL、4.00 ng/mL的标准系列溶液。此标准系列适用于一般样品的测定。

5.4 仪器参考条件

不同型号仪器的最佳参数不同，可根据仪器使用说明书自行选择。表1列出了本部分通常采用的参数。

表1 仪器参数

负高压/V	280	加热温度/℃	200
A 道灯电流/mA	35	载气流量/（mL/min）	300
B 道灯电流/mA	0	屏蔽气流量/（mL/min）	900
观测高度/mm	8	测量方法	校准曲线
读数方式	峰面积	读数时间/s	10
延迟时间/s	1	测量重复次数	2

5.5 测定

将仪器调至最佳工作条件，在还原剂（3.9）和载液（3.10）的带动下，测定标准系列各点的荧光强度（校准曲线是减去标准空白后的荧光强度对浓度绘制的校准曲线），然后测定样品空白、试样的荧光强度。

6 结果表示

土壤样品总汞含量ω以质量分数计，数值以毫克每千克（mg/kg）表示，按式（1）计算：

$$\omega=\frac{(c-c_0)\times V}{m\times(1-f)\times 1\,000} \tag{1}$$

式中，c——从校准曲线上查得汞元素含量，单位为纳克每毫升（ng/mL）；

c_0——试剂空白液测定浓度，单位为纳克每毫升（ng/mL）；

V——样品消解后定容体积，单位为毫升（mL）；

m——试样质量，单位为克（g）；

f——土壤含水量；

1 000——将ng换算为μg的系数。

重复试验结果以算术平均值表示，保留三位有效数字。

7 精密度和准确度

按照本部分测定土壤中总汞，其相对误差的绝对值不得超过5%，在重复条件下，获得的两次独立测定结果的相对偏差不得超过12%。

8 注释

8.1 操作中要注意检查全程序的试剂空白，发现试剂或器皿沾污应重新处理，严格筛选，并妥善保管，防止交叉污染。

8.2　硝酸-盐酸消解体系不仅由于氧化能力强使样品中大量有机物得以分解，同时也能提取各种无机形态的汞。而在盐酸存在条件下，大量Cl^-与Hg^{2+}作用形成稳定的$[HgCl_4]^{2-}$络离子，可抑制汞的吸附和挥发。但应避免使用沸腾的王水处理样品，以防止汞以氯化物的形式挥发而损失。样品中含有较多的有机物时，可适当增大硝酸-盐酸混合试剂的浓度和用量。

8.3　由于环境因素的影响及仪器稳定性的限制，每批样品测定时须同时绘制校准曲线。若样品中汞含量太高，不能直接测量，应适当减少称样量，使试样含汞量保持在校准曲线的直线范围内。

8.4　样品消解完毕，通常要加保存液并以稀释液定容，以防止汞的损失。样品试液宜尽早测定，一般情况下只允许保存2～3 d。

10.1.2　原子荧光法（NY/T 1121.10—2006）

土壤检测

第 10 部分：土壤总汞的测定

1　应用范围

本部分适用于一般土壤中痕量汞的测定。

本部分最低检出量为0.04 ng汞。若称取0.5 g样品测定，则最低检出限为0.002 mg/kg，测定上限可达0.4 mg/kg。

2　方法提要

基态汞原子在波长为235.7 nm的紫外光激发下而产生共振荧光，在一定的测量条件下和较低浓度范围内，荧光浓度与汞浓度成正比。

样品用硝酸-盐酸混合试剂在沸水浴中加热消解，使所含汞全部以二价汞的形式进入溶液中，再用硼氢化钾将二价汞还原成单质汞，形成汞蒸气，在载气带动下导入仪器的荧光池中，测定荧光峰值，求得样品中汞的含量。

3　仪器和设备

3.1　原子荧光光度计。

3.2　氩气或高纯氮气瓶。

4　试剂和溶液

本试验方法所用试剂和水，除特殊注明外，均指分析纯试剂和GB/T 6682中规定的一级水。所述溶液如未指明溶剂均系水溶液。

4.1 （1+1）王水溶液

取3份浓盐酸（优级纯，ρ=1.19 g/cm^3）与1份浓硝酸（优级纯，ρ=1.40 g/cm^3）混合，然后用二级水稀释1倍。

4.2 硼氢化钾（KBH_4）-氢氧化钾（KOH）溶液（还原剂）

称取0.2 g氢氧化钾（KOH）放入烧杯中，用少量水溶解。称取0.01 g硼氢化钾（KBH_4，99%）放入氢氧化钾溶液中，用水稀释至100 mL。

4.3 保存液

称取0.5 g重铬酸钾（$K_2Cr_2O_7$，优级纯），用少量水溶解加50 mL浓硝酸（优级纯，ρ=1.40 g/cm^3），用水稀释至1 L，摇匀。

4.4 稀释液

称取0.2 g重铬酸钾（$K_2Cr_2O_7$，优级纯）溶于900 mL水，加入28 mL浓硫酸（优级纯，ρ=1.84 g/cm^3），用水稀释至1 L，摇匀。

4.5 汞标准贮备溶液［ρ（Hg）=0.1 g/L］

称取0.135 4 g在硅胶干燥器中放置过夜的氯化汞（$HgCl_2$，优级纯），用保存液（4.3）溶解并用保存液（4.3）无损移入1 L容量瓶中，用保存液（4.3）定容，即为含汞（Hg）100 mL的标准贮备溶液。

准确吸取10.00 mL上述汞标准贮备溶液，移入1 L容量瓶中，用保存液（4.3）定容，即为含汞（Hg）1.00 mg/L的标准溶液。

准确吸取20.00 mL含汞（Hg）1.00 mg/L的标准溶液，移入1 L容量瓶中，用保存液（4.3）定容，即为含汞（Hg）20.00 ng/mL的标准溶液（现用现配）。

4.6 硝酸溶液［ϕ（HNO_3）=5%］

5 分析步骤

5.1 试样制备

称取通过0.149 mm筛孔的风干试样0.2～2.0 g（精确至0.000 1 g）置于50 mL具塞比色管中，加10 mL（1+1）王水（4.1），加塞后小心摇匀，于沸水浴中加热消解2 h，取出冷却，立即加10 mL保存液（4.3），用稀释液（4.4）定容，澄清后直接上机待测，同时做空白试验。

5.2 测定

按仪器说明书的要求调试好原子荧光光度计测量条件，以硝酸溶液（4.6）为载流，以硼氢化钾-氢氧化钾溶液（4.2）为还原剂，测量试液的荧光强度。

5.3 绘制校准曲线

分别准确吸取含汞（Hg）20.00 ng/mL的标准溶液0.00 mL、0.50 mL、1.00 mL、2.00 mL、3.00 mL、4.00 mL、5.00 mL于7个50 mL具塞比色管中，加10 mL保存液（4.3），用稀释液（4.4）稀释至标线，摇匀，即为含汞（Hg）0.00 ng/mL、0.20 ng/mL、0.40 ng/ml、0.80 ng/mL、1.20 ng/mL、1.60 ng/mL、2.00 ng/mL的标准系列溶液。在原子荧光光度计上，与试样同条

件将标准系列溶液各浓度吸入原子化器中进行原子化，分别测量、记录荧光强度，绘制校准曲线或求出一元直线回归方程。

6　结果计算

$$\omega(\mathrm{Hg}) = \frac{\rho \times V}{1\,000 \times m} \tag{1}$$

式中，ω(Hg)——土壤的质量分数，单位为毫克每千克（mg/kg）；

ρ——从校准曲线上查得汞（Hg）的浓度，单位为纳克每毫升（ng/mL）；

V——试样消解后定容体积，单位为毫升（mL），本试验为50 mL；

m——风干试样重量，单位为克（g）；

1 000——将ng换算为μg的系数；

重复试验结果以算术平均值表示，保留两位小数。

7　精密度

表2　重复试验结果允许相对标准偏差

样品含量范围/（mg/kg）	允许差（实验室内）/%	允许差（实验室间）/%
＜0.1	35	40
0.1～0.4	30	35
＞0.4	25	30

8　注释

（1）操作中要注意检查全程序的试剂空白，发现试剂或器皿沾污，应重新处理，严格筛选，并妥善保管，防止交叉污染。

（2）此消解体系不仅由于它本身的氧化能力使样品中大量有机物得以分解，同时也能提取各种无机形态的汞。而在盐酸存在的条件下，大量Cl^-与Hg^{2+}作用形成稳定的$[HgCl]^{2-}$络离子，可抑制汞的吸附和挥发。但应避免使用沸腾的王水处理样品，以防止汞以氯化物形式挥发而损失。样品中含有较多的有机物时，可适当增大硝酸-盐酸混合试剂的浓度和用量。

（3）由于环境因素的影响及仪器稳定性的限制，每批样品测定时须同时绘制校准曲线。若试样中汞含量太高，不能直接测量，应适当减少称样量，使试样含汞量保持在校准曲线的直线范围内。

（4）样品消解完毕，通常加入保存液和稀释液稀释，以防止汞的损失。不过样品宜尽早测定为妥，一般情况下只允许保存2～3 d。

激发态汞原子与某些原子或化合物（如氧、氮和二氧化碳等）碰撞发生能量传递而产生“荧光淬灭”，故用惰性气体氩气或高纯氮作为载气通入荧光池中，以帮助改善测试的灵敏度和稳定性。操作时应注意避免空气和水蒸气进入荧光池。

10.1.3 微波消解/原子荧光法（HJ 680—2013）

土壤和沉积物　汞、砷、硒、铋、锑的测定

微波消解/原子荧光法

1　适用范围

本标准规定了测定土壤和沉积物中汞、砷、硒、铋、锑的微波消解/原子荧光法。

本标准适用于土壤和沉积物中汞、砷、硒、铋、锑的测定。

当取样品量为0.5 g时，本方法测定汞的检出限为0.002 mg/kg，测定下限为0.008 mg/kg；测定砷、硒、铋和锑的检出限为0.01 mg/kg，测定下限为0.04 mg/kg。

2　规范性引用文件

本标准引用了下列文件或其中的条款。凡是未注明日期的引用文件，其最新版本适用于本标准。

GB 17378.3　海洋监测规范　第3部分：样品采集储存与运输

GB 17378.5　海洋监测规范　第5部分：沉积物分析

GB/T 21191　原子荧光光谱仪

HJ/T 166　土壤环境监测技术规范

HJ 613　土壤　干物质和水分的测定　重量法

3　方法原理

样品经微波消解后试液进入原子荧光光度计，在硼氢化钾溶液还原作用下，生成砷化氢、铋化氢、锑化氢和硒化氢气体，汞被还原成原子态。在氩氢火焰中形成基态原子，在元素灯（汞、砷、硒、铋、锑）发射光的激发下产生原子荧光，原子荧光强度与试液中元素含量成正比。

4　试剂和材料

除非另有说明，分析时均使用符合国家标准的优级纯试剂，实验用水为新制备的蒸馏水。

4.1　盐酸（HCl），ρ=1.19 g/mL。

4.2　硝酸（HNO_3），ρ=1.42 g/mL。

4.3　氢氧化钾（KOH）。

4.4　硼氢化钾（KBH_4）。

4.5　盐酸溶液：5+95。

移取25 mL盐酸（4.1）用实验用水稀释至500 mL。

4.6　盐酸溶液：1+1。

移取500 mL盐酸（4.1）用实验用水稀释至1 000 mL。

4.7　硫脲（CH_4N_2S）：分析纯。

4.8　抗坏血酸（$C_6H_8O_6$）：分析纯。

4.9　还原剂

4.9.1　硼氢化钾溶液A：ρ=10 g/L

称取0.5 g氢氧化钾（4.3）放入盛有100 mL实验用水的烧杯中，玻璃棒搅拌待完全溶解后再加入称好的1.0 g硼氢化钾（4.4），搅拌溶解。此溶液当日配制，用于测定汞。

4.9.2　硼氢化钾溶液B：ρ=20 g/L

称取0.5 g氢氧化钾（4.3）放入盛有100 mL实验用水的烧杯中，玻璃棒搅拌待完全溶解后再加入称好的2.0 g硼氢化钾（4.4），搅拌溶解。此溶液当日配制，用于测定砷、硒、铋、锑。

注：也可以用氢氧化钠、硼氢化钠配制硼氢化钠溶液。

4.10　硫脲和抗坏血酸混合溶液

称取硫脲、抗坏血酸各10 g，用100 mL实验用水溶解，混匀，使用当日配制。

4.11　汞标准固定液（以下简称固定液）

将0.5 g重铬酸钾溶于950 mL实验用水中，再加入50 mL硝酸（4.2），混匀。

4.12　汞（Hg）标准溶液

4.12.1　汞标准贮备液：ρ=100.0 mg/L

购买市售有证标准物质/有证标准样品，或称取在硅胶干燥器中放置过夜的氯化汞（$HgCl_2$）0.135 4 g，用适量实验用水溶解后移至1 000 mL容量瓶中，最后用固定液（4.11）定容至标线，混匀。

4.12.2　汞标准中间液：ρ=1.00 mg/L

移取汞标准贮备液（4.12.1）5.00 mL，置于500 mL容量瓶中，用固定液（4.11）定容至标线，混匀。

4.12.3　汞标准使用液：ρ=10.0 μg/L

移取汞标准中间液（4.12.2）5.00 mL，置于500 mL容量瓶中，用固定液（4.11）定容至标线，混匀。用时现配。

4.13　砷（As）标准溶液

4.13.1　砷标准贮备液：ρ=100.0 mg/L

购买市售有证标准物质/有证标准样品，或称取0.132 0 g经过105℃干燥2 h的优级纯三氧化二砷（As_2O_3）溶解于5 mL 1 mol/L氢氧化钠溶液中，用1 mol/L的盐酸溶液中和至酚酞红色褪去，实验用水定容至1 000 mL，混匀。

4.13.2　砷标准中间液：ρ=1.00 mg/L

移取砷标准贮备液（4.13.1）5.00 mL，置于500 mL的容量瓶中，加入100 mL盐酸溶液

（4.6），用实验用水定容至标线，混匀。

4.13.3 砷标准使用液：ρ=100.0 μg/L

移取砷标准中间液（4.13.2）10.00 mL，置于100 mL容量瓶中，加入20 mL盐酸溶液（4.6），用实验用水定容至标线，混匀。用时现配。

4.14 硒（Se）标准溶液

4.14.1 硒标准贮备液：ρ=100.0 mg/L

购买市售有证标准物质/有证标准样品，或称取0.100 0 g高纯硒粉，置于100 mL烧杯中，加20 mL硝酸（4.2）低温加热溶解后冷却至温室，移入1 000 mL容量瓶中，用实验用水定容至标线，混匀。

4.14.2 硒标准中间液：ρ=1.00 mg/L

移取硒标准贮备液（4.14.1）5.00 mL，置于500 mL的容量瓶中，用实验用水定容至标线，混匀。

4.14.3 硒标准使用液：ρ=100.0 μg/L

移取硒标准中间液（4.14.2）10.00 mL，置于100 mL容量瓶中，用实验用水定容至标线，混匀。用时现配。

4.15 铋（Bi）标准溶液

4.15.1 铋标准贮备液：ρ=100.0 mg/L

购买市售有证标准物质/有证标准样品，或称取高纯金属铋0.100 0 g，置于100 mL烧杯中，加20 mL硝酸（4.2），低温加热至完全溶解，冷却，移入1 000 mL容量瓶中，用实验用水定容至标线，混匀。

4.15.2 铋标准中间液：ρ=1.00 mg/L

移取铋标准贮备液（4.15.1）5.00 mL，置于500 mL的容量瓶中，加入100 mL盐酸溶液（4.6），用实验用水定容至标线，混匀。

4.15.3 铋标准使用液：ρ=100.0 μg/L

移取铋标准中间液（4.15.2）10.00 mL，置于100 mL容量瓶中，加入20 mL盐酸溶液，用实验用水定容至标线，混匀。用时现配。

4.16 锑（Sb）标准溶液

4.16.1 锑标准贮备液：ρ=100.0 mg/L

购买市售有证标准物质/有证标准样品，或称取0.119 7 g经过105℃干燥2 h的三氧化二锑（Sb_2O_3）溶解于80 mL盐酸（4.1）中，转入1 000 mL容量瓶中，补加120 mL盐酸（4.1），用实验用水定容至标线，混匀。

4.16.2 锑标准中间液：ρ=1.00 mg/L

移取锑标准贮备液（4.16.1）5.00 mL，置于500 mL的容量瓶中，加入100 mL盐酸溶液（4.6），用实验用水定容至标线，混匀。

4.16.3　锑标准使用液：ρ=100.0 μg/L

移取10.00 mL锑标准中间液（4.16.2），置于100 mL容量瓶中，加入20 mL盐酸溶液（4.6），用实验用水定容至标线，混匀。用时现配。

4.17　载气和屏蔽气：氩气（纯度≥99.99%）。

4.18　慢速定量滤纸。

5　仪器和设备

5.1　具有温度控制和程序升温功能的微波消解仪，温度精度可达±2.5℃。

5.2　原子荧光光度计应符合GB/T 21191的规定，具汞、砷、硒、铋、锑的元素灯。

5.3　恒温水浴装置。

5.4　分析天平：精度为0.000 1 g。

5.5　实验室常用设备。

6　样品

6.1　样品的采集

按照HJ/T 166的相关规定进行土壤样品的采集；按照GB 17378.3的相关规定进行沉积物样品的采集。

6.2　样品的制备

按照HJ/T 166和GB 17378.3要求，将采集后的样品在实验室中风干、破碎、过筛、保存。样品采集、运输、制备和保存过程应避免沾污和待测元素损失。

6.3　试样的制备

称取风干、过筛的样品0.1～0.5 g（精确至0.000 1 g。样品中元素含量低时，可将样品称取量提高至1.0 g）置于溶样杯中，用少量实验用水润湿。在通风橱中，先加入6 mL盐酸（4.1），再慢慢加入2 mL硝酸（4.2），混匀使样品与消解液充分接触。若有剧烈化学反应，待反应结束后再将溶样杯置于消解罐中密封。将消解罐装入消解罐支架后放入微波消解仪的炉腔中，确认主控消解罐上的温度传感器及压力传感器均已与系统连接好。按照表1推荐的升温程序进行微波消解，程序结束后冷却。待罐内温度降至室温后在通风橱中取出，缓慢泄压放气，打开消解罐盖。

表 1　微波消解升温程序

步骤	升温时间/min	目标温度/℃	保持时间/min
1	5	100	2
2	5	150	3
3	5	180	25

把玻璃小漏斗插于50 mL容量瓶的瓶口，用慢速定量滤纸将消解后溶液过滤、转移入容量瓶中，实验用水洗涤溶样杯及沉淀，将所有洗涤液并入容量瓶中，最后用实验用水定

容至标线，混匀。

6.4 试料的制备

分取10.0 mL试液（6.3）置于50 mL容量瓶中，按照表2加入盐酸（4.1）、硫脲和抗坏血酸混合溶液（4.10），混匀。室温放置30 min，用实验用水定容至标线，混匀。

表 2 定容 50 mL 时试剂加入量

单位：mL

名称	汞	砷、铋、锑	硒
盐酸（4.1）	2.5	5.0	10.0
硫脲和抗坏血酸混合溶液（4.10）	—	10.0	—

注：室温低于 15℃时，置于 30℃水浴中保温 20 min。

6.5 样品干物质含量和含水率的测定

按照HJ 613测定土壤样品的干物质含量，按照GB 17378.5测定沉积物样品的含水率。

7 分析步骤

7.1 原子荧光光度计的调试

原子荧光光度计开机预热，按照仪器使用说明书设定灯电流、负高压、载气流量、屏蔽气流量等工作参数，参考条件见表3。

表 3 原子荧光光度计的工作参数

元素名称	灯电流/mA	负高压/V	原子化器温度/℃	载气流量/（mL/min）	屏蔽气流量/（mL/min）	灵敏线波长/nm
汞	15～40	230～300	200	400	800～1 000	253.7
砷	40～80	230～300	200	300～400	800	193.7
硒	40～80	230～300	200	350～400	600～1 000	196.0
铋	40～80	230～300	200	300～400	800～1 000	306.8
锑	40～80	230～300	200	200～400	400～700	217.6

7.2 校准

7.2.1 校准系列的制备

7.2.1.1 汞的校准系列

分别移取0.50 mL、1.00 mL、2.00 mL、3.00 mL、4.00 mL、5.00 mL汞标准使用液（4.12.3）于50 mL容量瓶中，分别加入2.5 mL盐酸（4.1），用实验用水定容至标线，混匀。

7.2.1.2 砷的校准系列

分别移取0.50 mL、1.00 mL、2.00 mL、3.00 mL、4.00 mL、5.00 mL砷标准使用液（4.13.3）于50 mL容量瓶中，分别加入5.0 mL盐酸（4.1）、10.0 mL硫脲和抗坏血酸混合溶液（4.10），室温放置30 min（室温低于15℃时，置于30℃水浴锅中保温20 min），用实验用水定容至标线，混匀。

7.2.1.3 硒的校准系列

分别移取0.50 mL、1.00 mL、2.00 mL、3.00 mL、4.00 mL、5.00 mL硒标准使用液（4.14.3）于50 mL容量瓶中，分别加入10.0 mL盐酸（4.1），室温放置30 min（室温低于15℃时，置于30℃水浴中保温20 min），用实验用水定容至标线，混匀。

7.2.1.4 铋的校准系列

分别移取0.50 mL、1.00 mL、2.00 mL、3.00 mL、4.00 mL、5.00 mL铋标准使用液（4.15.3）于50 mL容量瓶中，分别加入5.0 mL盐酸（4.1）、10.0 mL硫脲和抗坏血酸混合溶液（4.10），用实验用水定容至标线，混匀。

7.2.1.5 锑的校准系列

分别移取0.50 mL、1.00 mL、2.00 mL、3.00 mL、4.00 mL、5.00 mL锑标准使用液（4.16.3）于50 mL容量瓶中，分别加入5.0 mL盐酸（4.1）、10.0 mL硫脲和抗坏血酸混合溶液（4.10），室温放置30 min（室温低于15℃时，置于30℃水浴锅中保温20 min），用实验用水定容至标线，混匀。汞、砷、硒、铋、锑的校准系列溶液浓度见表4。

表 4 各元素校准系列溶液浓度 单位：μg/L

元素	标准系列						
汞	0.00	0.10	0.20	0.40	0.60	0.80	1.00
砷	0.00	1.00	2.00	4.00	6.00	8.00	10.00
硒	0.00	1.00	2.00	4.00	6.00	8.00	10.00
铋	0.00	1.00	2.00	4.00	6.00	8.00	10.00
锑	0.00	1.00	2.00	4.00	6.00	8.00	10.00

7.3 绘制校准曲线

以硼氢化钾溶液（4.9.1或4.9.2）为还原剂、（5+95）盐酸溶液（4.5）为载流，由低浓度到高浓度顺次测定校准系列标准溶液的原子荧光强度。用扣除零浓度空白的校准系列原子荧光强度为纵坐标，溶液中相对应的元素浓度（μg/L）为横坐标，绘制校准曲线。

7.4 空白试验

按照6.3、6.4和7.5相同的试剂和步骤进行空白试验。

7.5 测定

将制备好的试料导入原子荧光光度计中，按照与绘制校准曲线相同的仪器工作条件进行测定。如果被测元素浓度超过校准曲线浓度范围，应稀释后重新进行测定。

同时，将制备好的空白试料导入原子荧光光度计中，按照与绘制校准曲线相同的仪器工作条件进行测定。

8 结果计算与表示

8.1 结果计算

8.1.1 土壤样品的结果计算

土壤中的元素（汞、砷、硒、铋、锑）含量ω_1（mg/kg）按照式（1）进行计算：

$$\omega_1 = \frac{\left(\rho - \rho_0\right) \times V_0 \times V_2}{m \times w_{dm} \times V_1} \times 10^{-3} \tag{1}$$

式中，ω_1——土壤中元素的含量，mg/kg；

ρ——由校准曲线查得测定试液中元素的浓度，μg/L；

ρ_0——空白溶液中元素的测定浓度，μg/L；

V_0——微波消解后试液的定容体积；

V_1——分取试液的体积，mL；

V_2——分取后测定试液的定容体积，mL；

m——称取样品的质量，g；

w_{dm}——样品的干物质含量，%。

8.1.2 沉积物样品的结果计算

沉积物中的元素（汞、砷、硒、铋、锑）含量（mg/kg）按照式（2）进行计算：

$$\omega_2 = \frac{\left(\rho - \rho_0\right) \times V_0 \times V_2}{m \times \left(1 - f\right) \times V_1} \times 10^{-3} \tag{2}$$

式中，ω_2——沉积物中元素的含量，mg/kg；

ρ——由校准曲线查得测定试液中元素的浓度，μg/L；

ρ_0——空白溶液中元素的测定浓度，μg/L；

V_0——微波消解后试液的定容体积；

V_1——分取试液的体积，mL；

V_2——分取后测定试液的定容体积，mL；

m——称取样品的质量，g；

f——样品的含水率，%。

8.2 结果表示

当测定结果小于1 mg/kg时，小数点后数字最多保留至三位；当测定结果大于1 mg/kg时，保留三位有效数字。

9 精密度和准确度

9.1 精密度

由六家实验室对汞、砷、硒、铋、锑的标准样品进行测定，实验室内相对标准偏差（%）分别为汞1.44～11.7、砷0.67～8.91、硒0.79～23.1、铋1.47～19.4、锑1.83～11.7；实验室间相对标准偏差（%）分别为汞3.42～11.2、砷3.14～4.44、硒3.92～9.46、铋4.92～7.59、锑3.35～9.95；重复性限（mg/kg）分别为汞0.003～0.006、砷0.298～3.03、硒0.013～0.025、铋0.019～0.299、锑0.049～0.363；再现性限（mg/kg）分别为汞0.003～0.007、砷0.320～3.55、硒0.017～0.029、铋0.019～0.485、锑0.068～0.655。精密度试验汇总结果详见附录A。

9.2　准确度

由六家实验室对汞、砷、硒、铋、锑的标准样品进行测定，相对误差（%）分别为汞−12.5～12.5、砷−7.5～4.7、硒−25.0～8.6、铋−12.7～8.8、锑−15.8～11.1。准确度试验汇总结果详见附录A。

10　质量保证和质量控制

10.1　每批样品至少测定2个全程空白，空白样品需使用和样品完全一致的消解程序，测定结果应低于方法测定下限。

10.2　根据批量大小，每批样品需测定1～2个含目标元素的标准物质，测定结果必须在可以控制的范围内。

10.3　在每批次（小于10个）或每10个样品中，应至少做10%样品的重复消解。

10.4　若样品消解过程因产生压力过大造成泄压而破坏其密闭系统，则此样品数据不应采用。

10.5　本标准规定校准曲线的相关系数应不小于0.999。

11　废物处理

实验过程中产生的废液不可随意倾倒，应按照规定委托有资质的单位进行处置。

12　注意事项

12.1　硝酸和盐酸具有强腐蚀性，样品消解过程应在通风橱内进行，实验人员应注意佩戴防护器具。

12.2　实验所用的玻璃器皿均需用（1+1）硝酸溶液浸泡24 h后，依次用自来水、实验用水洗净。

12.3　消解罐的日常清洗和维护步骤：先进行一次空白消解［加入6 mL盐酸（4.1），再慢慢加入2 mL硝酸（4.2），混匀］，以去除内衬管和密封盖上的残留；用水和软刷仔细清洗内衬管和压力套管；将内衬管和陶瓷外套管放入烘箱，在200～250℃温度下加热至少4 h，然后在室温下自然冷却。

附录 A

（资料性附录）

精密度和准确度汇总数据

六家实验室分别测定的精密度和准确度试验汇总结果见附表A.1。

附表 A.1 方法的精密度和准确度

元素	平均值/（mg/kg）	保证值/（mg/kg）	实验室内相对标准偏差/%	实验室间相对标准偏差/%	重复性限 r/（mg/kg）	再现性限 R/（mg/kg）	相对误差/%	相对误差最终值/%
汞	0.012	0.011±0.002	4.56～11.7	5.00	0.003	0.003	0～10.6	6.3±9.9
	0.038	0.037±0.004	1.44～11.1	3.42	0.006	0.007	−2.7～7.2	3.0±6.7
	0.016	0.016±0.003	5.56～11.0	11.2	0.004	0.006	−12.5～12.5	0.3±18.8
砷	1.90	2.0±0.2	2.58～7.42	3.14	0.298	0.320	−7.5～0	−3.0±6.2
	18.0	18±2	1.33～8.91	4.44	3.03	3.55	−6.1～3.7	−0.7±7.8
	10.6	10.7±0.8	0.67～4.42	3.79	0.789	1.34	−5.3～4.7	−0.7±7.5
硒	0.037	0.040±0.011	2.56～23.1	9.46	0.015	0.017	−25.0～−2.5	−7.5±17.6
	0.15	0.15	3.23～8.96	3.92	0.025	0.029	−6.7～6.7	0.9±10.2
	0.091	0.093±0.012	0.79～8.30	6.15	0.013	0.020	−8.6～8.6	−3.3±12.9
铋	0.054	0.057±0.010	2.69～19.4	7.59	0.019	0.019	−12.7～8.8	−4.4±14.6
	2.90	3.0±0.3	1.47～5.05	4.92	0.299	0.485	−7.8～6.3	−3.2±10.3
锑	0.18	0.19±0.05	6.50～11.7	9.95	0.049	0.068	−15.8～5.3	−2.8±20.1
	2.60	2.7±0.4	1.83～8.07	7.69	0.363	0.655	−11.7～11.1	−1.8±16.2
	0.96	1.0	2.28～8.20	3.35	0.137	0.154	−7.7～0	−4.4±6.2

10.1.4 催化热解-冷原子吸收分光光度法（HJ 923—2017）

土壤和沉积物 总汞的测定

催化热解-冷原子吸收分光光度法

1 适用范围

本标准规定了测定土壤和沉积物中总汞的催化热解-冷原子吸收分光光度法。

本标准适用于土壤和沉积物中总汞的测定。

当取样量为0.1 g时，本标准方法检出限为0.2 μg/kg，测定范围为（0.8～6.0）×10^3 μg/kg。

2 规范性引用文件

本标准引用了下列文件或其中的条款。凡是未注明日期的引用文件，其最新版本适用于本标准。

GB 17378.3　海洋监测规范　第 3 部分：样品采集、贮存与运输

GB 17378.5　海洋监测规范　第 5 部分：沉积物分析

HJ 494　水质　采样技术指导

HJ 613　土壤　干物质和水分的测定　重量法

HJ/T 91　地表水和污水监测技术规范

HJ/T 166　土壤环境监测技术规范

3　方法原理

样品导入燃烧催化炉后，经干燥、热分解及催化反应，各形态汞被还原成单质汞，单质汞进入齐化管生成金汞齐，齐化管快速升温将金汞齐中的汞以蒸气形式释放出来，汞蒸气被载气带入冷原子吸收分光光度计，汞蒸气对253.7 nm特征谱线产生吸收，在一定浓度范围内，吸收强度与汞的浓度成正比。

4　试剂和材料

除非另有说明，分析时均使用符合国家标准的分析纯试剂，实验用水为新制备的去离子水或蒸馏水。

4.1　硝酸（HNO_3）：ρ=1.42 g/ml，优级纯。

4.2　重铬酸钾（$K_2Cr_2O_7$）：优级纯。

4.3　氯化汞（$HgCl_2$）：优级纯。

临用时放干燥器中充分干燥。

4.4　固定液。

将0.5 g重铬酸钾（4.2）溶于950 mL蒸馏水中，再加50 mL硝酸（4.1），混匀。

4.5　汞标准贮备液：ρ（Hg）=100 mg/L。

称取0.135 4 g氯化汞（4.3），用固定液（4.4）溶解后，转移至1 000 mL容量瓶，再用固定液（4.4）稀释定容至标线，摇匀，也可直接购买市售有证标准溶液。

4.6　汞标准使用液：ρ（Hg）=10.0 mg/L。

移取汞标准贮备液（4.5）10.0 mL，置于100 mL容量瓶中，用固定液（4.4）定容至标线，混匀。临用现配。

4.7　载气：高纯氧气（O_2），纯度≥99.999%。

4.8　石英砂：75～150 μm（200～100目）。

置于马弗炉850℃灼烧2 h，冷却后装入具塞磨口玻璃瓶中密封保存。

5　仪器和设备

5.1　测汞仪：配备样品舟（镍舟或磁舟）、燃烧催化炉、齐化管、解吸炉及冷原子吸收分光光度计。参考工作流程图，见图1。

5.2　分析天平：感量0.000 1 g。

5.3 一般实验室常用仪器和设备。

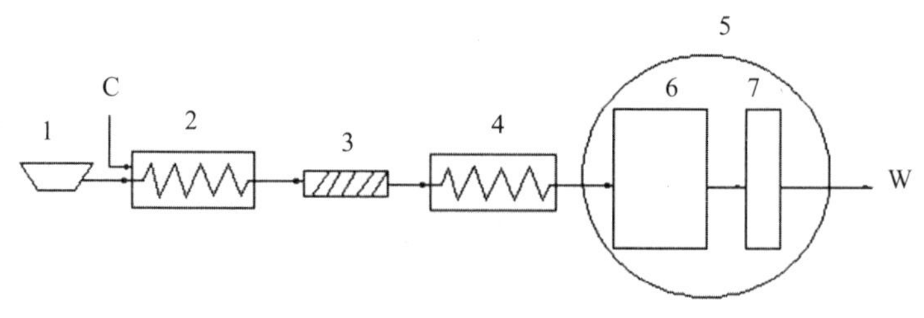

1-样品舟；2-燃烧催化炉；3-齐化管；4-解吸炉；5-冷原子吸收分光光度计；6-低浓度检测池；

7-高浓度检测池；C-载气；W-废气

图 1 参考工作流程图

6 样品

6.1 样品采集和保存

土壤样品按照HJ/T 166的相关要求采集和保存，海洋沉积物样品按照GB 17378.3的相关要求采集和保存，地表水沉积物样品按照HJ/T 91和HJ 494的相关要求采集。样品采集后，置于玻璃瓶中4℃以下冷藏保存，保存时间为28 d。

6.2 试样的制备

按照HJ/T 166和GB 17378.3，将采集的样品在实验室中风干、破碎、过筛，保存备用。

6.3 水分的测定

按照HJ 613测定土壤样品（6.2）的干物质含量，按照GB 17378.5测定沉积物样品（6.2）的含水率。

7 分析步骤

7.1 仪器参考条件

按仪器操作说明书对仪器气路进行连接，并于使用前对气路进行气密性检查。参照仪器使用说明，选择最佳分析条件。仪器参考条件如表1所示。

表 1 仪器参考条件

参数	参考值
干燥温度/℃	200
干燥时间/s	10
分解温度/℃	700
分解时间/s	140
催化温度/℃	600
汞齐化加热温度/℃	900
汞齐化混合加热时间/s	12
载气流量/（mL/min）	100
检测波长/nm	253.7

7.2　校准曲线的建立

7.2.1　标准系列溶液的配制

7.2.1.1　低浓度标准系列溶液：分别移取0 μL、50.0 μL、100 μL、200 μL、300 μL、400 μL和500 μL汞标准使用液（4.6），用固定液（4.4）定容至10 mL，配制成当进样量为100 μL时汞含量分别为0 ng、5.0 ng、10.0 ng、20.0 ng、30.0 ng、40.0 ng和50.0 ng的标准系列溶液。

7.2.1.2　高浓度标准系列溶液：分别移取0 mL、0.50 mL、1.00 mL、2.00 mL、3.00 mL、4.00 mL、6.00 mL汞标准使用液（4.6），用固定液（4.4）定容至10 mL，配制成当进样量为100 μL时汞含量分别为0 ng、50.0 ng、100 ng、200 ng、300 ng、400 ng和600 ng的标准系列溶液。

7.2.2　标准曲线的建立

分别移取100 μL标准系列溶液（7.2.1.1）或（7.2.1.2）置于样品舟中，按照仪器参考条件（7.1）依次进行标准系列溶液的测定，记录吸光度值。以各标准系列溶液的汞含量为横坐标，以其对应的吸光度值为纵坐标，分别建立低浓度或高浓度标准曲线。

注：根据实际样品浓度可选择建立不同浓度的标准曲线。

7.3　试样测定

称取0.1 g（精确到0.000 1 g）样品（6.2）于样品舟中，按照与标准曲线建立相同的仪器条件（7.1）进行样品的测定。取样量可根据样品浓度适当调整，推荐取样量为0.1～0.5 g。

7.4　空白试验

用石英砂（4.8）代替样品按照与样品测定相同的测定步骤（7.3）进行空白试验。

8　结果计算与表示

8.1　结果计算

8.1.1　土壤样品的结果计算

土壤样品中总汞的含量ω_1（Hg，μg/kg）按式（1）进行计算：

$$\omega_1 = \frac{m_1}{m \times w_{dm}} \tag{1}$$

式中，ω_1——样品中总汞的含量，μg/kg；

m_1——由标准曲线所得样品中的总汞含量，ng；

m——称取样品的质量，g；

w_{dm}——样品干物质含量，%。

8.1.2　沉积物样品的结果计算

沉积物样品中总汞的含量ω_2（Hg，μg/kg）按式（2）进行计算：

$$\omega_2 = \frac{m_1}{m \times \left(1 - w_{H_2O}\right)} \tag{2}$$

式中，ω_2——样品中总汞的含量，μg/kg；

m_1——由标准曲线所得样品中的总汞含量，ng；

m——称取样品的质量，g；

ω_{H_2O}——样品含水率，%。

8.2 结果表示

当测定结果＜10.0 μg/kg时，结果保留小数点后一位；当测定结果≥10.0 μg/kg时，结果保留三位有效数字。

9 精密度和准确度

9.1 精密度

六家实验室对汞含量为（95±4）μg/kg的土壤有证标准样品、汞含量分别为（22±2）μg/kg和（83±9）μg/kg的沉积物有证标准样品进行了6次重复测定：实验室内相对标准偏差分别为0.65%～6.8%、2.7%～8.8%、2.1%～12%；实验室间相对标准偏差分别为1.3%、6.2%、2.3%；重复性限分别为8.2 μg/kg、3.9 μg/kg、15 μg/kg；再现性限分别为8.2 μg/kg、5.4 μg/kg、16 μg/kg。

六家实验室对汞含量分别为0.3 μg/kg、21.0 μg/kg、116 μg/kg的3个土壤实际样品和汞含量为45.0 μg/kg的1个沉积物实际样品进行了6次重复测定：实验室内相对标准偏差分别为0.63%～13%、6.0%～20%、2.6%～12%、3.7%～8.6%；实验室间相对标准偏差分别为2.7%、7.3%、5.4%、7.1%；重复性限分别为0.089 μg/kg、7.2 μg/kg、23 μg/kg、7.3 μg/kg；再现性限分别为0.091 μg/kg、7.8 μg/kg、27 μg/kg、11 μg/kg。

9.2 准确度

六家实验室对汞含量为（95±4）μg/kg的土壤有证标准样品、汞含量分别为（22±2）μg/kg和（83±9）μg/kg的沉积物有证标准样品进行了6次重复测定：测定结果的平均值分别为95.8 μg/kg、23.7 μg/kg、86.2 μg/kg；相对误差分别为-0.72%～2.5%、1.6%～17%、0.26%～6.8%。相对误差最终值为0.88%±2.6%、7.6%±13%、3.8%±4.8%。

10 质量保证和质量控制

10.1 空白分析

10.1.1 样品舟空白

每次实验前需对所用的全部样品舟进行空白测定，样品舟的空白值应低于方法检出限。否则，将样品舟置于马弗炉中，于850℃灼烧2 h后，再次测定空白值，直至样品舟空白低于方法检出限。

10.1.2 空白试验

每20个样品或每批次（少于20个样品/批）须做一个空白实验，测定结果中总汞的含量不应超过方法检出限。

10.2 校准

标准曲线应至少包含5个非零浓度点，相关系数r≥0.995。

每次开机后，按照与标准曲线建立相同的仪器条件，测定标准曲线浓度范围内的1个有证标准样品的汞含量，测量值应在证书标准值范围内。否则，应重新建立标准曲线。

10.3　平行测定

每20个样品或每批次（少于20个样品/批）应分析一个平行样，平行样品测定结果的相对偏差应≤25%。

11　废物处理

实验中产生的废物应集中收集，并做好相应标识，委托有资质的单位进行处理。

12　注意事项

12.1　应避免在汞污染的环境中操作。

12.2　分析高浓度样品（≥400 ng）之后，汞会在系统中产生残留，须用5%硝酸作为样品分析，当其分析结果低于检出限时，再进行下一个样品分析。

12.3　实验过程中仪器排放的含汞废气可使用碘溶液、硫酸、二氧化锰溶液或5%的高锰酸钾溶液吸收，吸收液须及时更换。

附录 A
（资料性附录）
方法的精密度和准确度

六家实验室对不同的土壤、沉积物样品进行了6次重复测定，精密度数据见表A.1。

表 A.1　方法精密度（n=6）

样品类型	平均值/（μg/kg）	实验室内相对标准偏差/%	实验室间相对标准偏差/%	重复性限 r/（μg/kg）	再现性限 R/（μg/kg）
土壤	0.3	0.63～13	2.7	0.089	0.091
土壤	21.0	6.0～20	7.3	7.2	7.8
土壤	116	2.6～12	5.4	23	27
沉积物	45.0	3.7～8.6	7.1	7.3	11
土壤（GSS-15）	95.8	0.65～6.8	1.3	8.2	8.2
沉积物（GBW 07333）	23.7	2.7～8.8	6.2	3.9	5.4
沉积物（GSD-9）	86.2	2.1～12	2.3	15	16

六家实验室对不同的土壤、沉积物有证标准样品进行了6次重复测定，准确度数据见表A.2。

表A.2 方法准确度（n=6）

样品类型	标准值/（μg/kg）	测定平均值/（μg/kg）	相对误差/%	相对误差最终值/%
土壤（GSS-15）	95±4	95.8	−0.72～2.5	0.88±2.6
沉积物（GBW 07333）	22±2	23.7	1.6～17	7.6±13
沉积物（GSD-9）	83±9	86.2	0.26～6.8	3.8±4.8

10.2 土壤样品中甲基汞的检测方法

高效液相色谱-电感耦合等离子体质谱联用法（DB 22/T 1586—2018）

农田土壤中甲基汞、乙基汞的测定
高效液相色谱-电感耦合等离子体质谱联用法

1 范围

本标准规定了高效液相色谱-电感耦合等离子体质谱联用法（HPLC-ICP-MS）测定农田土壤样品中甲基汞、乙基汞含量的原理、试剂与材料、仪器与设备、样品、试验步骤、试验数据处理、精密度、检出限、定量限和回收率、质量保证和控制、试验报告等内容。

本标准适用于农田土壤样品中甲基汞、乙基汞含量的测定。

本标准在称样量5 g、提取液定容体积为100 mL时，甲基汞和乙基汞检出限分别为0.004 mg/kg和0.008 mg/kg，定量限分别为0.013 mg/kg和0.025 mg/kg。

2 规范性引用文件

下列文件对于本文件的应用是必不可少的。凡是注明日期的引用文件，仅所注日期的版本适用于本文件。凡是未注明日期的引用文件，其最新版本（包括所有的修改单）适用于本文件。

GB/T 6682 分析实验室用水规格和试验方法

GB/T 8170 数值修约规则与极限数值的表示和判定

NY/T 52 土壤水分测定法

NY/T 1121.1 土壤检测 第1部分：土壤样品的采集、处理和贮存

3 原理

样品用硝酸溶液提取，氨水溶液调pH，待测液经高效液相色谱将甲基汞、乙基汞分离，分离后的甲基汞、乙基汞依次进入电感耦合等离子体质谱仪（ICP-MS），经过气动雾化器以气溶胶的形式进入氩气为基质的高温射频等离子体中，使待测元素去除溶剂、原子化和

离子化后进入质谱质量分析器进行检测。由于甲基汞、乙基汞元素的检测信号强度与其在样品中的浓度成正比，因此根据两种形态汞元素的检测信号强度进行定量。

4　试验条件

实验室温度应控制在（20±5）℃范围内，相对湿度控制在20%～85%范围内。

5　试剂和材料

除非另有说明，所有试剂均为分析纯。

5.1　水，GB/T 6682，一级。

5.2　氯化甲基汞，CAS 115-09-3，纯度大于98.5%。本品属Ⅰ级毒害品，试验过程中应采取适当的安全和健康措施。

5.3　氯化乙基汞，CAS 107-27-7，纯度大于98.0%。本品属Ⅰ级毒害品，试验过程中应采取适当的安全和健康措施。

5.4　乙酸铵，CAS 631-61-8。

5.5　L-半胱氨酸盐酸盐，CAS 52-89-1。

5.6　硝酸，CAS 7697-37-2，优级纯，体积百分比为38%。

5.7　氨水，CAS 1336-21-6，体积百分比为28%～29%。

5.8　甲醇，CAS 67-56-1，色谱纯。

5.9　质谱调谐液，推荐选用含有钴（Co）、钇（Y）、铊（Tl）元素的质谱调谐液，调谐液浓度为仪器生产商推荐浓度，介质为2%硝酸。

5.10　硝酸溶液，取33 mL硝酸（5.6），用水稀释至1 000 mL。

5.11　氨水溶液，取10 mL氨水（5.7），用水稀释至100 mL。

5.12　硝酸溶液，取2 mL硝酸（5.6），用水稀释至100 mL。

5.13　甲基汞、乙基汞混合标准储备液，或使用有证标准物质，准确称取氯化甲基汞（5.2）、氯化乙基汞（5.3）各1 g（以甲基汞和乙基汞计），精确至0.1 mg，用硝酸溶液（5.12）溶解并定容至1 000 mL，配制成1 000 mg/L的甲基汞、乙基汞标准储备液，于0～4℃冰箱中储存，有效期为3个月。

5.14　甲基汞、乙基汞混合标准中间液，吸取适当体积的氯化甲基汞、氯化乙基汞标准储备液（5.13），用水逐级稀释，配制成10 mg/L的标准中间液，于0～4℃冰箱中储存，有效期为1个月。

5.15　甲基汞、乙基汞混合标准工作液，用移液管分别移取标准中间液（5.14）0 mL、0.010 mL、0.050 mL、0.50 mL、2.50 mL、5.0 mL于6个100 mL容量瓶中，用水稀释至刻度，混匀，现用现配。该溶液各种形态汞浓度均为0 μg/mL、0.001 μg/mL、0.005 μg/mL、0.05 μg/mL、0.25 μg/mL、0.50 μg/mL。

6　仪器设备

6.1　高效液相色谱-电感耦合等离子体质谱仪。

6.2 分析天平，感量0.1 mg和1 mg。

6.3 离心机，转速不低于4 000 r/min。

6.4 超声波水浴。

7 样品

应按照NY/T 1121.1的规定制备样品，其含水量（*W*）应按NY/T 52的规定测定。

8 试验步骤

8.1 提取

称取样品5.000 g于离心管中，缓慢加入硝酸溶液（5.10）20 mL，边加边搅拌至不产生气泡为止，超声波500 W提取1.0 h，4 000 r/min离心5 min，吸取上层澄清溶液5.00 mL于25 mL烧杯中，用氨水溶液（5.11）调pH到7.5，转移至25 mL容量瓶中，加水定容至刻度，摇匀，过0.45 μm滤膜，上机测定。

8.2 测定

8.2.1 仪器参考条件

应符合下列条件：

a）色谱柱：C_{18}柱，150 mm×4.6 mm×3.5 μm；或者性能相当的色谱柱。

b）柱温：25℃。

c）流动相：5 mmol/L乙酸铵、3.8 mmol/L L-半胱氨酸盐酸盐-甲醇（95+5，*V*+*V*）溶液，先加适量氨水（5.6），再用氨水溶液（5.10）调pH至7.5。流动相现用现配，使用时间不超过24 h。

d）流动相流速：1.0 mL/min。

e）进样体积：100 μL。

按照上述色谱条件进行分离测定，标准品总离子流色谱图见附录A。

在无碰撞气模式下，使用质谱调谐液（5.8）对仪器工作状态进行优化，调谐参数见表1。

表1 电感耦合等离子体质谱仪调谐参数

参数	设定值
RF 功率	1 300～1 500 W
采样深度	6～9 mm
载气流速	6～10 L/min
补充气流速	0.4～0.6 L/min
蠕动泵转速	0.3 r/min
循环水温度	2℃

注：本工作参数设定值为参考值，实际工作中应根据不同仪器、色谱柱等进行调整。

优化后的状态指标见表2。

表 2　电感耦合等离子体质谱仪调谐指标

<table>
<tr><th colspan="2">参数</th><th>测定值</th></tr>
<tr><td rowspan="3">质量轴</td><td>Co（59）</td><td rowspan="3">±0.1 u</td></tr>
<tr><td>Y（89）</td></tr>
<tr><td>Tl（205）</td></tr>
<tr><td colspan="2">质量分辨率（10%）</td><td>0.65～0.8 u</td></tr>
<tr><td rowspan="2">灵敏度（0.1sec.，1 ng/mL）</td><td>Y（89）</td><td>≥10 000</td></tr>
<tr><td>Tl（205）</td><td>≥10 000</td></tr>
<tr><td colspan="2">氧化物（CeO/Ce）</td><td>≤1.5%</td></tr>
<tr><td colspan="2">双电荷（Ce^{2+}/Ce）</td><td>≤3.0%</td></tr>
<tr><td colspan="3">注：本参数要求值为参考值，实际工作中根据不同仪器的性能进行调整。</td></tr>
</table>

8.2.2　定性方法

甲基汞、乙基汞均以^{202}Hg为检测质量数，试样与标准品中甲基汞、乙基汞色谱峰保留时间的相对偏差不大于5%，即可判定试样中存在甲基汞、乙基汞。

8.2.3　定量方法

将甲基汞、乙基汞混合标准工作液（5.14）按照8.2.1的仪器条件进行分析，以浓度为横坐标，峰面积为纵坐标，绘制标准工作曲线，用标准工作曲线对试样进行定量，保证甲基汞、乙基汞的响应值应在测定线性范围内。

9　试验数据处理

试样中甲基汞、乙基汞含量按式（1）进行计算：

$$X=\frac{C\times V\times 1\,000}{m\times(100-W)}\times n \qquad (1)$$

式中，X——试样中甲基汞、乙基汞含量，mg/kg；

C——标准曲线上查得的甲基汞、乙基汞的浓度，μg/mL；

V——浸提液的体积，mL；

m——样品的质量，g；

W——样品含水量，%；

n——稀释倍数。

平行测定结果用算术平均值表示，数值修约应按照GB/T 8170执行，保留两位有效数字。

10　精密度

10.1　重复性要求

在重复性条件下获得的两次独立测定结果的绝对差值与其算术平均值的比值（百分率）应≤10%。

10.2 再现性要求

在再现性条件下获得的两次独立测定结果的绝对差值与其算术平均值的比值（百分率）应≤15%。

11 质量保证和控制

11.1 空白试验

以20个样品为1个批次，应做1个空白实验，测定结果中总汞的含量不应超过方法检出限。

11.2 校准

标准曲线应至少包含5个非零浓度点，相关系数r≥0.995。每次开机后，按照与标准曲线建立相同的仪器条件，测定标准曲线浓度范围内的1个有证标准样品的汞含量，测量值应在证书标准值范围内。否则，应重新建立标准曲线。

11.3 平行测定

每20个样品或每批次（少于20个样品/批）应分析一个平行样，平行样品测定结果的相对偏差应≤10%。

12 试验报告

如需要应给出试验报告，报告至少应给出以下几个方面的内容：

a）试验对象；

b）所使用的标准（包括发布或出版年号）；

c）所使用的方法（如果标准中包括几个方法）；

d）结果；

e）观察到的异常现象；

f）试验日期。

附录 A
（资料性附录）
甲基汞、乙基汞标准物质总离子流图

甲基汞、乙基汞及二价汞标准物质总离子流图，见图A.1。

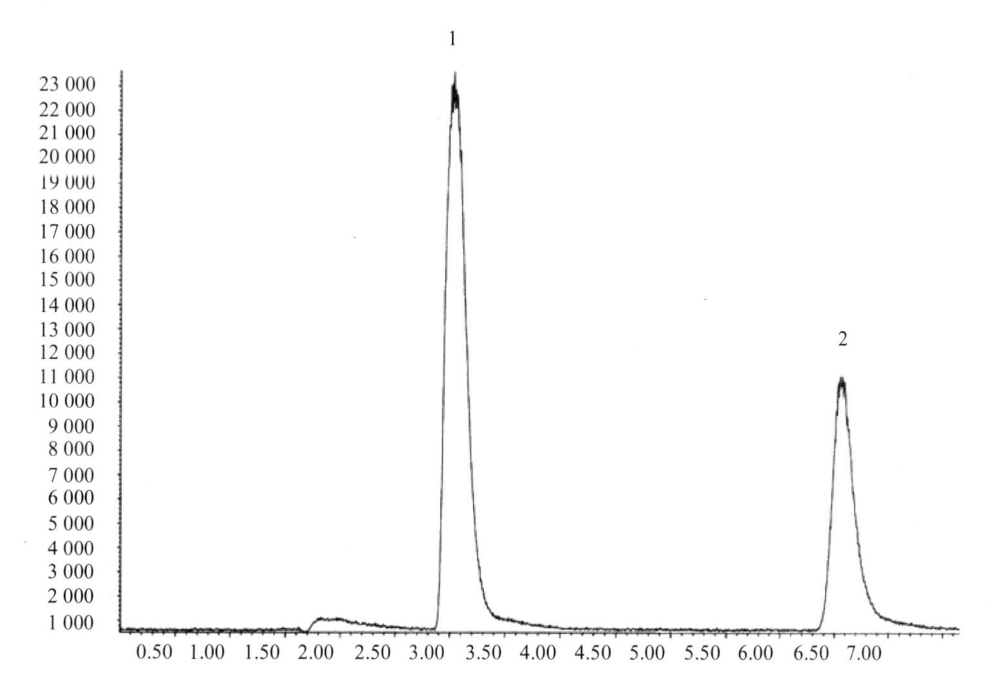

注：1-甲基汞；2-乙基汞。

图 A.1　甲基汞、乙基汞标准物质总离子流图

10.3　农产品样品中总汞的检测方法

10.3.1　原子荧光光谱分析法（GB 5009.17—2014）

食品安全国家标准　食品中总汞及有机汞的测定

第一篇　食品中总汞的测定

第一法　原子荧光光谱分析法

1　适用范围

本标准规定了食品中总汞的测定方法，适用于食品中总汞的测定。

2　原理

试样经酸加热消解后，在酸性介质中，试样中汞被硼氢化钾或硼氢化钠还原成原子态汞，由载气（氩气）带入原子化器中，在汞空心阴极灯照射下，基态汞原子被激发至高能态，在由高能态回到基态时，发射出特征波长的荧光，其荧光强度与汞含量成正比，与标准系列溶液比较定量。

3　试剂和材料

除非另有说明，本方法所用试剂均为优级纯，水为GB/T 6682规定的一级水。

3.1　试剂

3.1.1　硝酸（HNO_3）。

3.1.2　过氧化氢（H_2O_2）。

3.1.3　硫酸（H_2SO_4）。

3.1.4　氢氧化钾（KOH）。

3.1.5　硼氢化钾（KBH_4）：分析纯。

3.2　试剂配制

3.2.1　硝酸溶液（1+9）：量取50 mL硝酸，缓缓加入450 mL水中。

3.2.2　硝酸溶液（5+95）：量取5 mL硝酸，缓缓加入95 mL水中。

3.2.3　氢氧化钾溶液（5 g/L）：称取5.0 g氢氧化钾，纯水溶解并定容至1 000 mL，混匀。

3.2.4　硼氢化钾溶液（5 g/L）：称取5.0 g硼氢化钾，用5 g/L的氢氧化钾溶液溶解并定容至1 000 mL，混匀。现用现配。

3.2.5　重铬酸钾的硝酸溶液（0.5 g/L）：称取0.05 g重铬酸钾溶于100 mL硝酸溶液（5+95）中。

3.2.6　硝酸-高氯酸混合溶液（5+1）：量取500 mL硝酸，100 mL高氯酸，混匀。

3.3　标准品

氯化汞（$HgCl_2$）：纯度≥99%。

3.4　标准溶液配制

3.4.1　汞标准储备液（1.00 mg/mL）：准确称取0.135 4 g经干燥过的氯化汞，用重铬酸钾的硝酸溶液（0.5 g/L）溶解并转移至100 mL容量瓶中，稀释至刻度，混匀。此溶液浓度为1.00 mg/mL。于4℃冰箱中避光保存，可保存2年。或购买经国家认证并授予标准物质证书的标准溶液物质。

3.4.2　汞标准中间液（10 μg/mL）：吸取1.00 mL汞标准储备液（1.00 mg/mL）于100 mL容量瓶中，用重铬酸钾的硝酸溶液（0.5 g/L）稀释至刻度，混匀，此溶液浓度为10 μg/mL。于4℃冰箱中避光保存，可保存两年。

3.4.3　汞标准使用液（50 ng/mL）：吸取0.50 mL汞标准中间液（10 μg/mL）于100 mL容量瓶中，用0.5 g/L重铬酸钾的硝酸溶液稀释至刻度，混匀，此溶液浓度为50 ng/mL，现用现配。

4　仪器和设备

注：玻璃器皿及聚四氟乙烯消解内罐均需以硝酸溶液（1+4）浸泡24 h，用水反复冲洗，最后用去离子水冲洗干净。

4.1　原子荧光光谱仪。

4.2　天平：感量为0.1 mg和1 mg。

4.3　微波消解系统。

4.4　压力消解器。

4.5　恒温干燥箱（50～300℃）。

4.6　控温电热板（50～200℃）。

4.7　超声水浴箱。

5　分析步骤

5.1　试样预处理

5.1.1　在采样和制备过程中，应注意不使试样污染。

5.1.2　粮食、豆类等样品去杂物后粉碎均匀，装入洁净聚乙烯瓶中，密封保存备用。

5.1.3　蔬菜、水果、鱼类、肉类及蛋类等新鲜样品，洗净晾干，取可食部分匀浆，装入洁净聚乙烯瓶中，密封，于4℃冰箱冷藏备用。

5.2　试样消解

5.2.1　压力罐消解法

称取固体试样0.2～1.0 g（精确到0.001 g），新鲜样品0.5～2.0 g或液体试样吸取1～5 mL称量（精确到0.001 g），置于消解内罐中，加入5 mL硝酸浸泡过夜。盖好内盖，旋紧不锈钢外套，放入恒温干燥箱，140～160℃保持4～5 h，在箱内自然冷却至室温，然后缓慢旋松不锈钢外套，将消解内罐取出，用少量水冲洗内盖，放在控温电热板上或超声水浴箱中，于80℃或超声脱气2～5 min赶去棕色气体。取出消解内罐，将消化液转移至25 mL容量瓶中，用少量水分3次洗涤内罐，洗涤液合并于容量瓶中并定容至刻度，混匀备用，同时做空白试验。

5.2.2　微波消解法

称取固体试样0.2～0.5 g（精确到0.001 g）、新鲜样品0.2～0.8 g或液体试样1～3 mL于消解罐中，加入5～8 mL硝酸，加盖放置过夜，旋紧罐盖，按照微波消解仪的标准操作步骤进行消解（消解参考条件见附录A表A.1）。冷却后取出，缓慢打开罐盖排气，用少量水冲洗内盖，将消解罐放在控温电热板上或超声水浴箱中，于80℃加热或超声脱气2～5 min，赶去棕色气体，取出消解内罐，将消化液转移至25 mL塑料容量瓶中，用少量水分3次洗涤内罐，洗涤液合并于容量瓶中并定容至刻度，混匀备用，同时做空白试验。

5.2.3　回流消解法

5.2.3.1　粮食

称取1.0～4.0 g（精确到0.001 g）试样，置于消化装置锥形瓶中，加玻璃珠数粒，加45 mL硝酸、10 mL硫酸，转动锥形瓶防止局部炭化。装上冷凝管后，小火加热，待开始发泡即停止加热，发泡停止后，加热回流2 h。如加热过程中溶液变棕色，再加5 mL硝酸，继续回流2 h，消解到样品完全溶解，一般呈淡黄色或无色，放冷后从冷凝管上端小心加20 mL水，继续加热回流10 min放冷，用适量水冲洗冷凝管，冲洗液并入消化液中，将消化液经玻璃棉过滤于100 mL容量瓶内，用少量水洗涤锥形瓶、滤器，洗涤液并入容量瓶内，加水至刻度，混匀，同时做空白试验。

5.2.3.2 植物油及动物油脂

称取1.0～3.0 g（精确到0.001 g）试样，置于消化装置锥形瓶中，加玻璃珠数粒，加入7 mL硫酸，小心混匀至溶液颜色变为棕色，然后加40 mL硝酸。以下按5.2.3.1“装上冷凝管后，小火加热……同时做空白试验”步骤操作。

5.2.3.3 薯类、豆制品

称取1.0～4.0 g（精确到0.001 g）置于消化装置锥形瓶中，加玻璃珠数粒及30 mL硝酸、5 mL硫酸，转动锥形瓶防止局部炭化。以下按5.2.3.1“装上冷凝管后，小火加热……同时做空白试验”步骤操作。

5.2.3.4 肉、蛋类

称取0.5～2.0 g（精确到0.001 g）置于消化装置锥形瓶中，加玻璃珠数粒及30 mL硝酸、5 mL硫酸，转动锥形瓶防止局部炭化。以下按5.2.3.1“装上冷凝管后，小火加热……同时做空白试验”步骤操作。

5.2.3.5 乳及乳制品

称取1.0～4.0 g（精确到0.001 g）乳或乳制品，置于消化装置锥形瓶中，加玻璃珠数粒及30 mL硝酸，乳加10 mL硫酸，乳制品加5 mL硫酸，转动锥形瓶防止局部炭化。以下按5.2.3.1“装上冷凝管后，小火加热……同时做空白试验”步骤操作。

5.3 测定

5.3.1 标准曲线制作

分别吸取50 ng/mL汞标准使用液0.00 mL、0.20 mL、0.50 mL、1.00 mL、1.50 mL、2.00 mL、2.50 mL于50 mL容量瓶中，用硝酸溶液（1+9）稀释至刻度，混匀。各自相当于汞浓度为0.00 ng/mL、0.20 ng/mL、0.50 ng/mL、1.00 ng/mL、1.50 ng/mL、2.00 ng/mL、2.50 ng/mL。

5.3.2 试样溶液的测定

设定好仪器最佳条件，连续用硝酸溶液（1+9）进样，待读数稳定之后，转入标准系列测量，绘制标准曲线。转入试样测量，先用硝酸溶液（1+9）进样，使读数基本回零，再分别测定试样空白和试样消化液，每测不同的试样前都应清洗进样器。试样测定结果按式（1）计算。

5.4 仪器参考条件

光电倍增管负高压：240 V。汞空心阴极灯电流：30 mA。原子化器温度：300℃。载气流速：500 mL/min。屏蔽气流速：1 000 mL/min。

6　分析结果的表述

试样中汞含量按式（1）计算：

$$X = \frac{(c - c_0) \times V \times 1\,000}{m \times 1\,000 \times 1\,000} \tag{1}$$

式中，X——试样中汞的含量，单位为毫克每千克或毫克每升（mg/kg或mg/L）；

c——测定样液中汞含量，单位为纳克每毫升（ng/mL）；

c_0——空白液中汞含量，单位为纳克每毫升（ng/mL）；

V——试样消化液定容总体积，单位为毫升（mL）；

1 000——换算系数；

m——试样质量，单位为克或毫升（g或mL）。

计算结果保留两位有效数字。

7　精密度

在重复性条件下获得的两次独立测定结果的绝对差值不得超过算术平均值的20%。

8　其他

当样品称样量为0.5 g、定容体积为25 mL时，方法检出限0.003 mg/kg，方法定量限0.010 mg/kg。

附录 A
微波消解参考条件

A.1　粮食、蔬菜、鱼肉类试样微波消解参考条件见表A.1。

表 A.1　粮食、蔬菜、鱼肉类试样微波消解参考条件

步骤	功率（1 600 W）变化/%	温度/℃	升温时间/min	保温时间/min
1	50	80	30	5
2	80	120	30	7
3	100	160	30	5

A.2　油脂、糖类试样微波消解参考条件见表A.2。

表 A.2　油脂、糖类试样微波消解参考条件

步骤	功率（1 600 W）变化/%	温度/℃	升温时间/min	保温时间/min
1	50	50	30	5
2	70	75	30	5
3	80	100	30	5

步骤	功率（1 600 W）变化/%	温度/℃	升温时间/min	保温时间/min
4	100	140	30	7
5	100	180	30	5

10.3.2　冷原子吸收光谱法（GB 5009.17—2014）

食品安全国家标准　食品中总汞及有机汞的测定

第一篇　食品中总汞的测定

第二法　冷原子吸收光谱法

1　适用范围

本标准规定了食品中总汞的测定方法，适用于食品中总汞的测定。

2　原理

汞蒸气对波长253.7 nm的共振线具有强烈的吸收作用。试样经过酸消解或催化酸消解使汞转为离子状态，在强酸性介质中以氯化亚锡还原成元素汞，载气将元素汞吹入汞测定仪，进行冷原子吸收测定，在一定浓度范围其吸收值与汞含量成正比，外标法定量。

3　试剂和材料

除非另有说明，所用试剂均为优级纯，水为GB/T 6682规定的一级水。

3.1　试剂

3.1.1　硝酸（HNO_3）。

3.1.2　盐酸（HCl）。

3.1.3　过氧化氢（H_2O_2）（30%）。

3.1.4　无水氯化钙（$CaCl_2$）：分析纯。

3.1.5　高锰酸钾（$KMnO_4$）：分析纯。

3.1.6　重铬酸钾（$K_2Cr_2O_7$）：分析纯。

3.1.7　氯化亚锡（$SnCl_2 \cdot 2H_2O$）：分析纯。

3.2　试剂配制

3.2.1　高锰酸钾溶液（50 g/L）：称取5.0 g高锰酸钾置于100 mL棕色瓶中，用水溶解并稀释至100 mL。

3.2.2　硝酸溶液（5+95）：量取5 mL硝酸，缓缓倒入95 mL水中，混匀。

3.2.3　重铬酸钾的硝酸溶液（0.5 g/L）：称取0.05 g重铬酸钾溶于100 mL硝酸溶液（5+95）中。

3.2.4　氯化亚锡溶液（100 g/L）：称取10 g氯化亚锡溶于20 mL盐酸中，90℃水浴中加热，轻微振荡，待氯化亚锡溶解成透明状后，冷却，纯水稀释定容至100 mL，加入几粒金属锡，置阴凉、避光处保存。一经发现浑浊应重新配制。

3.2.5　硝酸溶液（1+9）：量取50 mL硝酸，缓缓加入450 mL水中。

3.3　标准品

氯化汞（$HgCl_2$）：纯度≥99%。

3.4　标准溶液配制

3.4.1　汞标准储备液（1.00 mg/mL）：准确称取0.135 4 g干燥过的氯化汞，用重铬酸钾的硝酸溶液（0.5 g/L）溶解并转移至100 mL容量瓶中，定容。此溶液浓度为1.00 mg/mL。于4℃冰箱中避光保存，可保存两年。或购买经国家认证并授予标准物质证书的标准溶液物质。

3.4.2　汞标准中间液（10 μg/mL）：吸取1.00 mL汞标准储备液（1.00 mg/mL）于100 mL容量瓶中，用重铬酸钾的硝酸溶液（0.5 g/L）稀释和定容。溶液浓度为10 μg/mL。于4℃冰箱中避光保存，可保存两年。

3.4.3　汞标准使用液（50 ng/mL）：吸取0.50 mL汞标准中间液（10 μg/mL）于100 mL容量瓶中，用重铬酸钾的硝酸溶液（0.5 g/L）稀释和定容。此溶液浓度为50 ng/mL，现用现配。

4　仪器和设备

注：玻璃器皿及聚四氟乙烯消解内罐均需以硝酸溶液（1+4）浸泡24 h，用水反复冲洗，最后用去离子水冲洗干净。

4.1　测汞仪（附气体循环泵、气体干燥装置、汞蒸气发生装置及汞蒸气吸收瓶），或全自动测汞仪。

4.2　天平：感量为0.1 mg和1 mg。

4.3　微波消解系统。

4.4　压力消解器。

4.5　恒温干燥箱（200～300℃）。

4.6　控温电热板（50～200℃）。

4.7　超声水浴箱。

5　分析步骤

5.1　试样预处理

5.1.1　在采样和制备过程中，应注意不使试样污染。

5.1.2　粮食、豆类等样品去杂物后粉碎均匀，装入洁净聚乙烯瓶中，密封保存备用。

5.1.3　蔬菜、水果、鱼类、肉类及蛋类等新鲜样品，洗净晾干，取可食部分匀浆，装入洁净聚乙烯瓶中，密封，于4℃冰箱冷藏备用。

5.2　试样消解

5.2.1　压力罐消解法

称取固体试样0.2～1.0 g（精确到0.001 g），新鲜样品0.5～2.0 g或液体试样吸取1～5 mL称量（精确到0.001 g），置于消解内罐中，加入5 mL硝酸浸泡过夜。盖好内盖，旋紧不锈钢外套，放入恒温干燥箱，140～160℃保持4～5 h，在箱内自然冷却至室温，然后缓慢旋松不锈钢外套，将消解内罐取出，用少量水冲洗内盖，放在控温电热板上或超声水浴箱中，于80℃或超声脱气2～5 min赶去棕色气体。取出消解内罐，将消化液转移至25 mL容量瓶中，用少量水分3次洗涤内罐，洗涤液合并于容量瓶中并定容至刻度，混匀备用，同时做空白试验。

5.2.2 微波消解法

称取固体试样0.2～0.5 g（精确到0.001 g）、新鲜样品0.2～0.8 g或液体试样1～3 mL于消解罐中，加入5～8 mL硝酸，加盖放置过夜，旋紧罐盖，按照微波消解仪的标准操作步骤进行消解（消解参考条件见附录A表A.1）。冷却后取出，缓慢打开罐盖排气，用少量水冲洗内盖，将消解罐放在控温电热板上或超声水浴箱中，于80℃加热或超声脱气2～5 min，赶去棕色气体，取出消解内罐，将消化液转移至25 mL塑料容量瓶中，用少量水分3次洗涤内罐，洗涤液合并于容量瓶中并定容至刻度，混匀备用，同时做空白试验。

5.2.3 回流消解法

5.2.3.1 粮食

称取1.0～4.0 g（精确到0.001 g）试样，置于消化装置锥形瓶中，加玻璃珠数粒，加45 mL硝酸、10 mL硫酸，转动锥形瓶防止局部炭化。装上冷凝管后，小火加热，待开始发泡即停止加热，发泡停止后，加热回流2 h。如加热过程中溶液变棕色，再加5 mL硝酸，继续回流2 h，消解到样品完全溶解，一般呈淡黄色或无色，放冷后从冷凝管上端小心加20 mL水，继续加热回流10 min放冷，用适量水冲洗冷凝管，冲洗液并入消化液中，将消化液经玻璃棉过滤于100 mL容量瓶内，用少量水洗涤锥形瓶、滤器，洗涤液并入容量瓶内，加水至刻度，混匀，同时做空白试验。

5.2.3.2 植物油及动物油脂

称取1.0～3.0 g（精确到0.001 g）试样，置于消化装置锥形瓶中，加玻璃珠数粒，加入7 mL硫酸，小心混匀至溶液颜色变为棕色，然后加40 mL硝酸。以下按5.2.3.1“装上冷凝管后，小火加热……同时做空白试验”步骤操作。

5.2.3.3 薯类、豆制品

称取1.0～4.0 g（精确到0.001 g），置于消化装置锥形瓶中，加玻璃珠数粒及30 mL硝酸、5 mL硫酸，转动锥形瓶防止局部炭化。以下按5.2.3.1“装上冷凝管后，小火加热……同时做空白试验”步骤操作。

5.2.3.4 肉、蛋类

称取0.5～2.0 g（精确到0.001 g），置于消化装置锥形瓶中，加玻璃珠数粒及30 mL硝酸、5 mL硫酸，转动锥形瓶防止局部炭化。以下按5.2.3.1“装上冷凝管后，小火加热……同时做空白试验”步骤操作。

5.2.3.5　乳及乳制品

称取1.0～4.0 g（精确到0.001 g）乳及乳制品，置于消化装置锥形瓶中，加玻璃珠数粒及30 mL硝酸，乳加10 mL硫酸，乳制品加5 mL硫酸，转动锥形瓶防止局部炭化。以下按5.2.3.1“装上冷凝管后，小火加热……同时做空白试验”步骤操作。

5.3　仪器参考条件

打开测汞仪，预热1 h，并将仪器性能调至最佳状态。

5.4　标准曲线的制作

分别吸取汞标准使用液（50 ng/mL）0.00 mL、0.20 mL、0.50 mL、1.00 mL、1.50 mL、2.00 mL、2.50 mL于50 mL容量瓶中，用硝酸溶液（1+9）稀释至刻度，混匀。各自相当于汞浓度为0.00 ng/mL、0.20 ng/mL、0.50 ng/mL、1.00 ng/mL、1.50 ng/mL、2.00 ng/mL和2.50 ng/mL。将标准系列溶液分别置于测汞仪的汞蒸气发生器中，连接抽气装置，沿壁迅速加入3.0 mL还原剂氯化亚锡（100 g/L），迅速盖紧瓶塞，随后有气泡产生，立即通过流速为1.0 L/min的氮气或经活性炭处理的空气，使汞蒸气经过氯化钙干燥管进入测汞仪中，从仪器读数显示的最高点测得其吸收值。然后，打开吸收瓶上的三通阀将产生的剩余汞蒸气吸收于高锰酸钾溶液（50 g/L）中，待测汞仪上的读数达到零点时进行下一次测定，同时做空白试验。求得吸光度值与汞质量关系的一元线性回归方程。

5.5　试样溶液的测定

分别吸取样液和试剂空白液各5.0 mL置于测汞仪的汞蒸气发生器的还原瓶中，以下按照12.4“连接抽气装置……同时做空白试验”进行操作。将所测得吸光度值，代入标准系列溶液的一元线性回归方程中求得试样溶液中汞含量。

6　分析结果的表述

试样中汞含量按式（1）计算：

$$X=\frac{(m_1-m_2)\times V_1\times 1\,000}{m_1\times V_2\times 1\,000\times 1\,000} \qquad (1)$$

式中，X——试样中汞的含量，单位为毫克每千克或毫克每升（mg/kg或mg/L）；

m_1——测定液中汞质量，单位为纳克（ng）；

m_2——空白液中汞质量，单位为纳克（ng）；

V_1——试样消化液定容总体积，单位为毫升（mL）；

1 000——换算系数；

m——试样质量，单位为克或毫升（g或mL）；

V_2——测定样液体积，单位为毫升（mL）。

计算结果保留两位有效数字。

7　精密度

在重复性条件下获得的两次独立测定结果的绝对差值不得超过算术平均值的20%。

8 其他

当样品称样量为0.5 g、定容体积为25 mL时，方法检出限为0.002 mg/kg，方法定量限为0.007 mg/kg。

附录 A

微波消解参考条件

A.1 粮食、蔬菜、鱼肉类试样微波消解参考条件见表A.1。

表 A.1 粮食、蔬菜、鱼肉类试样微波消解参考条件

步骤	功率（1 600 W）变化/%	温度/℃	升温时间/min	保温时间/min
1	50	80	30	5
2	80	120	30	7
3	100	160	30	5

A.2 油脂、糖类试样微波消解参考条件见表A.2。

表 A.2 油脂、糖类试样微波消解参考条件

步骤	功率（1 600 W）变化/%	温度/℃	升温时间/min	保温时间/min
1	50	50	30	5
2	70	75	30	5
3	80	100	30	5
4	100	140	30	7
5	100	180	30	5

10.4 农产品样品中甲基汞的检测方法

液相色谱-原子荧光光谱联用法（GB 5009.17—2014）

食品安全国家标准 食品中总汞及有机汞的测定

第二篇 食品中甲基汞的测定

液相色谱-原子荧光光谱联用法

1 适用范围

本标准规定了食品中甲基汞含量测定的液相色谱-原子荧光光谱联用方法（LC-AFS），

适用于食品中甲基汞含量的测定。

2　原理

食品中甲基汞经超声波辅助5 mol/L盐酸溶液提取后，使用C_{18}反相色谱柱分离，色谱流出液进入在线紫外消解系统，在紫外光照射下与强氧化剂过硫酸钾反应，甲基汞转变为无机汞。酸性环境下，无机汞与硼氢化钾在线反应生成汞蒸气，由原子荧光光谱仪测定。由保留时间定性，外标法峰面积定量。

3　试剂和材料

除非另有说明，本方法所用试剂均为优级纯，水为GB/T 6682规定的一级水。

3.1　试剂

3.1.1　甲醇（CH_3OH）：色谱纯。

3.1.2　氢氧化钠（NaOH）。

3.1.3　氢氧化钾（KOH）。

3.1.4　硼氢化钾（KBH_4）：分析纯。

3.1.5　过硫酸钾（$K_2S_2O_8$）：分析纯。

3.1.6　乙酸铵（CH_3COONH_4）：分析纯。

3.1.7　盐酸（HCl）。

3.1.8　氨水（$NH_3 \cdot H_2O$）。

3.1.9　L-半胱氨酸［L-$HSCH_2CH(NH_2)COOH$］：分析纯。

3.2　试剂配制

3.2.1　流动相（5%甲醇+0.06 mol/L乙酸铵+0.1% L-半胱氨酸）：称取0.5 g L-半胱氨酸，2.2 g乙酸铵，置于500 mL容量瓶中，用水溶解，再加入25 mL甲醇，最后用水定容至500 mL。经0.45 μm有机系滤膜过滤后，于超声水浴中超声脱气30 min。现用现配。

3.2.2　盐酸溶液（5 mol/L）：量取208 mL盐酸，溶于水并稀释至500 mL。

3.2.3　盐酸溶液10%（体积比）：量取100 mL盐酸，溶于水并稀释至1 000 mL。

3.2.4　氢氧化钾溶液（5 g/L）：称取5.0 g氢氧化钾，溶于水并稀释至1 000 mL。

3.2.5　氢氧化钠溶液（6 mol/L）：称取24 g氢氧化钠，溶于水并稀释至100 mL。

3.2.6　硼氢化钾溶液（2 g/L）：称取2.0 g硼氢化钾，用氢氧化钾溶液（5 g/L）溶解并稀释至1 000 mL。现用现配。

3.2.7　过硫酸钾溶液（2 g/L）：称取1.0 g过硫酸钾，用氢氧化钾溶液（5 g/L）溶解并稀释至500 mL。现用现配。

3.2.8　L-半胱氨酸溶液（10 g/L）：称取0.1 g L-半胱氨酸，溶于10 mL水中。现用现配。

3.2.9　甲醇溶液（1+1）：量取甲醇100 mL，加入100 mL水中，混匀。

3.3　标准品

3.3.1　氯化汞（$HgCl_2$），纯度≥99%。

3.3.2　氯化甲基汞（HgCHCl），纯度≥99%。

3.4　标准溶液配制

3.4.1　氯化汞标准储备液（200 μg/mL，以Hg计）：准确称取0.027 0 g氯化汞，0.5 g/L重铬酸钾的硝酸溶液溶解，并稀释、定容至100 mL。于4℃冰箱中避光保存，可保存两年。或购买经国家认证并授予标准物质证书的标准溶液物质。

3.4.2　甲基汞标准储备液（200 μg/mL，以Hg计）：准确称取0.025 0 g氯化甲基汞，加少量甲醇溶解，用甲醇溶液（1+1）稀释和定容至100 mL。于4℃冰箱中避光保存，可保存两年。或购买经国家认证并授予标准物质证书的标准溶液物质。

3.4.3　混合标准使用液（1.00 μg/mL，以Hg计）：准确移取0.50 mL甲基汞标准储备液和0.50 mL氯化汞标准储备液，置于100 mL容量瓶中，以流动相稀释至刻度，摇匀。此混合标准使用液中，两种汞化合物的浓度均为1.00 μg/mL。现用现配。

4　仪器和设备

玻璃器皿均需以硝酸溶液（1+4）浸泡24 h，用水反复冲洗，最后用去离子水冲洗干净。

4.1　液相色谱-原子荧光光谱联用仪（LC-AFS）：由液相色谱仪（包括液相色谱泵和手动进样阀）、在线紫外消解系统及原子荧光光谱仪组成。

4.2　天平：感量为0.1 mg和1.0 mg。

4.3　组织匀浆器。

4.4　高速粉碎机。

4.5　冷冻干燥机。

4.6　离心机：最大转速10 000 r/min。

4.7　超声清洗器。

5　分析步骤

5.1　试样预处理

5.1.1　在采样和制备过程中，应注意不使试样污染。

5.1.2　粮食、豆类等样品去杂物后粉碎均匀，装入洁净聚乙烯瓶中，密封保存备用。

5.1.3　蔬菜、水果、鱼类、肉类及蛋类等新鲜样品，洗净晾干，取可食部分匀浆，装入洁净聚乙烯瓶中，密封，于4℃冰箱冷藏备用。

5.2　试样提取

称取样品0.50～2.0 g（精确至0.001 g），置于15 mL塑料离心管中，加入10 mL的盐酸溶液（5 mol/L），放置过夜。室温下超声水浴提取60 min，其间振摇数次。4℃下以8 000 r/min转速离心15 min。准确吸取2.0 mL上清液至5 mL容量瓶或刻度试管中，逐滴加入氢氧化钠溶液（6 mol/L），使样液pH为2～7。加入0.1 mL的L-半胱氨酸溶液（10 g/L），最后用水定容至刻度。0.45 μm有机系滤膜过滤，待测，同时做空白试验。

注：滴加氢氧化钠溶液（6 mol/L）时应缓慢逐滴加入，避免酸碱中和产生的热量来不及扩散使温度很快升高，导致汞化合物挥发，造成测定值偏低。

5.3　仪器参考条件

5.3.1　液相色谱参考条件

液相色谱参考条件如下：

色谱柱：C_{18}分析柱（柱长150 mm，内径4.6 mm，粒径5 μm），C_{18}预柱（柱长10 mm，内径4.6 mm，粒径5 μm）。

流速：1.0 mL/min。

进样体积：100 μL。

5.3.2　原子荧光检测参考条件

原子荧光检测参考条件如下：

负高压=300 V；

汞灯电流：30 mA；

原子化方式：冷原子；

载液：10%盐酸溶液；

载液流速：4.0 mL/min；

还原剂：2 g/L硼氢化钾溶液；

还原剂流速：4.0 mL/min；

氧化剂：2 g/L过硫酸钾溶液；

氧化剂流速：1.6 mL/min；

载气流速：500 mL/min；

辅助气流速：600 mL/min。

5.4　标准曲线制作

取5支10 mL容量瓶，分别准确加入混合标准使用液（1.00 μg/mL）0.00 mL、0.010 mL、0.020 mL、0.040 mL、0.060 mL和0.10 mL，用流动相稀释至刻度。此标准系列溶液的浓度分别为0.0 ng/mL、1.0 ng/mL、2.0 ng/mL、4.0 ng/mL、6.0 ng/mL和10.0 ng/mL。吸取标准系列溶液100 μL进样，以标准系列溶液中目标化合物的浓度为横坐标，以色谱峰面积为纵坐标，绘制标准曲线。

试样溶液的测定：将试样溶液100 μL注入液相色谱-原子荧光光谱联用仪中，得到色谱图，以保留时间定性。以外标法峰面积定量。平行测定次数不少于两次。标准溶液及试样溶液的色谱图参见附录B。

6　分析结果的表述

试样中甲基汞含量按式（1）计算：

$$X=\frac{f\times\left(c-c_0\right)\times V\times 1000}{m\times 1000\times 1000} \qquad (1)$$

式中，X——试样中甲基汞的含量，单位为毫克每千克（mg/kg）；

f——稀释因子；

c——经标准曲线得到的测定液中甲基汞的浓度，单位为纳克每毫升（ng/mL）；

c_0——经标准曲线得到的空白溶液中甲基汞的浓度，单位为纳克每毫升（ng/mL）；

V——加入提取试剂的体积，单位为毫升（mL）；

1 000——换算系数；

m——试样称样量，单位为克（g）。

计算结果保留两位有效数字。

7 精密度

在重复性条件下获得的两次独立测定结果的绝对差值不得超过算术平均值的20%。

8 其他

当样品称样量为1 g、定容体积为10 mL时，方法检出限为0.008 mg/kg，方法定量限为0.025 mg/kg。

附录 B
色谱图

B.1 标准溶液色谱图见图B.1。

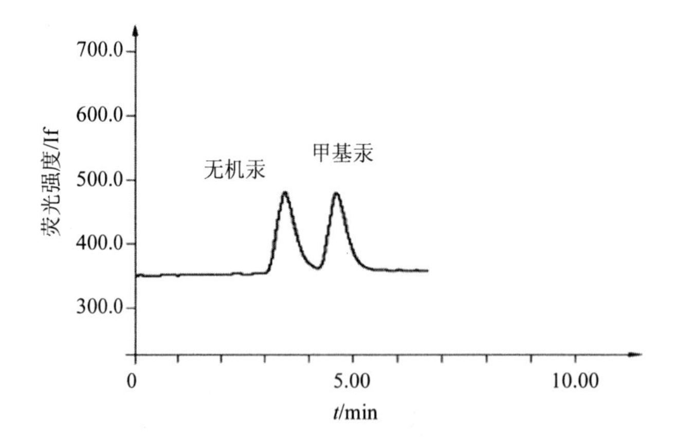

图 B.1 标准溶液色谱图

B.2　试样（鲤鱼肉）色谱图见图B.2。

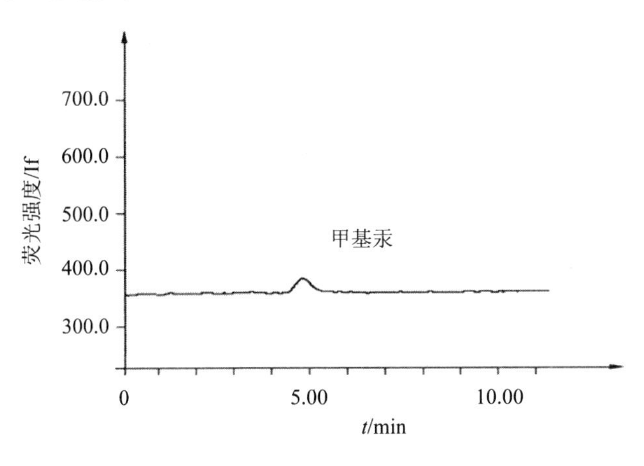

图 B.2　试样（鲤鱼肉）色谱图

10.5　水体样品中总汞的检测方法

10.5.1　原子荧光法（HJ 694—2014）

水质　汞、砷、硒、铋和锑的测定

原子荧光法

1　适用范围

本标准规定了测定水中汞、砷、硒、铋和锑的原子荧光法。

本标准适用于地表水、地下水、生活污水和工业废水中汞、砷、硒、铋和锑的溶解态和总量的测定。

本标准方法汞的检出限为0.04 μg/L，测定下限为0.16 μg/L；砷检出限为0.3 μg/L，测定下限为1.2 μg/L；硒的检出限为0.4 μg/L，测定下限为1.6 μg/L；铋和锑的检出限为0.2 μg/L，测定下限为0.8 μg/L。

2　规范性引用文件

本标准引用了下列文件或其中的条款。凡是未注明日期的引用文件，其最新版本适用于本标准。

GB/T 21191　原子荧光光谱仪

HJ/T 91　地表水和污水监测技术规范

HJ/T 164　地下水环境监测技术规范

HJ 493 水质 样品的保存和管理技术规定

HJ 494 水质 采样技术指导

3 术语和定义

下列术语和定义适用于本标准。

3.1 溶解态汞、砷、硒、铋和锑（soluble mercuy，arsenic，selenium，bismuth and antimony）

指未经酸化的样品经0.45 μm孔径滤膜过滤液后所测定的汞、砷、硒、铋和锑的含量。

3.2 汞、砷、硒、铋和锑总量（total quantity of mercuy，arsenic，selenium，bismuth and antimony）

指未经过滤的样品经消解后所测得的汞、砷、硒、铋和锑的含量。

3.3 待测元素（determined elements）

指汞、砷、硒、铋和锑元素。

4 方法原理

经预处理后的试液进入原子荧光仪，在酸性条件的硼氢化钾（或硼氢化钠）还原作用下，生成砷化氢、铋化氢、锑化氢、硒化氢气体和汞原子，氢化物在氩氢火焰中形成基态原子，其基态原子和汞原子受元素（汞、砷、硒、铋和锑）灯发射光的激发产生原子荧光，原子荧光强度与试液中待测元素含量在一定范围内成正比。

5 干扰与消除

5.1 酸性介质中能与硼氢化钾反应生成氢化物的元素会相互影响产生干扰，加入硫脲+抗血酸溶液（6.20）可以基本消除干扰。

5.2 高于一定浓度的铜等过渡金属元素可能对测定有干扰，加入硫脲+抗血酸溶液（6.20）可以消除绝大部分的干扰。在本标准的实验条件下，样品中含100 mg/L以下的Cu^{2+}、50 mg/L以下的Fe^{3+}、1 mg/L以下的Co^{2+}、10 mg/L以下的Pb^{2+}（对硒是5 mg/L）和150 mg/L以下的Mn^{2+}（对硒是2 mg/L）不影响测定。

5.3 常见阴离子不干扰测定。

5.4 物理干扰消除。选用双层结构石英管原子化器，内外两层均通氩气，外面形成保护层隔绝空气，使待测元素的基态原子不与空气中的氧和氮碰撞，降低荧光淬灭对测定的影响。

6 试剂和材料

除非另有说明，分析时均使用符合国家标准的分析纯化学试剂，实验用水为新制备的去离子水或蒸馏水。

6.1 盐酸：ρ（HCl）=1.19 g/mL，优级纯。

6.2 硝酸：ρ（HNO_3）=1.42 g/mL，优级纯。

6.3 高氯酸：ρ（$HClO_4$）=1.68 g/mL，优级纯。

6.4 氢氢化钠（NaOH）。

6.5 硼氢化钾（KBH_4）。

6.6　硫脲（CH_4N_2S）。

6.7　抗坏血酸（$C_6H_8O_6$）。

6.8　重铬酸钾（$K_2Cr_2O_7$）：优级纯。

6.9　氯化汞（$HgCl_2$）：优级纯。

6.10　三氧化二砷（As_2O_3）：优级纯。

6.11　硒粉：高纯（质量分数99.99%以上）。

6.12　铋：高纯（质量分数99.99%以上）。

6.13　三氧化二锑（Sb_2O_3）：优级纯。

6.14　盐酸溶液：1+1。

6.15　盐酸溶液：5+95。

6.16　硝酸溶液：1+1。

6.17　盐酸-硝酸溶液：分别量取300 mL盐酸（6.1）和100 mL硝酸（6.2），加入400 mL水中，混匀。

6.18　硝酸-高氯酸混合酸：用等体积硝酸（6.2）和高氯酸（6.3）混合配制。临用时现配。

6.19　还原剂

6.19.1　硼氢化钾溶液A：称取0.5 g氢氧化钠（6.4）溶于100 mL水中，加入1.0 g硼氢化钾（6.5），混匀。此溶液用于汞的测定，临用时现配，存于塑料瓶中。

6.19.2　硼氢化钾溶液B：称取0.5 g氢氧化钠（6.4）溶于100 mL水中，加入2.0 g硼氢化钾（6.5），混匀。此溶液用于砷、硒、铋、锑的测定，临用时现配，存于塑料瓶中。

注：也可以用氢氧化钾、硼氢化钾配制还原剂。

6.20　硫脲-抗坏血酸溶液：称取硫脲（6.6）和抗坏血酸（6.7）各5.0 g，用100 mL水溶解，混匀，测定当日配制。

6.21　汞标准溶液

6.21.1　汞标准固定液：称取0.5 g重铬酸钾（6.8）溶于950 mL水中，加入50 mL硝酸（6.2），混匀。

6.21.2　汞标准贮备液：ρ（Hg）=100 mg/L。

购买市售有证标准物质，或称取0.135 4 g于硅胶干燥器中放置过夜的氯化汞（6.9），用少量汞标准固定液（6.21.1）溶解后移入1 000 mL容量瓶中，用汞标准固定液（6.21.1）稀释至标线，混匀。贮存于玻璃瓶中。4℃下可存放2年。

6.21.3　汞标准中间液：ρ（Hg）=1.00 mg/L。

移取5.00 mL汞标准贮备液（6.21.2）于500 mL容量瓶中，加入50 mL盐酸（6.14），用汞标准固定液（6.21.1）稀释至标线，混匀。贮存于玻璃瓶中。4℃下可存放100 d。

6.21.4　汞标准使用液：ρ（Hg）=10.0 μg/L。

移取5.00 mL汞标准中间液（6.21.3）于500 mL容量瓶中，加入50 mL盐酸（6.14），用水稀释至标线，混匀。贮存于玻璃瓶中。临用时现配。

6.22 砷标准溶液

6.22.1 砷标准贮备液：ρ（As）=100 mg/L。

购买市售有证标准物质，或称取0.132 0 g于105℃干燥2 h的优级纯三氧化二砷（6.10）溶解于5 mL 1 mol/L氢氧化钠溶液中，用1 mol/L盐酸溶液中和至酚酞红色褪去，移入1 000 mL容量瓶中，用水稀释至标线，混匀。贮存于玻璃瓶中。4℃下可存放2年。

6.22.2 砷标准中间液：ρ（As）=1.00 mg/L。

移取5.00 mL砷标准贮备液（6.22.1）于500 mL容量瓶中，加入100 mL盐酸（6.14），用水稀释至标线，混匀。4℃下可存放1年。

6.22.3 砷标准使用液：ρ（As）=100 μg/L。

移取10.00 mL砷标准中间液（6.22.2）于100 mL容量瓶中，加入20 mL盐酸（6.14），用水稀释至标线，混匀。4℃下可存放30 d。

6.23 硒标准溶液

6.23.1 硒标准贮备液：ρ（Se）=100 mg/L。

购买市售有证标准物质，或称取0.100 0 g高纯硒粉（6.11）于100 mL烧杯中，加入20 mL硝酸（6.2），低温加热溶解后冷却至室温，移入1 000 mL容量瓶中，用水释至标线，混匀。贮存于玻璃瓶中。4℃下可存放2年。

6.23.2 硒标准中间液：ρ（Se）=1.00 mg/L。

移取5.00 mL硒标准贮备液（6.23.1）于500 mL容量瓶中，加入150 mL盐酸（6.14），用水稀释至标线，混匀。4℃下可存放100 d。

6.23.3 硒标准使用液：ρ（Se）=10.0 μg/L。

移取5.00 mL硒标准中间液（6.23.2）于500 mL容量瓶中，加入150 mL盐酸（6.14），用水稀释至标线，混匀。临用时现配。

6.24 铋标准溶液

6.24.1 铋标准贮备液：ρ（Bi）=100 mg/L。

购买市售有证标准物质，或称取0.100 0 g高纯金属铋（6.12）于100 mL烧杯中，加入20 mL硝酸（6.2），低温加热至完全溶解，冷却，移入1 000 mL容量瓶中，用水稀释至标线，混匀。贮存于玻璃瓶中。4℃下可存放2年。

6.24.2 铋标准中间液：ρ（Bi）=1.00 mg/L。

移取5.00 mL铋标准贮备液（6.24.1）于500 mL容量瓶中，加入100 mL盐酸（6.14），用水稀释至标线，混匀。4℃下可存放1年。

6.24.3 铋标准使用液：ρ（Bi）=100 μg/L。

移取10.00 mL铋标准中间液（6.24.2）于100 mL容量瓶中，加入20 mL盐酸（6.14），用水稀释至标线，混匀。临用时现配。

6.25　锑标准溶液

6.25.1　锑标准贮备液：ρ（Sb）=100 mg/L。

购买市售有证标准物质，或称取0.119 7 g于105℃干燥2 h的三氧化二锑（6.13），溶解于80 mL盐酸（6.1）中，移入1 000 mL容量瓶，再加入120 mL盐酸（6.1），用水稀释至标线，混匀。贮存于玻璃瓶中。4℃下可存放2年。

6.25.2　锑标准中间液：ρ（Sb）=1.00 mg/L。

移取5.00 mL锑标准贮备液（5.25.1）于500 mL容量瓶中，加入100 mL盐酸（6.14），用水稀释至标线，混匀。4℃下可存放1年。

6.25.3　锑标准使用液：ρ（Sb）=100 μg/L。

移取10.00 mL锑标准中间液（6.25.2）于100 mL容量瓶中，加入20 mL盐酸（6.14），用水稀释至标线，混匀。临用时现配。

6.26　氩气：纯度≥99.999%。

7　仪器和设备

7.1　原子荧光光谱仪：仪器性能指标应符合GB/T 21191的规定。

7.2　元素灯（汞、砷、硒、铋、锑）。

7.3　可调温电热板。

7.4　恒温水浴装置：温控精度±1℃。

7.5　抽滤装置：0.45 μm孔径水系微孔滤膜。

7.6　分析天平：精度为0.000 1 g。

7.7　采样容器：硬质玻璃瓶或聚乙烯瓶（桶）。

7.8　实验室常用器皿：符合国家标准的A级玻璃量器和玻璃器皿。

8　样品

8.1　样品的采集

样品采集参照HJ/T 91和HJ/T 164的相关规定执行，溶解态样品和总量样品分别采集。

8.2　样品的保存

样品保存参照HJ 493的相关规定进行。

8.2.1　可滤态汞、砷、硒、铋、锑样品

样品采集后尽快用0.45 μm滤膜（7.5）过滤，弃去初始滤液50 mL，用少量滤液清洗采样瓶，收集滤液于采样瓶中。测定汞的样品，如水样为中性，按每升水样中加入5 mL盐酸（6.1）的比例加入盐酸；测定砷、硒、铋、锑的样品，按每升水样中加入2 mL盐酸（6.1）的比例加入盐酸。样品保存期为14 d。

8.2.2　汞、砷、硒、铋、锑总量样品除样品采集后不经过滤外，其他的处理方法和保存期同8.2.1。

8.3 试样的制备

8.3.1 汞

量取5.0 mL混匀后的样品（8.2.1）或（8.2.2）于10 mL比色管中，加入1 mL盐酸-硝酸溶液（6.17），加塞混匀，置于沸水浴中加热消解1 h，其间摇动12次并开盖放气。冷却，用水定容至标线，混匀，待测。

8.3.2 砷、硒、铋、锑

量取50.0 mL混匀后的样品（8.2.1）或（8.2.2）于150 mL锥形瓶中，加入5 mL硝酸-高氯酸混合酸（6.18），于电热板上加热至冒白烟，冷却。再加入5 mL盐酸溶液（6.14），加热至黄褐色烟冒尽，冷却后移入50 mL容量瓶中，加水稀释定容，混匀，待测。

8.3.3 空白试样

以水代替样品，按照8.3的步骤制备空白试样。

9 分析步骤

9.1 仪器调试

依据仪器使用说明书调节仪器至最佳工作状态。参考测量条件见表1。

表 1 参考测量条件

元素	负高压/V	灯电流/mA	原子化器预热温度/℃	载气流量/（mL/min）	屏蔽气流量/（mL/min）	积分方式
Hg	240～280	15～30	200	400	900～1 000	峰面积
As	260～300	40～60	200	400	900～1 000	峰面积
Se	260～300	80～100	200	400	900～1 000	峰面积
Sb	260～300	60～80	200	400	900～1 000	峰面积
Bi	260～300	60～80	200	400	900～1 000	峰面积

9.2 校准

9.2.1 校准标准系列配制

9.2.1.1 汞

分别移取0 mL、1.00 mL、2.00 mL、5.00 mL、7.00 mL、10.00 mL汞标准使用液（6.21.4）于100 mL容量瓶中，分别加入10.0 mL盐酸-硝酸溶液（6.17），用水稀释至标线，混匀。

9.2.1.2 砷

分别移取0 mL、0.50 mL、1.00 mL、2.00 mL、3.00 mL、5.00 mL砷标准使用液（6.22.3）于50 mL容量瓶中，分别加入10 mL盐酸溶液（6.14）、10 mL硫脲-抗坏血酸溶液（6.20），室温放置30 min（室温低于15℃时，置于30℃水浴中保温30 min）用水稀释定容，混匀。

9.2.1.3 硒

分别移取0 mL、2.00 mL、4.00 mL、6.00 mL、8.00 mL、10.00 mL硒标准使用液（6.23.3）

于50 mL容量瓶中，分别加入10 mL盐酸溶液（6.14），用水稀释定容，混匀。

9.2.1.4　铋

分别移取0 mL、0.50 mL、1.00 mL、2.00 mL、3.00 mL、5.00 mL铋标准使用液（6.24.3）于50 mL容量瓶中，分别加入10 mL盐酸溶液（6.14），用水稀释定容，混匀。

9.2.1.5　锑

分别移取0 mL、0.50 mL、1.00 mL、2.00 mL、3.00 mL、5.00 mL锑标准使用液（6.25.3）于50 mL容量瓶中，分别加入10 mL盐酸溶液（6.14）、10 mL硫脲-抗坏血酸溶液（6.20），室温放置30 min（室温低于15℃时，置于30℃水浴中保温30 min）用水稀释定容，混匀。

汞、砷、硒、铋、锑标准系列的质量浓度见表2。

表 2　标准系列质量浓度　单位：μg/L

元素	标准系列质量浓度					
Hg	0	0.10	0.20	0.50	0.70	1.00
As	0	1.0	2.0	4.0	6.0	10.0
Se	0	0.4	0.8	1.2	1.6	2
Bi	0	1.0	2.0	4.0	6.0	10.0
Sb	0	1.0	2.0	4.0	6.0	10.0

9.2.2　校准曲线的绘制

9.2.2.1　汞

参考测量条件（9.1）或采用自行确定的最佳测量条件，以盐酸溶液（6.15）为载流，硼氢化钾溶液A（6.19.1）为还原剂，浓度由低到高依次测定汞标准系列的原子荧光强度，以原子荧光强度为纵坐标，汞质量浓度为横坐标，绘制校准曲线。

9.2.2.2　砷、硒、铋、锑

参考测量条件（9.1）或采用自行确定的最佳测量条件，以盐酸溶液（6.15）为载流，硼氢化钾溶液B（6.19.2）为还原剂，浓度由低到高依次测定各元素标准系列的原子荧光强度，以原子荧光强度为纵坐标，相应元素的质量浓度为横坐标，绘制校准曲线。

9.3　试样的测定

9.3.1　汞

按照与绘制校准曲线相同的条件测定试样（8.3.1）的原子荧光强度。超过校准曲线高浓度点的样品，对其消解液稀释后再进行测定，稀释倍数为f。

9.3.2　砷、锑

量取5.0 mL试样（8.3.2）于10 mL比色管中，加入2 mL盐酸溶液（6.14）、2 mL硫脲-抗坏血酸溶液（6.20），室温放置30 min（室温低于15℃时，置于30℃水浴中保温30 min），用水稀释定容，混匀，按照与绘制校准曲线相同的条件进行测定。超过校准曲线高浓度点的样品，对其消解液稀释后再进行测定，稀释倍数为f。

9.3.3　硒、铋

量取5.0 mL试样（8.3.2）于10 mL比色管中，加入2 mL盐酸溶液（6.14），用水稀释定容，混匀，按照与绘制校准曲线相同的条件进行测定。超过校准曲线高浓度点的样品，对其消解液稀释后再进行测定，稀释倍数为f。

9.4　空白试验

按照与测定（9.2）相同步骤测定空白试样。

10　结果计算与表示

10.1　结果计算

样品中待测元素的质量浓度ρ按式（1）计算：

$$\rho=\frac{\rho_1\times f\times V_1}{V} \tag{1}$$

式中，ρ——样品中待测元素的质量浓度，μg/L；

ρ_1———由校准曲线上查得的试样中待测元素的质量浓度，μg/L；

f——试样稀释倍数（样品若有稀释）；

V_1——分取后测定试样的定容体积，mL；

V——分取试样的体积，mL。

10.2　结果表示

当汞的测定结果小于1 μg/L时，保留小数点后两位：当测定结果大于1 μg/L时，保留三位有效数字。

当砷、硒、铋、锑的测定结果小于10 μg/L时，保留小数点后一位：当测定结果大于10 μg/L时，保留三位有效数字。

11　精密度和准确度

11.1　精密度

六家实验室对含汞、砷、硒、铋、锑不同浓度水平的统一样品进行了测试，方法精密度测试结果见附表A.1。

六家实验室对含汞0.10 μg/L、0.20 μg/L、0.40 μg/L和0.80 μg/L四种质量浓度的统一样品进行测定，实验室内相对标准偏差为3.3%～10.9%、2.0%～7.5%、1.5%～3.7%和1.5%～2.9%；实验室间相对标准偏差为8.5%、2.8%、1.9%和1.4%；重复性限为0.03 μg/L、0.03 μg/L、0.03 μg/L和0.05 μg/L；再现性限为0.03 μg/L、0.03 μg/L、0.04 μg/L和0.06 μg/L。

六家实验室对含砷1.0 μg/L、4.0 μg/L和8.0 μg/L三种质量浓度的统一样品进行测定，实验室内相对标准偏差为6.0%～7.0%、2.3%～5.4%和0.9%～3.4%；实验室间相对标准偏差为4.1%、1.6%和1.5%；重复性限为0.2 μg/L、0.4 μg/L和0.5 μg/L；再现性限为0.2 μg/L、0.4 μg/L和0.6 μg/L。

六家实验室对含硒1.0 μ.g/L、2.0 μ.g/L和8.0 μg/L三种质量浓度的统一样品进行测定，实验室内相对标准偏差分别为4.1%～8.9%、1.2%～4.9%和0.3%～3.6%；实验室间相对标准偏差分别为4.1%、2.6%和2.7%；重复性限分别为0.2 μg/L、0.2 μg/L和0.6 μg/L；再现性限分别为0.2 μg/L、0.2 μg/L和0.8 μg/L。

六家实验室对含铋0.5 μg/L、2.0 μg/L和4.0 μg/L三种质量浓度的统一样品进行测定，实验室内相对标准偏差分别为4.8%～8.0%、2.8%～4.7%和2.7%～4.0%；实验室间相对标准偏差分别为4.5%、3.6%和1.5%；重复性限分别为0.1 μg/L、0.2 μg/L和0.4 μg/L；再现性限分别为0.1 μg/L、0.3 μg/L和0.4 μg/L。

六家实验室对含锑0.5 μg/L、1.0 μg/L、2.0 μg/L和4.0 μg/L四种质量浓度的统一样品进行测定，实验室内相对标准偏差分别为6.4%～11.6%、3.9%～6.7%、3.2%～4.7%和1.7%～3.8%；实验室间相对标准偏差分别为4.4%、4.5%、2.6%和2.7%；重复性限分别为0.1 μg/L、0.1 μg/L、0.2 μg/L和0.3 μg/L；再现性限分别为0.1 μg/L、0.2 μg/L、0.2 μg/L和0.4 μg/L。

11.2　准确度

六家实验室对两种质量浓度的汞、砷、硒有证标准样品进行了测试，对含汞、砷、硒、铋、锑的统一样品进行了三种加标量的加标回收测试，方法准确度测试数据见附录A中附表A.2.1及附表A.2.2。

六家实验室对汞有证标准物质［质量浓度（16.0±1.4）μg/L］测定结果的相对误差为-2.8%～0.9%，相对误差最终值-0.4%±2.8%；对汞有证标准物质［浓度（11.4±1.1）μg/L］测定结果的相对误差为-5.6%～0.0%，相对误差最终值-3.6%±4.0%。

六家实验室对砷有证标准物质［质量浓度（60.6±4.2）μg/L］测定结果的相对误差为-1.9%～1.7%，相对误差最终值-0.4%±3.2%；对砷有证标准物质［浓度（75.1±5.3）μg/L］测定结果的相对误差为-4.7%～0.9%，相对误差最终值-2.3%±3.0%。

六家实验室对硒有证标准物质［质量浓度（11.2±1.1）μg/L］测定结果的相对误差为-5.4%～6.2%，相对误差最终值0%±8.8%；对硒有证标准物质［质量浓度（26.2±2.4）μg/L］测定结果的相对误差为-1.5%～3.1%，相对误差最终值-0.6%±3.2%。

六家实验室对统一的工业废水进行了加标测定，汞加标量分别为0.20 μg/L、0.40 μg/L、0.60 μg/L，加标回收率分别为91.5%～104%、91.2%～99.6%和98.6%～107%；加标回收率最终值分别为98.2%±9.4%、96.6%±6.2%和102%±6.2%。

六家实验室对统一的工业废水进行了加标测定，砷加标量分别为2.0 μg/L、4.0 μg/L、6.0 μg/L，加标回收率分别为92.0%～109%、96.5%～106%和94.3%～103%；加标回收率最终值分别为97.1%±12.2%、100%±8.2%和99.4%±5.8%。

六家实验室对统一的工业废水进行了加标测定，硒加标量分别为1.0 μg/L、2.0 μg/L、3.0 μg/L，加标回收率分别为90.0%～102%、96.0%～102%和98.7%～107%；加标回收率最终值分别为95.0%±9.4%、98.2%±4.6%和102%±6.8%。

六家实验室对统一的工业废水进行了加标测定，铋加标量分别为1.0 μg/L、2.0 μg/L、4.0 μg/L，加标回收率分别为90.0%～103%、93.5%～104%和93.0%～101%；加标回收率最终值分别为94.8%±11.4%、97.6%±7.6%和97.0%±6.4%。

六家实验室对统一的工业废水进行了加标测定，锑加标量分别为1.0 μg/L、2.0 μg/L、4.0 μg/L，加标回收率分别为94.0%～108%、92.5%～105%和94.0%～100%；加标回收率最终值分别为101%±11.4%、97.4%±10.8%和96.2%±4.4%。

12 质量保证和质量控制

12.1 采样、样品的保存和管理按照HJ 494和HJ 493执行。

12.2 每测定20个样品要增加测定实验室空白一个，当批不满20个样品时要测定实验室空白两个。全程空白的测试结果应小于方法检出限。

12.3 每次样品分析应绘制校准曲线。校准曲线的相关系数应大于或等于0.995。

12.4 每测完20个样品进行一次校准曲线零点和中间点浓度的核查，测试结果的相对偏差应不大于20%。

12.5 每批样品至少测定10%的平行双样，样品数小于10时，至少测定一个平行双样。测试结果的相对偏差应不大于20%。

12.6 每批样品至少测定10%的加标样，样品数小于10时，至少测定一个加标样。加标回收率控制在70%～130%。

13 废物处理

实验中产生的废液和废物不可随意倾倒，应置于密闭容器中保存，委托有资质的单位进行处理。

14 注意事项

14.1 硼氢化钾是强还原剂，极易与空气中的氧气和二氧化碳反应，在中性和酸性溶液中易分解产生氢气，所以配制硼氢化钾还原剂时，要将硼氢化钾固体溶解在氢氧化钠溶液中，并临用时现配。

14.2 实验室所用的玻璃器皿均需用硝酸溶液（6.16）浸泡24 h，或用热硝酸荡洗。清洗时依次用自来水、去离子水洗净。

附录A
（资料性附录）
精密度和准确度汇总表

六家实验室测定的精密度和准确度数据汇总见附表A.1和附表A.2.1及附表A.2.2。

附表 A.1　方法精密度

元素名称	质量浓度/（μg/L）	实验室内相对标准偏差/%	实验室间相对标准偏差/%	重复性限 *r*/（μg/L）	再现性限 *R*/（μg/L）
汞	0.10	3.3～10.9	8.5	0.03	0.03
	0.20	2.0～7.5	2.8	0.03	0.03
	0.40	1.5～3.7	1.9	0.03	0.04
	0.80	1.5～2.9	1.4	0.05	0.06
砷	1.0	6.0～7.0	4.1	0.2	0.2
	4.0	2.3～5.4	1.6	0.4	0.4
	8.0	0.9～3.9	1.5	0.5	0.6
硒	1.0	4.1～8.9	4.1	0.2	0.2
	2.0	1.2～4.9	2.6	0.2	0.2
	8.0	0.3～3.6	2.7	0.6	0.8
铋	0.5	4.8～8.0	4.5	0.1	0.1
	2.0	2.8～4.7	3.6	0.2	0.3
	4.0	2.7～4.0	1.5	0.4	0.4
锑	0.5	6.4～11.6	4.4	0.1	0.1
	1.0	3.9～6.7	4.5	0.1	0.2
	2.0	3.2～4.7	2.6	0.2	0.2
	4.0	1.7～3.8	2.7	0.3	0.4

附表 A.2.1　方法准确度（有证标准物质测试）

元素名称	有证标准物质质量浓度/（μg/L）	相对误差/%	相对误差最终值/%
汞	16.0±1.4	−2.8～0.9	−0.4±2.8
	11.4±1.1	−5.6～0.0	−3.6±4.0
砷	60.6±4.2	−1.9～1.7	−0.4±3.2
	75.1±5.3	−4.7～0.9	−2.3±3.0
硒	11.2±1.1	−5.4～6.2	0.0±8.8
	26.2±2.4	−1.5～3.1	0.6±3.2

附表 A.2.2　方法准确度（加标回收测试）

元素名称	样品质量浓度/（μg/L）	加标质量浓度/（μg/L）	加标回收率/%	加标回收率最终值/%
汞	0.39	0.20	91.5～104	98.2±9.4
	0.39	0.40	91.2～99.6	96.6±6.2
	0.39	0.60	98.6～107	102±6.2

元素名称	样品质量浓度/（μg/L）	加标质量浓度/（μg/L）	加标回收率/%	加标回收率最终值/%
砷	3.9	2.00	92.0～109	97.1±12.2
	3.9	4.00	96.5～104	100±8.2
	3.9	6.00	94.3～103	99.4±5.8
硒	2.0	1.00	90.0～102	95.0±9.4
	2.0	2.00	96.0～102	98.2±4.6
	2.0	3.00	98.7～107	102±6.8
铋	2.0	1.00	90.0～103	94.8±11.4
	2.0	2.00	93.5～104	97.6±7.6
	2.0	4.00	93.0～101	97.0±6.4
锑	2.0	1.00	94.0～108	101±11.4
	2.0	2.00	92.5～105	97.4±10.8
	2.0	4.00	94.0～100	96.2±4.4

10.5.2 冷原子荧光法（HJ/T 341—2007）

水质　汞的测定

冷原子荧光法（试行）

1 适用范围

本标准适用于地表水、地下水及氯离子含量较低的水样中汞的测定。方法最低检出浓度为0.001 5 μg/L，测定下限为0.006 0 μg/L，测定上限为1.0 μg/L。

2 原理

水样中的汞离子被还原剂还原为单质汞，形成汞蒸气。其基态汞原子受到波长253.7 nm的紫外光激发，当激发态汞原子去激发时便辐射出相同波长的荧光。在给定的条件下和较低的浓度范围内，荧光强度与汞的浓度成正比。

3 试剂

本标准所用试剂除另有注明外，均为符合国家标准的分析纯化学试剂，其中汞含量要尽可能少；实验用水为新制备的去离子水。

如使用的试剂导致空白值偏高，应改用级别更高或选择某些工厂生产的汞含量更低的试剂，或自行提纯精制。

配制试剂或试样稀释定容，均使用无汞蒸馏水（3.1）。试剂一律盛于磨口玻璃试剂瓶。

3.1　无汞蒸馏水：二次重蒸馏水或电渗析去离子水通常可达到此纯度。

3.2　硫酸：$\rho(H_2SO_4)_{20}$=1.84 g/mL，优级纯。

3.3　硝酸：$\rho(HNO_3)_{20}$=1.42 g/mL，优级纯。

3.4　盐酸：$\rho(HCl)_{20}$=1.18 g/mL，优级纯。

3.5　洗涤溶液：将2 g高锰酸钾（$KMnO_4$，优级纯）溶解于950 mL水中，加入50 mL硫酸（3.2）。

3.6　固定溶液：将0.5 g重铬酸钾（$K_2Cr_2O_7$，优级纯）溶解于950 mL水中，加入50 mL硝酸（3.3）。

3.7　50 g/L高锰酸钾溶液：将50 g高锰酸钾（$KMnO_4$，优级纯，必要时重结晶精制）用蒸馏水（3.1）溶解，稀释至1 000 mL。

3.8　100 g/L盐酸羟胺溶液：将10 g盐酸羟胺（$NH_2OH \cdot HCl$）用蒸馏水（3.1）溶解，稀释至100 mL。将此溶液每次加入10 mL含双硫腙（$C_{13}H_{12}N_4S$）20 mg/L的苯（C_6H_6）溶液萃取3～5次。

3.9　100 g/L氯化亚锡溶液：将10 g氯化亚锡（$SnCl_2 \cdot 2H_2O$）在无汞污染的通风橱内加入20 mL盐酸（3.4），微微加热助溶，溶后继续加热几分钟除汞。或者将此溶液用经洗涤溶液洗涤的空气以2.51 L/min流速暴气约1 h除汞，然后用蒸馏水（3.1）稀释至100 mL。

3.10　汞标准贮备溶液：称取在硅胶干燥器中放置过夜的0.135 4 g氯化汞（$HgCl_2$），用固定溶液（3.6）溶解，移入1 000 mL容量瓶（A级）中，再用固定液（3.6）稀释至刻度，摇匀，此溶液每毫升含100 μg汞。

3.11　汞的中间溶液：吸取汞标准贮备溶液（3.10）适当体积，用固定溶液（3.6）稀释至每毫升含10 μg汞，摇匀。

3.12　汞标准使用溶液：吸取汞的中间溶液（3.11），用固定溶液（3.6）逐级稀释至每毫升含100 ng汞。

3.13　玻璃器皿：测汞所用的玻璃器皿均应用洗涤溶液浸泡煮沸1 h。为避免玻璃壁有可能出现褐色二氧化锰斑点，须趁热取出玻璃器皿，用水冲洗干净备用。

4　仪器

4.1　数字荧光测汞仪。

4.2　记录仪或显示器、计算机等数据处理系统。

4.3　远红外辐射干燥箱（烘箱）。该烘箱体积小，适用于含汞水样的消化。

4.4　1.0 mL和10 μL微量进样器。

4.5　高纯氩气或氮气。

5　干扰的消除

本方法采用高纯氩气或氮气作载气。为避免在测量操作过程中进入空气，采用了密封形还原瓶进样技术。激发态汞原子与无关质点，如O_2、CO_2、CO等碰撞而发生能量传递，造成荧光淬灭，从而降低汞的测定灵敏度。

6 试样制备

6.1 将新采水样充分摇匀后，立即准确吸取10 mL，注入10 mL具塞比色管中。

6.2 比色管中加入0.1 mL浓硫酸（3.2）（用滴管加4滴）、0.1 mL高锰酸钾溶液（3.7）（用滴管加1～2滴，以能保持水样呈紫红色为准），如果不能至少在15 min维持紫色，则混合后再补加适量高锰酸钾溶液，以使颜色维持紫色。加塞摇匀，置金属架上，放于专用烘箱内，在比色管上加一个瓷盘盖，防止水样受热管塞跳出，于105℃消化1 h，取出冷却。

6.3 临近测定时，边摇边滴加0.05 mL盐酸羟胺溶液（3.8），摇动直至将过剩的高锰酸钾刚好褪色为止。取1.0 mL上机测定。

7 测定

7.1 仪器工作条件

下表中仪器工作参数供参考：

元素	光电管负压/V	载气 Ar 流量/（mL/min）	屏蔽 Ar 流量/（mL/min）	仪器测量/挡	记录仪/mV	进样量/mL
Hg	550	120	500	×5	10	1.0

7.2 按表中工作条件调好仪器，预热1 h，将控制阀（简称阀）转至准备挡，用1 mL注射器向进样口注入1.0 mL蒸馏水(3.1),按动氯化亚锡按钮,即加入0.2 mL氯化亚锡溶液(3.9),以清扫汞发生器及其管道。反复测定直到水空白值为5个数字左右，才可对试剂空白、汞标准曲线系列溶液和水样进行测定。绘制汞的标准曲线，计算水样中汞的含量。

8 校准

8.1 标准曲线法取10 mL具塞比色管（A级）6支，加入10 mL蒸馏水（3.1），用10 μL微量注射器（A级）分别加入100 ng/mL汞标准使用溶液（3.11）0 μL、2 μL、4 μL、6 μL、8 μL、10 μL，摇匀。分别加入4滴硫酸（3.2），1滴高锰酸钾（3.7），摇匀。再用盐酸羟胺溶液（3.8）1滴还原后测定。

8.2 标准加入法：取10 mL具塞比色管（A级）7支，其中1支加入蒸馏水（3.1）作空白，其余6支分别加入10 mL含汞量低的水样，加入100 μg/L汞标准使用溶液0 μL、2 μL、4 μL、6 μL、8 μL和10 μL，摇匀。以下按试样制备步骤操作和测定。

最后以扣除空白（零标准溶液）后的标准系列各点测定值（与汞浓度成正比的）为纵坐标，以相应标准试样溶液汞浓度为横坐标，绘制测定值-浓度校准曲线。

9 结果的计算

汞的含量按下式计算：

$$汞\ (\mathrm{Hg}, \mu g/L)=\frac{m}{V}$$

式中，m——根据校准曲线计算出的水样中汞量，ng；

V——取样体积，mL。

10　精密度和准确度

10.1　精密度

对汞浓度为10～100 ng/L的地表水和地下水样品进行11次测定，其相对标准偏差小于3%。

10.2　准确度

向水样加入汞标准量，最终浓度为20～100 ng/L，回收率在90%～110%范围。

10.5.3　冷原子吸收分光光度法（HJ 597—2011）

水质　总汞的测定

冷原子吸收分光光度法

1　适用范围

本标准规定了测定水中总汞的冷原子吸收分光光度法。

本标准适用于地表水、地下水、工业废水和生活污水中总汞的测定。若有机物含量较高，本标准规定的消解试剂最大用量不足以氧化样品中有机物时，则本标准不适用。

采用高锰酸钾-过硫酸钾消解法和溴酸钾-溴化钾消解法，当取样量为100 mL时，检出限为0.02 μg/L，测定下限为0.08 μg/L；当取样量为200 mL时，检出限为0.01 μg/L，测定下限为0.04 μg/L。采用微波消解法，当取样量为25 mL时，检出限为0.06 μg/L，测定下限为0.24 μg/L。

2　术语和定义

下列术语和定义适用于本标准。

总汞（total mercury）

指未经过滤的样品经消解后测得的汞，包括无机汞和有机汞。

3　方法原理

在加热条件下，用高锰酸钾和过硫酸钾在硫酸-硝酸介质中消解样品；或用溴酸钾-溴化钾混合剂在硫酸介质中消解样品；或在硝酸-盐酸介质中用微波消解仪消解样品。

消解后的样品中所含汞全部转化为二价汞，用盐酸羟胺将过剩的氧化剂还原，再用氯化亚锡将二价汞还原成金属汞。在室温下通入空气或氮气，将金属汞气化，载入冷原子吸收汞分析仪，于253.7 nm波长处测定响应值，汞的含量与响应值成正比。

4　干扰和消除

4.1　采用高锰酸钾-过硫酸钾消解法消解样品，在0.5 mol/L的盐酸介质中，样品中离子超过下列质量浓度时，即Cu^{2+}500 mg/L、Ni^{2+}500 mg/L、Ag^{+}1 mg/L、Bi^{+}0.5 mg/L、Sb^{3+}0.5 mg/L、Se^{4+}0.05 mg/L、As^{5+}0.5 mg/L、I^{-}0.1 mg/L，对测定产生干扰。可通过用水（5.1）适当稀释样品来消除这些离子的干扰。

4.2　采用溴酸钾-溴化钾法消解样品，当洗净剂质量浓度≥0.1 mg/L时，汞的回收率小于67.7%。

5　试剂和材料

除非另有说明，分析时均使用符合国家标准的分析纯试剂，实验用水为无汞水。

5.1　无汞水：一般使用二次重蒸水或去离子水，也可使用加盐酸（5.4）酸化至pH=3，然后通过巯基棉纤维管（5.11.1）除汞后的普通蒸馏水。

5.2　重铬酸钾（$K_2Cr_2O_7$）：优级纯。

5.3　浓硫酸：ρ（H_2SO_4）=1.84 g/mL，优级纯。

5.4　浓盐酸：ρ（HCl）=1.19 g/mL，优级纯。

5.5　浓硝酸：ρ（HNO_3）=1.42 g/mL，优级纯。

5.6　硝酸溶液：1+1。

量取100 mL浓硝酸（5.5），缓慢倒入100 mL水（5.1）中。

5.7　高锰酸钾溶液：ρ（$KMnO_4$）=50 g/L。

称取50 g高锰酸钾（优级纯，必要时重结晶精制）溶于少量水（5.1）中，然后用水（5.1）定容至1 000 mL。

5.8　过硫酸钾溶液：ρ（$K_2S_2O_8$）=50 g/L。

称取50 g过硫酸钾溶于少量水（5.1）中，然后用水（5.1）定容至1 000 mL。

5.9　溴酸钾-溴化钾溶液（以下简称溴化剂）：c（$KBrO_3$）=0.1 mol/L，ρ（KBr）=10 g/L。

称取2.784 g溴酸钾（优级纯）溶于少量水（5.1）中，加入10 g溴化钾。溶解后用水（5.1）定容至1 000 mL时，置于棕色试剂瓶中保存。若见溴释出，应重新配制。

5.10　巯基棉纤维

于棕色磨口广口瓶中，依次加入100 mL硫代乙醇酸（$CH_2SHCOOH$）、60 mL乙酸酐[$(CH_3CO)_2O$]、40 mL 36%乙酸（CH_3COOH）、0.3 mL浓硫酸（5.3），充分混匀，冷却至室温后，加入30 g长纤维脱脂棉，铺平，使之浸泡完全，用水冷却，待反应产生的热散去后，加盖，放入（40±2）℃烘箱中24 d后取出。用耐酸过滤器抽滤，用水（5.1）充分洗涤至中性后，摊开，于30～35℃下烘干。成品置于棕色磨口广口瓶中，避光低温保存。

5.11　盐酸羟胺溶液：ρ（$NH_2OH{\cdot}HCl$）=200 g/L。

称取200 g盐酸羟胺溶于适量水（5.1）中，然后用水（5.1）定容至1 000 mL。该溶液常含有汞，应提纯。当汞含量较低时，采用巯基棉纤维管除汞法；当汞含量较高时，先按萃取除汞法除掉大量汞，再按巯基棉纤维管除汞法除尽汞。

5.11.1　巯基棉纤维管除汞法：在内径6～8 mm、长约100 mm、一端拉细的玻璃管，或500 mL

分液漏斗放液管中，填充0.1～0.2 g巯基棉纤维（5.10），将待净化试剂以10 mL/min速度流过一至两次即可除尽汞。

5.11.2　萃取除汞法：量取250 mL盐酸羟胺溶液（5.11）倒入500 mL分液漏斗中，每次加入0.1 g/L双硫腙（$C_{13}H_{12}N_4S$）的四氯化碳（CCl_4）溶液15 mL，反复进行萃取，直至含双硫腙的四氯化碳溶液保持绿色不变为止。然后用四氯化碳萃取，以除去多余的双硫腙。

5.12　氯化亚锡溶液：ρ（$SnCl_2$）=200 g/L。

称取20 g氯化亚锡（$SnCl_2 \cdot 2H_2O$）于干燥的烧杯中，加入20 mL浓盐酸（5.4），微微加热。待完全溶解后，冷却，再用水（5.1）稀释至100 mL。若含有汞，可通入氮气或空气去除。

5.13　重铬酸钾溶液：ρ（$K_2Cr_2O_7$）=0.5 g/L。

称取0.5 g重铬酸钾（5.2）溶于950 mL水（5.1）中，再加入50 mL浓硝酸（5.5）。

5.14　汞标准贮备液：ρ（Hg）=100 mg/L。

称取置于硅胶干燥器中充分干燥的0.135 4 g氯化汞（$HgCl_2$），溶于重铬酸钾溶液（5.13）后，转移至1 000 mL容量瓶中，再用重铬酸钾溶液（5.13）稀释至标线，混匀，也可购买有证标准溶液。

5.15　汞标准中间液：ρ（Hg）=10.0 mg/L。

量取10.00 mL汞标准贮备液（5.14）至100 mL容量瓶中。用重铬酸钾溶液（5.13）稀释至标线，混匀。

5.16　汞标准使用液Ⅰ：ρ（Hg）=0.1 mg/L。

量取10.00 mL汞标准中间液（5.15）至1 000 mL容量瓶中。用重铬酸钾溶液（5.13）稀释至标线混匀。室温阴凉处放置，可稳定100 d左右。

5.17　汞标准使用液Ⅱ：ρ（Hg）=10 μg/L。

量取10.00 mL汞标准使用液Ⅰ（5.16）至100 mL容量瓶中。用重铬酸钾溶液（5.13）稀释至标线，混匀。临用时现配。

5.18　稀释液

称取0.2 g重铬酸钾（5.2）溶于900 mL水（5.1）中，再加入27.8 mL浓硫酸（5.3），用水（5.1）稀释至1 000 mL。

5.19　仪器洗液

称取10 g重铬酸钾（5.2）溶于9 L水中，加入1 000 mL浓硝酸（5.5）。

6　仪器和设备

6.1　冷原子吸收汞分析仪，具空心阴极灯或无极放电灯。

6.2　反应装置：总容积为250 mL、500 mL，具有磨口，带莲蓬形多孔吹气头的玻璃翻泡瓶，或与仪器相匹配的反应装置。

注：采用密闭式反应装置可测定更低含量的汞，反应装置详见附录A。

6.3 微波消解仪：具有升温程序功能。

6.4 可调温电热板或高温电炉。

6.5 恒温水浴锅：温控范围为室温至100℃。

6.6 微波消解罐。

6.7 样品瓶：500 mL、1 000 mL，硼硅玻璃或高密度聚乙烯材质。

6.8 一般实验室常用仪器和设备。

7 样品

7.1 样品的采集和保存

7.1.1 采集水样时，样品应尽量充满样品瓶，以减少器壁吸附。工业废水和生活污水样品采集量应不少于500 mL，地表水和地下水样品采集量应不少于1 000 mL。

7.1.2 采样后应立即以每升水样中加入10 mL浓盐酸（5.4）的比例对水样进行固定，固定后水样的pH应小于1，否则应适当增加浓盐酸（5.4）的加入量，然后加入0.5 g重铬酸钾（5.2），若橙色消失，应适当补加重铬酸钾（5.2），使水样呈持久的淡橙色，密塞，摇匀。在室温阴凉处放置，可保存1个月。

7.2 试样的制备

根据样品特性可以选择以下三种方法制备试样。

7.2.1 重铬酸钾-过硫酸钾消解法

7.2.1.1 近沸保温法

该消解方法适用于地表水、地下水、工业废水和生活污水。

7.2.1.1.1 样品摇匀后，量取100.0 mL样品移入250 mL锥形瓶中。若样品中汞含量较高，可减少取样量并稀释至100 mL。

7.2.1.1.2 依次加入2.5 mL浓硫酸（5.3）、2.5 mL硝酸溶液（5.6）和4 mL高锰酸钾溶液（5.7），摇匀。若15 min内不能保持紫色，则需补加适量高锰酸钾溶液（5.7），以使颜色保持紫色，但高锰酸钾溶液总量不超过30 mL。然后，加入4 mL过硫酸钾饵溶液（5.8）。

7.2.1.1.3 插入漏斗，置于沸水浴中在近沸状态保温1 h，取下冷却。

7.2.1.1.4 测定前，边摇边滴加盐酸羟胺溶液（5.11），直至刚好使过剩的高锰酸钾及器壁上的二氧化锰全部褪色为止，待测。

注：当测定地表水或地下水时，量取200.0 mL水样置于500 mL锥形瓶中，依次加入5 mL浓硫酸（5.3）、5 mL硝酸溶液（5.6）和4 mL高锰酸钾溶液（5.7），摇匀。其他操作按照上述步骤进行。

7.2.1.2 煮沸法

该消解方法适用于含有机物和悬浮物较多、组成复杂的工业废水和生活污水。

7.2.1.2.1 按照7.2.1.1.1量取样品，按照7.2.1.1.2加入试剂。

7.2.1.2.2 向锥形瓶中加入数粒玻璃珠或沸石，插入漏斗，擦干瓶底，然后用高温电炉或可调温电热板加热煮沸10 min，取下冷却。

7.2.1.2.3 按照7.2.1.1.4进行操作。

7.2.2 溴酸钾-溴化钾消解法

该消解方法适用于地表水、地下水，也适用于含有机物（特别是洗净剂）较少的工业废水和生活污水。

7.2.2.1 样品摇匀后，量取100.0 mL样品移入250 mL具塞聚乙烯瓶中。若样品中汞含量较高，可减少取样量并稀释至100 mL。

7.2.2.2 依次加入5 mL浓硫酸（5.3）、5 mL溴化剂（5.9），加塞，摇匀，20℃以上室温放置5 min以上。试液中应有橙黄色溴释出，否则可适当补加溴化剂（5.9）。但每100 mL样品中最大用量不应超过16 mL。若仍无溴释出，则该消解方法不适用，可改用7.2.1.2或7.2.3进行消解。

7.2.2.3 测定前，边摇边滴加盐酸羟胺溶液（5.11）还原过剩的溴，直至刚好使过剩的溴全部褪色为止，待测。

注：当测定地表水或地下水时，量取200.0 mL样品置于500 mL锥形瓶中，依次加入10 mL浓硫酸（5.3）和10 mL溴化剂（5.9）。其他操作按照上述步骤进行。

7.2.3 微波消解法

该方法适用于含有机物较多的工业废水和生活污水。

7.2.3.1 样品摇匀后，量取25.0 mL样品移入微波消解罐中。若样品中汞含量较高，可减少取样量并稀释至25 mL。

7.2.3.2 依次加入2.5 mL浓硝酸（5.5）和2.5 mL浓盐酸（5.4），摇匀，加塞，室温静置30～60 min。若反应剧烈则适当延长静置时间。

7.2.3.3 将微波消解罐放入微波消解仪中，按照表1推荐的升温程序进行消解。消解完毕后，冷却至室温转移消解液至100 mL容量瓶中，用稀释液（5.18）定容至标线，待测。

表 1 微波消解升温程序

步骤	最大功率/W	功率/%	升温时间/min	温度/℃	保持时间/min
1	1 200	100	5	120	2
2	1 200	100	5	150	2
3	1 200	100	5	180	5

7.3 空白试样的制备

用水（5.1）代替样品，按照7.2步骤制备空白试样，并把采样时加的试剂量考虑在内。

8 分析步骤

8.1 仪器调试

按照仪器说明书进行调试。

8.2　校准曲线的绘制

8.2.1　高浓度校准曲线的绘制

8.2.1.1　分别量取0.00 mL、0.50 mL、1.00 mL、1.50 mL、2.00 mL、2.50 mL、3.00 mL和5.00 mL汞标准使用液Ⅰ（5.16），于100 mL容量瓶中，用稀释液（5.18）定容至标线，总汞浓度分别为0.00 μg/L、0.50 μg/L、1.00 μg/L、1.50 μg/L、2.00 μg/L、2.50 μg/L、3.00 μg/L和5.00 μg/L。

8.2.1.2　将上述标准系列依次移至250 mL反应装置中，加入2.5 mL氯化亚锡溶液（5.12），迅速插入吹气头，由低浓度到高浓度测定响应值。以零浓度校正响应值为纵坐标，对应的总汞浓度（μg/L）为横坐标，绘制校准曲线。

注：高浓度校准曲线适用于工业废水和生活污水的测定。

8.2.2　低浓度校准曲线的绘制

8.2.2.1　分别量取0.00 mL、0.50 mL、1.00 mL、2.00 mL、3.00 mL、4.00 mL和5.00 mL汞标准使用液Ⅱ（5.17）于200 mL容量瓶中，用稀释液（5.18）定容至标线，总汞浓度分别为0.000 μg/L、0.025 μg/L、0.050 μg/L、0.100 μg/L、0.150 μg/L、0.200 μg/L和0.250 μg/L。

8.2.2.2　将上述标准系列依次移至500 mL反应装置中，加入5 mL氯化亚锡溶液（5.12），迅速插入吹气头，由低浓度到高浓度测定响应值。以零浓度校正响应值为纵坐标，对应的总汞浓度（μg/L）为横坐标，绘制校准曲线。

注：低浓度校准曲线适用于地表水和地下水的测定。

8.3　测定

测定工业废水和生活污水样品时，将待测试样转移至250 mL反应装置中，按照8.2.1.2测定；测定地表水和地下水样品时，将待测试样转移至500 mL反应装置中，按照8.2.2.2测定。

8.4　空白试验

按照与试样测定相同步骤进行空白试样的测定。

9　结果计算与表示

9.1　结果计算

样品中总汞的质量浓度ρ（μg/L）按照式（1）进行计算：

$$\rho = \frac{(\rho_1 - \rho_0) \times V_0}{V} \times \frac{V_1 + V_2}{V_1} \tag{1}$$

式中，ρ——根据校准曲线计算出试样中总汞的质量浓度，μg/L；

ρ_1——根据校准曲线计算出空白试样中总汞的质量浓度，μg/L；

ρ_0——标准系列的定容体积，mL；

V_1——采样体积，mL；

V_2——采样时向水样中加入浓盐酸体积，mL；

V——制备试样时分取样品体积，mL。

9.2　结果表示

当测定结果小于10 μg/L时，保留到小数点后两位；大于等于10 μg/L时，保留三位有效数字。

10　精密度和准确度

10.1　高锰酸钾-过硫酸钾消解法

47家实验室分别对总汞质量浓度为0.58 μg/L的统一标准样品进行了测定，实验室内相对标准偏差和实验室间相对标准偏差分别为8.6%和28.6%；47家实验室分别对总汞质量浓度为0.67 μg/L的统一标准样品（含有1.5 mg/L碘离子）进行了测定，实验室内相对标准偏差和实验室间相对标准偏差分别为10.2%和58.0%，详见表2。

表 2　高锰酸钾-过硫酸钾消解法及溴酸钾-溴化钾消解法精密度和准确度

样品	参加的实验数目	删除的实验室数目	标准值/（μg/L）	测得平均值/（μg/L）	标准偏差			
					重复性		再现性	
					绝对	相对/%	绝对	相对/%
A	47	3	0.58	0.58	0.050	8.6	0.166	28.6
B	47	5	0.67	0.56	0.057	10.2	0.326	58.0
C	47	5	2.27	2.42	0.121	5.0	0.259	10.7
D	48	6	2.03	2.02	0.097	4.8	0.231	11.5
E	48	7	2.17	2.20	0.077	3.5	0.235	10.7

10.2　溴酸钾-溴化钾消解法

47家实验室分别对总汞质量浓度为2.27 μg/L的统一标准样品进行了测定，实验室内相对标准偏差和实验室间相对标准偏差分别为5.0%和10.7%；47家实验室分别对总汞质量浓度为2.03 μg/L的统一标准样品进行了测定，实验室内相对标准偏差和实验室间相对标准偏差分别为4.8%和11.5%；48家实验室分别对总汞质量浓度为2.17 μg/L的统一标准样品（含有150 mg/L碘离子）进行了测定，实验室内相对标准偏差和实验室间相对标准偏差分别为3.5%和10.7%，详见表2。

10.3　微波消解法

10.3.1　精密度

6家实验室分别对总汞质量浓度为0.40 μg/L、2.00 μg/L和4.00 μg/L的统一样品进行了测定：实验室内相对标准偏差分别为2.8%～5.4%、1.5%～3.0%、1.1%～3.1%；实验室间相对标准偏差分别为3.5%、5.5%、1.5%；重复性限分别为0.05 μg/L、0.13 μg/L、0.24 μg/L；再现性限分别为0.06 μg/L、0.34 μg/L、0.28 μg/L。

10.3.2　准确度

6家实验室分别对工业废水和生活污水实际样品进行了加标分析测定，加标质量浓度为2.00 μg/L，加标回收率分别为98.0%～109%、97.0%～105%；加标回收率最终值分别为102%±7.8%、101%±6.0%。

11　质量保证和质量控制

11.1　每批样品均应绘制校准曲线，相关系数应≥0.999。

11.2　每批样品应至少做一个空白试验，测定结果应小于2.2倍检出限，否则应检查试剂纯度，必要时更换试剂或重新提纯。

11.3　每批样品应至少测定10%的平行样品，样品数不足10个时，应至少测定一个平行样品。当样品总汞含量≤1 μg/L时，测定结果的最大允许相对偏差为30%；当样品总汞含量在1～5 μg/L时，测定结果的最大允许相对偏差为20%；当样品总汞含量＞5 μg/L时，测定结果的最大允许相对偏差为15%。

11.4　每批样品应至少测定10%的加标回收样品，样品数不足10个时，应至少测定一个加标回收样品。当样品总汞含量≤1 μg/L时，加标回收率应在85%～115%；当样品总汞含量＞1 μg/L时，加标回收率应在90%～110%。

12　废物处理

试验过程中产生的残渣、废液不能随意倾倒，须妥善处理。

13　注意事项

13.1　试验所用试剂（尤其是高锰酸钾）中的汞含量对空白试验测定值影响较大。因此，试验中应选择汞含量尽可能低的试剂。

13.2　在样品还原前，所有试剂和试样的温度应保持一致（＜25℃）。环境温度低于10℃时，灵敏度会明显降低。

13.3　汞的测定易受到环境中的汞污染，在汞的测定过程中应加强对环境中汞的控制，保持清洁、加强通风。

13.4　汞的吸附或解吸反应易在反应容器和玻璃器皿内壁上发生，故每次测定前应采用仪器洗液（5.19）将反应容器和玻璃器皿浸泡过夜后，用水（5.1）冲洗干净。

13.5　每测定一个样品后，取出吹气头，弃去废液，用水（5.1）清洗反应装置两次，再用稀释液（5.18）清洗一次，以氧化可能残留的二价锡。

13.6　水蒸气对汞的测定有影响，会导致测定时响应值降低，应注意保持连接管路和汞吸收池干燥，可通过红外灯加热的方式去除汞吸收池中的水蒸气。

13.7　吹气头与底部距离越近越好。采用抽气（或吹气）鼓泡法时，气相与液相体积比应为1∶1～5∶1，以2∶1～3∶1最佳；当采用闭气振摇操作时，气相与液相体积比应为3∶1～8∶1。

13.8　当采用闭气振摇操作时，试样加入氯化亚锡后，先在闭气条件下用手或振荡器充分振荡30～60 s，待完全达到气液平衡后才将汞蒸气抽入（或吹入）吸收池。

13.9　反应装置的连接管宜采用硼硅玻璃、高密度聚乙烯、聚四氟乙烯、聚砜等材质，不宜采用硅胶管。

附录 A
（资料性附录）
密闭式反应装置

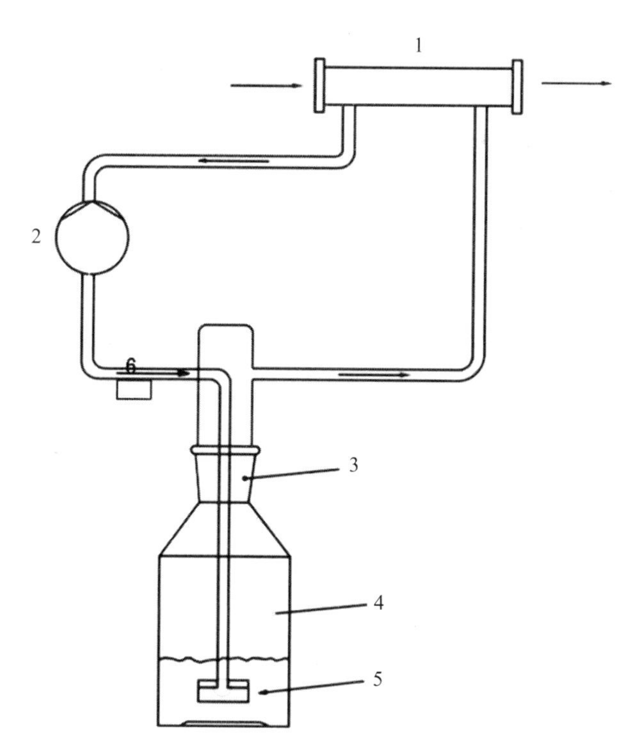

1-吸收池，内径 2 cm，长 15 cm，材质为硼硅玻璃或石英，吸收池的两端具有石英窗；2-循环泵（隔膜泵或蠕动泵），流量为 1～2 L/min；3-玻璃磨口（29/32）；4-反应瓶，100 mL、250 mL 和 1 000 mL；5-多孔玻板；6-流量计。

附图 A.1　密闭式反应装置

注：该反应装置的泵、连接管和流量计宜采用聚四氟乙烯、聚砜等材质。

10.5.4 双硫腙分光光度法（GB/T 7469—1987）

水质 总汞的测定

高锰酸钾-过硫酸钾消解法

双硫腙分光光度法

1 定义

总汞：未过滤的水样，经剧烈消解后测得的汞浓度，它包括无机的、有机结合的、可溶的和悬浮的全部汞。

2 原理

在95℃用高锰酸钾和过硫酸钾将试样消解，把所含汞全部转化为二价汞。

用盐酸羟胺将过剩的氧化剂还原，在酸性条件下，汞离子与双硫腙生成橙色螯合物，用有机溶剂萃取，再用碱溶液洗去过剩的双硫腙。

3 试剂

除另有说明外，分析中仅使用水（3.1）及公认的分析纯试剂，其中含汞量要尽可能少。

注：如采用的试剂导致空白试验值偏高，应改用级别更高的或经过提纯精制的试剂。

3.1 去离子水：电阻率在500 000 Ω·cm（25℃）以上。

3.2 无水乙醇（C_2H_5OH）：优级纯。

3.3 氯仿（$CHCl_3$）：重蒸馏并于每100 mL中加入1 mL无水乙醇（3.2）作保存剂。

3.4 硫酸（H_2SO_4）：ρ_{20}=1.84 g/mL，优级纯。

3.5 硝酸（HNO_3）：ρ_{20}=1.4 g/mL，优级纯。

3.6 硝酸：约0.8 mol/L溶液。

将50 mL硝酸（3.5）用水稀释至1 000 mL。

3.7 高锰酸钾：50 g/L溶液。

将50 g高锰酸钾（$KMnO_4$，优级纯，必要时重结晶精制）溶于水并稀释至1 000 mL。

注：制备操作要小心，避免未溶解颗粒沉淀或悬浮于溶液中（必要时可加热助溶）。

溶液贮存在棕色具磨口塞的玻璃瓶中。

3.8 过硫酸钾：50 g/L溶液。

将5 g过硫酸钾（$K_2S_2O_8$）溶于水并稀释至100 mL。

使用当天配制此溶液。

3.9 盐酸羟胺：100 g/L溶液。

将10 g盐酸羟胺（$NH_2OH·HCl$）溶于水并稀释至100 mL。

每次用5 mL双硫腙溶液（3.12）萃取，至双硫腙不变色为止，再用少量氯仿（3.3）洗两次。

3.10　亚硫酸钠：200 g/L溶液。

将20 g亚硫酸钠（$Na_2SO_4 \cdot 7H_2O$）溶于水并稀释至100 mL。

3.11　双硫腙：1 g/L氯仿溶液。

将0.1 g双硫腙（C_6N_5N：$NCSNHNHC_6H_5$）溶于20 mL氯仿中，滤去不溶物，置分液漏斗中，每次用50 mL 1＋100氨水提取5次，合并水层，用6 mol/L盐酸中和后，再用100 mL氯仿（3.3）分三次提取，合并氯仿层贮于棕色瓶中，置冰箱内保存。

3.12　双硫腙：透光率约为70%（波长500 nm，10 mm比色皿）的氯仿溶液。

将双硫腙溶液（3.11）用氯仿（3.3）稀释而成。

3.13　双硫腙洗脱液

将8 g氢氧化钠（NaOH，优级纯）溶于煮沸放冷的水中，加入10 g乙二胺四乙酸二钠（$C_{10}H_{14}N_2O_2Na_2 \cdot 2H_2O$），稀释至1 000 mL，贮于聚乙烯瓶中，密塞。

3.14　重铬酸钾：4 g/L酸溶液。

将4 g重铬酸钾（$K_2Cr_2O_7$，优级纯）溶于500 mL水中，然后缓慢加入500 mL硫酸（3.4）或者500 mL硝酸（3.5）。

3.15　汞：相当于1 g/L汞的标准溶液。

称取1.354 g氯化汞（$HgCl_2$），准确至0.001 g，通过漏斗转移至1 000 mL容量瓶，加入少量水（同时冲洗漏斗）和25 mL硝酸（3.5），溶解后用水稀释至标线并混匀。

本溶液在硼硅玻璃瓶中可储存至少一个月。

1.00 mL此标准溶液含1.00 mg汞。

注：在稀释到标线前加入50 mL酸性重铬酸钾溶液（3.14）可以稳定此溶液至少三个月。

3.16　汞：相当于50 mg/L汞的标准溶液。

将25.0 mL的汞标准溶液（3.15）转移至500 mL容量瓶内，用硝酸溶液（3.6）稀释至标线并混匀。

1.00 mL此标准溶液含50.0 μg汞，当天配制。

3.17　汞：相当于1 mg/L汞的标准溶液。

将10.0 mL标准溶液（3.16）置500 mL容量瓶内，用硝酸溶液（3.6）稀释至标线并混匀。

1.00 mL此标准溶液含1.00 μg汞，临用前配制。

4　仪器

所有玻璃器皿在两次操作之间不应让其干燥，而应充满硝酸溶液（3.6），临用前倾出硝酸溶液，再用水（3.1）冲洗干净。

第一次使用的玻璃器皿应预先进行下述处理：

用（1＋1）硝酸溶液浸泡过夜；

临用前配制下列混合液：4份体积硫酸（3.4）加1份体积高锰酸钾溶液（3.7），用这种混合液清洗；

用盐酸羟胺溶液（3.9）清洗，以除去所有沉积的二氧化锰；

最后用水（3.1）冲洗数次。

常用实验室设备：

4.1 500 mL锥形瓶：具磨口玻璃塞。

4.2 500 mL及60 mL分液漏斗：活塞上不得使用油性润滑剂。

4.3 水浴锅。

4.4 分光光度计。

5 采样与样品

5.1 实验室样品

每采集1 000 mL水样后立即加入约7 mL硝酸（3.5），调节每个样品的pH，使之低于或等于1。

若取样后不能立即进行测定，向每升样品中加入高锰酸钾溶液（3.7）4 mL，或者必要时再多加一些，使其呈现持久的淡红色。样品储存于硼硅玻璃瓶中。

注：记录样品的体积和加入的试剂体积，以便在空白试验中按同样量操作，计算结果时也可使用这些量。注意在样品和空白试验中使用同样的试剂。

5.2 试样

向整个样品（5.1）中加入盐酸羟胺溶液（3.9），使所有二氧化锰完全溶解，然后立即取两份试样，每份250 mL，取时应仔细，使得到的溶解部分和悬浮部分均具有代表性的试样，然后立即按6.2进行测定。第二份试样用于制备校核试验（6.4）中使用的试份（D）。

注：如样品中含汞或有机物的浓度较高，试样体积可以减小。

6 步骤

6.1 校准

取6个500 mL锥形瓶（4.1），分别加入临用前配制的汞标准溶液（3.17）0 mL、0.50 mL、1.00 mL、2.50 mL、5.00 mL、10.00 mL，加入水（3.1）至250 mL。然后完全按照测定试验的步骤（见6.2.1和6.2.2）立即对每一种标准溶液进行处理。

最后分别以测定的各吸光度减去试剂空白（零浓度）的吸光度后，和对应的汞含量绘制校准曲线。

6.2 测定

6.2.1 消解

将试样（5.2）或已经稀释成250 mL的部分待测试样（其中含汞不超过10 μg），放入锥形瓶（4.1）中，小心地加入10 mL硫酸（3.4）和2.5 mL硝酸（3.5），每次加后均混合之。

加入15 mL高锰酸钾溶液（3.7），如果不能在15 min内维持深紫色，则混合后再加15 mL高锰酸钾溶液（3.7）以使颜色能持久，然后加入8 mL过硫酸钾溶液（3.8），并在水浴上加热2 h，温度控制在95℃。冷却至约40℃。

注：含悬浮物和（或）有机物较少的水可把加热时间缩短为1 h；不含悬浮物的较清洁水可把加热时间缩短为30 min。

将第2个用于校核试验（6.4）的试份（D）保存起来，然后继续第1个试份的测定。

加入盐酸羟胺溶液（3.9）还原过剩的氧化剂，直至溶液的颜色刚好消失和所有锰的氧化物都溶解为止，开塞放置5～10 min。将溶液转移至50 mL分液漏斗中，以少量水（3.1）洗锥形瓶两次，一并移入分液漏斗中。

注：如加入30 mL高锰酸钾溶液还不足以使颜色持久，则需要或者减小试样体积，或者考虑改用其他消解方法，在这种情况下，本方法就不再适用了。

6.2.2　萃取和测定

分别向各份消解液加入1 mL亚硫酸钠溶液（3.1），混匀后，再加入10.0 mL双硫腙氯仿溶液（3.12），缓缓旋摇并放气，再密塞振摇1 min，静置分层。

将有机相转入已盛有20 mL双硫腙洗脱液（3.13）的60 mL分液漏斗（4.2）中，振摇1 min，静置分层。必要时再重复洗涤1～2次，直至有机相不带绿色。

用滤纸吸去分液漏斗放液管内的水珠，塞入少许脱脂棉，将有机相放入20 mm比色中，在485 nm波长下，以氯仿（3.3）作参比测吸光度。

以试份的吸光度减去空白试验（6.3）的吸光度后从校准曲线（6.1）上查得汞含量。

6.3　空白试验

按6.2.1和6.2.2的规定进行空白试验，用水（3.1）代替试样，并加入与测定时相同体积的试剂，应把采样时加的试剂量考虑在内（见第5章注）。

当测定在接近检出限的浓度下进行时，必须控制空白试验的吸光度不超过0.01单位。如超过0.01单位，检查所用纯水、试剂和器皿等，换掉含汞量较高的试剂和（或）水并重新配制，或对沾污的器皿重新处理，以确保测定值有意义。

6.4　校核试验

向6.2.1中保留的第2个试份（D）中加入已知体积的汞标准溶液（3.17）。如果汞浓度太高，则取用试份的一部分，按6.2.1最后一段及6.2.2的规定重复进行操作，以确定有无干扰影响。

7　结果的表示

7.1　计算方法

总汞含量c_1（μg/L）按式（1）计算：

$$c_1=\frac{m}{V}\times 1\,000 \tag{1}$$

式中，m——试份测得含汞量，μg；

V——测定用试样体积，mL。

如果考虑采样时加入的试剂体积，则应按式（2）计算：

$$c_2 = \frac{m \times 1\,000}{V_0} \times \frac{V_1 + V_2 + V_3}{V_1} \tag{2}$$

式中，m——试份测得含汞量，μg；

V_0——测定用试样体积，mL；

V_1——采集的水样体积，mL；

V_2——水样加硝酸体积，mL；

V_3——水样加高锰酸钾溶液体积，mL。

结果以两位小数表示。

7.2 精密度与准确度

4个实验室测定含汞5.0 μg/L的统一分发标准溶液结果如下：

7.2.1 重复性

各实验室的室内相对标准偏差分别为1.0%、1.1%、3.6%和4.7%。

7.2.2 再现性

实验室间相对标准偏差为6%。

7.2.3 准确度

相对误差为-6%。

附录A

本标准一般说明

（参考件）

A.1 氯仿和四氯化碳萃取双硫腙汞均为理想的溶剂。但由于双硫腙铜在四氯化碳和氯仿中的提取常数前者较大，且四氯化碳对人体的毒性较大，因此用氯仿做萃取溶剂较好。

A.2 氯仿在贮存过程中常会生成光气，它会使双硫腙生成氧化产物，不仅失去与汞螯合的功能，还溶于氯仿（不能被双硫腙洗脱液除去）呈深黄颜色，用分光光度计测定时有一定吸光度。故所用氯仿应预重蒸馏精制，加乙醇做保护剂，充满经过处理（见正文第4章）并干燥的棕色试剂瓶中（少留空间），避光避热密闭保存。

A.3 用盐酸羟胺还原实验室样品中的高锰酸钾时，二氧化锰沉淀溶解，使所吸附的汞返回溶液中，以便均匀取出试样。消解后亦按上述同样操作。应注意在此操作中，所加盐酸羟胺勿过量，并且随即继续以后的操作，切勿长时间放置，以防在还原状态下挥发损失。

A.4 用双硫腙氯仿溶液萃取时，试份的pH小于1时干扰很少。在250 mL试样中加入5 mL

硫酸时，硫酸的浓度为0.45 mol/L，经计算其pH为0.92。试验证明，每250 mL试样中分别加5 mL、10 mL、15 mL或20 mL硫酸对测定没有影响。

A.5 多数资料报道，双硫腙汞对光敏感，因此强调要避光或在半暗室里操作，或加入乙酸防止双硫腙汞见光分解。也有资料报道，“采用不纯的双硫腙时，双硫腙见光分解很快，而采用纯的双硫腙时，双硫腙汞可在室内光线下稳定几小时以上。”因此，双硫腙的纯化对提高双硫腙汞的稳定性以至分析的准确度是很重要的。

A.6 双硫腙洗脱液有用氨水配制的，是为了去除铜的干扰。但氨水的挥发性大，微溶于有机相而容易出现“氨雾”，影响比色。改用0.2 mol/L氢氧化钠-1%（*m*/*V*）乙二胺四乙酸二钠溶液作为双硫腙洗脱液就不会出现这种现象，因而比较理想，但应注意必须使用含汞量很少的优级纯氢氧化钠。

A.7 分液漏斗的活塞若涂抹凡士林防漏，凡士林溶于氯仿可引进正误差；若不涂抹凡士林，则萃取液易漏溅而引入负误差。为此，可改用非油性润滑剂（溶于水，不够理想），或改为直接在锥形瓶（4.1）中振摇萃取（先缓缓旋摇并多次启塞放气，再密塞振摇）后，倾去大部分水分，转移入具塞比色管内分层，用抽气泵吸出水相。以后洗脱过剩双硫腙的操作亦可很方便地在比色管中同样进行。实践证明，这样操作不仅省时省力，还减少了用分液漏斗反复转移溶液而引进的误差。

A.8 鉴于汞的毒性，双硫腙汞的氯仿溶液切勿丢弃，经加入浓硫酸处理以破坏有机物，并与其他杂质一起随水相分离后，用氧化钙中和残存于氯仿中的硫酸并去除水分，将氯仿重蒸回收。含汞废液可加入氢氧化钠溶液中和至呈微碱性，再于搅拌下加入硫化钠溶液至氢氧化物完全沉淀为止，沉淀物予以回收或进行其他处理。

10.6 水体样品中甲基汞的检测方法

10.6.1 气相色谱法（GB/T 17132—1997）

环境 甲基汞的测定

气相色谱法

1 适用范围

本标准适用于地面水、生活饮用水、生活污水、工业废水、沉积物、鱼体及人发和人尿中甲基汞含量的测定。

本方法采用巯基纱布和巯基棉二次富集的前处理方法，用气相色谱仪（电子捕获检测器）测定水、沉积物和尿中甲基汞；采用盐酸溶液浸提的前处理方法，用气相色谱仪（电子捕获检测器）测定鱼肉和人发组织中甲基汞。

本方法最低检出浓度随仪器灵敏度及样品基体不同而各异。水、沉积物和尿通常可检出浓度分别为0.01 ng/L、0.02 μg/kg和2 ng/L；鱼肉和人发通常可检出浓度分别为0.1 μg/kg和1 μg/kg。

2 试剂和材料

2.1 载气：氮气，纯度99.995%。

2.2 配制标准样品和试样预处理时使用的试剂和材料。

2.2.1 氯化甲基汞（CH_3HgCl）：分析纯。

2.2.2 苯（C_6H_6）：优级纯。色谱图上无干扰峰出现，否则应做提纯处理。

2.2.3 硫代乙醇酸（$HSCH_2COOH$）：分析纯。

2.2.4 乙酐［$(CH_3CO)_2O$］：分析纯。

2.2.5 36%乙酸（CH_3COOH）：分析纯。

2.2.6 硫酸（H_2SO_4）：ρ=1.84 g/mL时，分析纯。

2.2.7 氯化钠（NaCl）：优级纯。

2.2.8 盐酸（HCl）：ρ=1.19 g/mL时，优级纯。

2.2.9 蒸馏水：不得含干扰甲基汞测定的物质。

2.2.10 盐酸溶液（2 mol/L）：量取盐酸167 mL，用蒸馏水（2.2.9）稀释至1 L。用50 mL苯萃取二次以排除干扰物质。

2.2.11 氢氧化钠溶液（6 mol/L）：称取240 g氢氧化钠（分析纯），溶于适量蒸馏水中，搅拌。冷却后用蒸馏水稀释至1 L。

2.2.12 硫酸铜溶液：称取1.56 g硫酸铜（$CuSO_4 \cdot 5H_2O$，分析纯），溶于100 mL蒸馏水中。此溶液浓度为0.01 g/mL。

2.2.13 定性滤纸和玻璃棉：经盐酸溶液（2.2.10）浸泡处理。

2.2.14 脱脂纱布和脱脂棉（医用）。

2.2.15 巯基纱布和巯基棉的制备：在广口试剂瓶中依次加入100 mL硫代乙醇酸、70 mL乙酐、32 mL36%乙酸和0.2 mL硫酸混匀。冷却至室温后，加入50 g脱脂纱布或30 g脱脂棉。浸泡完全，加盖密闭，在37～39℃烘箱中恒温48～72 h。用蒸馏水（2.2.9）洗至中性，挤尽水分，置36～38℃烘箱中烘干。密封于棕色瓶中，避光贮存备用。

制备的巯基纱布或巯基棉必须进行回收率测定，测定方法见附录A。

2.2.16 氯化甲基汞标准溶液

2.2.16.1 氯化甲基汞标准苯溶液

a. 标准贮备液：称取0.116 4 g氯化甲基汞溶于苯中，在100 mL容量瓶中定容至刻度。此溶液每毫升含1 000 μg甲基汞。于2～5℃冰箱中可储存一年。

b. 中间溶液：用移液管量取标准贮备液（a）5 mL，移入100 mL容量瓶中，用苯稀释至刻度。此溶液每毫升含50 μg甲基汞。于2～5℃冰箱中可储存六个月。

c. 标准工作液：可根据检测器灵敏度及线位要求和待测试样中甲基汞浓度，用苯稀释中间溶液（b），配制所需浓度的标准工作液。

2.2.16.2　氯化甲基汞标准水溶液

a. 标准贮备液：称取0.116 4 g氯化甲基汞，用少量无水乙醇（约5 mL）溶解。用蒸馏水在容量瓶中定容至100 mL。此水溶液每毫升含1 000 μg甲基汞。于2～5℃冰箱中可贮存一个月。

b. 标准工作液：根据实验要求，用蒸馏水稀样标准贮备液（a），配制成所需浓度的标准工作液。临用时配制（此溶液的使用见附录A）。

2.2.17　硫酸银（Ag_2SO_4）饱和溶液：1 g Ag_2SO_4（分析纯）加在100 mL蒸馏水中。

2.2.18　氯化汞饱和苯溶液（色谱柱处理液）：0.1 g氯化汞（$HgCl_2$，分析纯）加入100 mL苯中。

2.3　制备色谱柱时使用的试剂和材料

2.3.1　色谱柱的填充物参考3.2的有关内容。

2.3.2　涂渍固定液所需溶剂：丙酮（C_3H_6O，分析纯）。

3　仪器和设备

3.1　气相色谱仪：带电子捕获检测器（ECD）的气相色谱仪。

3.1.1　汽化室：全玻璃系统汽化室。

3.1.2　进样器：5 μL、10 μL微量进样器。

3.2　色谱柱

3.2.1　色谱柱类型及特征：硬质玻璃填充，长1～2 m，内径4 mm。

3.2.2　载体

3.2.2.1　名称：Chromorb W AW DMCS。

3.2.2.2　粒度：100～80目。

3.2.3　固定液

3.2.3.1　名称及化学性质：丁二酸二乙二醇酯（DEGS），最高使用温度200℃，或聚乙二醇20000（PEG-20M），最高使用温度250℃。

3.2.3.2　液相载荷量：DEGS为5%；PEG-20M为5%。

3.2.3.3　固定相制作：根据担体的重量称取一定量固定液，溶解在规定的溶剂中。待全部溶解后倒入担体，使担体刚好浸没在溶液中。让溶剂均匀挥发，待溶剂全部挥发后即完成涂渍。

3.2.4　色谱柱的填充方法：用硅烧化玻璃棉塞住色谱柱一端。接缓冲瓶和真空泵。柱的另一端通过软管接漏斗。将固定相慢慢通过漏斗装入色谱柱内。在填装固定相的同时开启真空泵，并轻轻敲击色谱柱，使固定相填充紧密、均匀。填装完毕后，用硅烷化玻璃棉塞住色谱柱另一端。

3.2.5 色谱柱效能下降的处理：见附录B。

3.3 检测器：电子捕获检测器，用^{63}Ni放射源。

3.4 记录仪：与仪器相匹配的记录仪。

3.5 数据处理系统：与仪器相匹配的积分仪。

3.6 试样预处理时使用的设备和器材

3.6.1 巯基纱布旋转富集装置：将巯基纱布挂在塑料框架上。框架通过轴承由微型直流电机带动旋转。纱布框架悬在容积为1 L的圆桶型塑料容器中。6个塑料容器为一组。将上述3个部分组装起来，构成一个便携式现场富集装置，见图1。

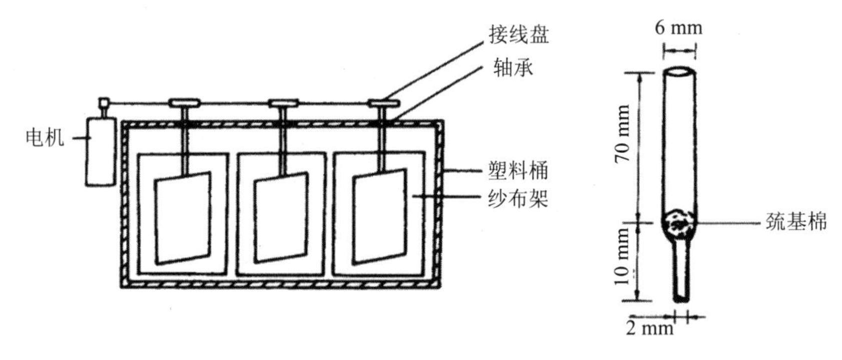

图 1 富集装置示意图

图 2 巯基棉管

3.6.2 巯基棉管（第二次富集用）吸附装置

3.6.2.1 巯基棉管：长 80 mm、内径 4 mm，上端平口下端稍拉细些的玻璃管，见图2。内装巯基棉0.04～0.05 g。

3.6.2.2 巯基棉管吸附装置：由60 mL 分液漏斗和巯基棉管（3.6.2.1）连接组成，见图3。

3.6.2.3 微型萃取管：用10 mL 容量瓶从腹部下端熔断封闭，在其中间稍拉细些即成，见图4。

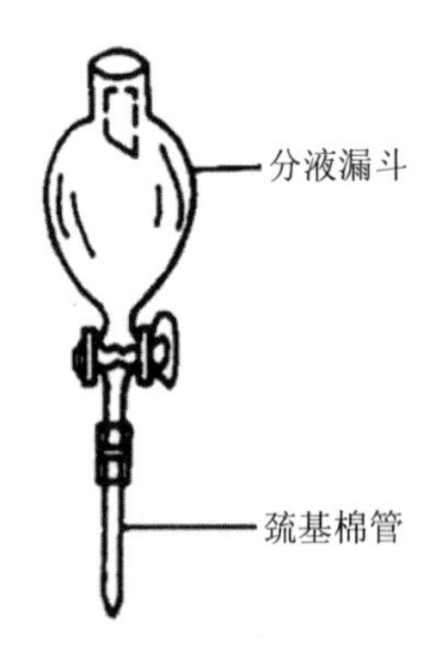

图 3 巯基棉管吸附装置

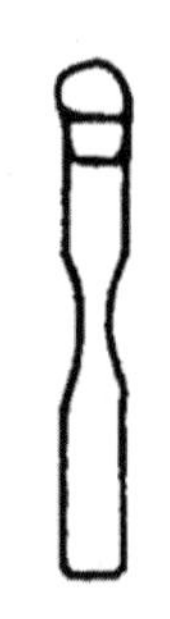

图 4 微型萃取管

3.6.2.4　玻璃器材及其他

a. 60 mL分液漏斗。

b.　100 mL刻度烧杯。

c.　5 mL医用玻璃注射器。

d.　乳钵：直径8 cm。

e.　采样桶：10 L聚乙烯塑料桶。

f.　25 mL具塞比色管。

g.　10 mL具塞刻度离心管。

h.　2 mL具塞玻璃试管。

i.　500 mL烧杯。

4　样品

4.1　样品名称：地面水、生活饮用水、生活污水、工业废水、沉积物和鱼及人发和人尿。

4.2　样品的采集和保存

4.2.1　水样：用聚乙烯塑料桶采集水样。每升水样加硫酸铜溶液（2.2.12）1 mL。水样用盐酸、盐酸溶液（2.2.10）和氢氧化钠溶液（2.2.11）调pH=3。水样需尽快预处理。水样于4℃且pH=3条件下可保存12 h。

4.2.2　沉积物：按照沉积物采样技术规范进行。样品于避光处自然风干，过80目筛。样品采集后如不能及时处理，须将样品装入容器内冷藏保存。

4.2.3　鱼样：按生物样品采样技术规范进行。取鱼背部肌肉，用定性滤纸吸去鱼肉表层水分，称取样品并进行样品前处理。样品也可以放在冰箱中于−20℃冷冻保存。保存时间以不超过一个月为宜。

4.2.4　人发样：从枕部后发际采集头发2～3 g（婴儿采集全发），用中性洗涤剂洗干净，用蒸馏水洗涤3次。在室温下自然干燥后，剪碎至1～2 mm小段，装瓶子避光处贮存备用。

4.2.5　人尿样：尿样采集后加盐酸调pH＜3，以12 h内分析为宜。

4.3　试样的预处理

4.3.1　水样预处理

4.3.1.1　巯基纱布富集：将水样倒入巯基纱布富集装置（3.6.1）的各容器中，巯基纱布浸在水样中。启动电机，以10 r/min速度富集30 min。取下巯基纱布，并用少量蒸馏水冲洗。

4.3.1.2　洗脱：将上述巯基纱布（一般为6片）塞入60 mL分液漏斗中，加15 mL盐酸溶液（2.2.10），浸泡约5 min。打开活塞，收集洗脱液于100 mL烧杯中，用吸耳球吹净残存盐酸溶液。用盐酸溶液（2.2.10）和氢氧化钠溶液（2.2.11）调节洗脱液至pH=3。

4.3.1.3　巯基棉的第二次吸附：将上述洗脱液倾入巯基棉管吸附装置（3.6.2.2）里。打开分液漏斗活塞，调节流出液流速为4～5 mL/min。流毕，用吸耳球吹出巯基棉上的残存溶液。

4.3.1.4　萃取：将巯基棉管置于微型萃取管（3.6.2.3）管口上。分两次加盐酸溶液（2.2.10），每次0.4 mL。将吸附到巯基棉上的甲基汞洗脱到微型萃取管中。用吸耳球吹出最后一滴洗脱液。然后向微型萃取管中准确加入0.4 mL苯。充分振荡萃取5 min。静止分层后，用5 mL医用注射器向微型萃取管底部缓缓注入蒸馏水，使苯相上升至萃取管的细口部位。

4.3.2 沉积物试样预处理

浸提：取 2.0 g 样品放入 100 mL 刻度烧杯中。缓慢倒入盐酸溶液（2.2.10）。边加边搅拌至不产生气泡为止，加入容量为 40～60 mL。再加 1 mL 硫酸铜溶液（2.2.12），搅拌 2 min，静置提取 10 min 左右。倾入巯基纱布富集装置（3.6.1）的容器中，加 500 mL 蒸馏水。用盐酸溶液（2.2.11）和氢氧化钠溶液（2.2.10）调 pH=3。以下操作按 4.3.1.1 步骤进行。

4.3.3 尿样预处理

4.3.3.1 浸提：取尿样100 mL于500 mL烧杯中，加10 mL盐酸和1 mL硫酸铜溶液（2.2.12）搅拌均匀，静置5 min。

4.3.3.2 富集：加蒸馏水500 mL，用盐酸溶液（22.10）和氢氧化钠溶液（2.2.11）调pH=3，倒入巯基纱布富集装置（3.6.1）中，启动电机，富集30 min。取下巯基纱布，并用少量蒸馏水冲洗。以下步骤按4.3.1.2进行。

4.3.4 鱼样预处理

4.3.4.1 浸提：称取1.0～2.0 g鱼肉，放入乳钵中，加2 g氯化钠进行研磨。加盐酸溶液（2.2.10）2.0 mL继续研磨成糊状。倾入25 mL具塞比色管中。用8.0 mL盐酸分两次洗乳钵内壁，均倾入上述比色管中。振摇10 min，放置1 h。将提取液用滤纸（2.2.13）过滤到10 mL具塞刻度离心管中。用滴管调整溶液液面至5 mL刻度处。

4.3.4.2 萃取：在上述离心管中加2.0 mL苯，振荡萃取5 min。静止分层。

4.3.4.3 消除乳化：在萃取过程中，一般均出现程度不同的乳化。轻度乳化可采用离心办法破除乳化；对某些较严重的乳化现象，可采用离心、冷冻再离心的方法处理。

4.3.4.4 测定：抽取上述苯溶液，用于色谱分析。

4.3.5 人发样预处理

浸提：称取人发样0.10～0.30 g，放入25 mL具塞比色管中，加7.0 mL盐酸溶液（2.2.10）充分振摇。浸提4 h。然后将浸提液通过玻璃棉（2.2.13）过滤到10 mL具塞刻度离心管中，将液面刻度调至5 mL处。以下按4.3.4.2步骤进行。

5 测定条件

5.1 仪器调整

5.1.1 温度

5.1.1.1 汽化室温度：210℃。

5.1.1.2 色谱柱温度：160℃。

5.1.1.3 检测器温度：240℃（^{63}Ni放射源）或210℃（^{3}H放射源）。

5.1.2 载气：60 mL/min，根据色谱柱阻力，调节柱前压。

5.1.3　记录仪：纸速5 mm/min。

5.2　校准

5.2.1　定量方法：外标法。

5.2.2　标准样品

5.2.2.1　标准样品制备：在线性范围内配制一系列氯化甲基汞标准溶液。

5.2.2.2　标准溶液的使用

a. 使用标准溶液测定时，进样后仅出苯峰和甲基汞峰，无其他干扰，由此可确定甲基汞峰的保留时间（t_R）及检测器的线性范围。

b. 分析样品时，需使用标准样品多次重复校准，使用次数视仪器稳定性而定。一般每测定30个样品，需校准一次。

5.2.2.3　使用标准样品的条件

a. 标准样品进样体积应与被测试样进样体积相同，标准样品的响应值应与被测试样的响应值接近。

b. 仪器稳定性判断：使用同一个标准样品连续进样两次（平行测定），若两峰峰高（或峰面积）相对偏差≤5%，即认为仪器处于稳定状态。

c. 标准样品与被测试样必须同时进行分析，各被测试样峰高（峰面积）与单个标准样品峰高（峰面积）直接比较，求得试样甲基汞浓度。

d. 在实际分析工作中，应采用氯化甲基汞标准水溶液（2.2.16.2），按照试样预处理步骤（4.3）进行基体加标回收率测定，以减少系统误差。

5.2.3　校准数据的表示

试样中组分按式（1）校准：

$$X_i = E_i \times \frac{A_i}{A_E} \tag{1}$$

式中，X_i——试样中组分i的含量；

E_i——标准试样中组分i的含量；

A_i——试样中组分i的峰高（mm）或峰面积（cm^2）；

A_E——标准试样中组分i的峰高（mm）或峰面积（cm^2）。

5.3　试验

5.3.1　进样

5.3.1.1　进样方式：使用微量进样器（3.1.2）进样。

5.3.1.2　进样量：5 μL。微量进样器用苯清洗数次后，再用待分析的试样萃取液（苯相）冲洗2次。然后缓慢抽取萃取液至针筒中，排除气泡及多余萃取液，保留5 μL容量（或所需容量）。将注射器中样品快速注入色谱仪中。随后，立即拔出注射器。

5.4　色谱图的考察

5.4.1　标准色谱图（见图5）

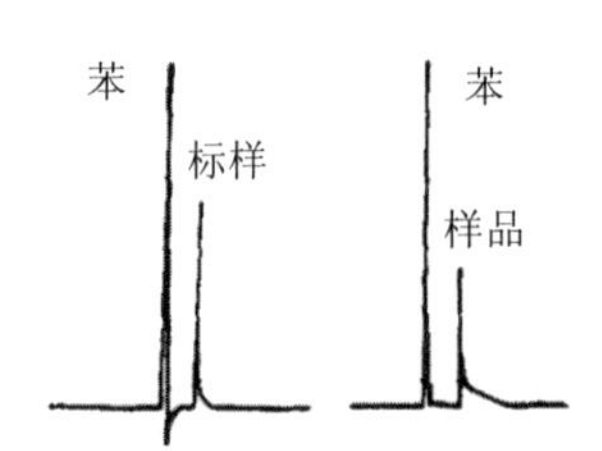

固定液：5%DEGS；柱温度：160℃；检测器温度：220℃；载气流速：60 mL/min

图5　氯化甲基汞色谱图

5.4.2　定性分析

5.4.2.1　出峰次序：溶剂苯峰、氯化甲基汞峰。

5.4.2.2　根据标准色谱图给出的甲基汞峰保留值（t_R）确定待测试样中甲基汞组分。

5.4.2.3　为检验可能存在的干扰峰，也可用极性不同的另一根色谱柱进行分析。

5.4.2.4　可用硫酸银溶液（2.2.17）与萃取液苯一起振荡，以萃取液中甲基汞峰消失来定性。

5.4.3　色谱峰的测量

5.4.3.1　通过色谱峰两侧的拐点所作的切线与基线相交，两点间的线段叫色谱峰宽度（峰宽）。从峰高最大值对时间轴作垂线，对应的时间即为保留时间。色谱峰的最高点与基线间的距离为峰高。

5.4.3.2　积分仪自动给出峰面积。

5.4.4　计算

$$C=\frac{m\times H_1\times V_1}{H_2\times V_2\times V_3(W)\times K} \tag{2}$$

式中，C——试样中甲基汞浓度（水和尿为μg/L；沉积物、鱼和人发为mg/kg）；

m——标准样品甲基汞的质量，ng；

H_1——样品峰高（mm）或峰面积（mm^2）；

V_1——萃取液总体积，μL；

H_2——标准样品峰高（mm）或峰面积（mm^2）；

V_2——萃取液进样体积，μL；

V_3（或W）——样品总体积（mL）或质量（g）；

K——巯基纱布（或巯基棉）的回收率。

6　结果的表示

6.1　定性结果

根据标准色谱图甲基汞的保留时间（t_R）确定被测试样中的甲基汞组分。

6.2 定量结果

6.2.1 含量的表示方法

根据计算公式计算出甲基汞的含量，结果以两位有效数字表示。

6.2.2 精密度及准确度

由六个实验室分析统一样品，其精密度和准确度列于表1。

表 1 精密度及准确度

样品		样品浓度	精密度		准确度
			标准偏差		加标回收率平均值/%
			重现性	再现性	
水	A	0.94×10^{-3} μg/L	5.18×10^{-2}	5.35×10^{-2}	90.0
	B	4.74×10^{-3} μg/L	1.23×10^{-2}	1.36×10^{-2}	
沉积物	A	0.147 μg/kg	5.39×10^{-3}	5.69×10^{-3}	87.8
	B	0.236 μg/kg	5.20×10^{-3}	5.20×10^{-3}	
鱼	A	0.153 mg/kg	3.42×10^{-3}	6.02×10^{-3}	104.5
	B	0.243 mg/kg	5.01×10^{-3}	1.29×10^{-3}	
人发	A	1.75 mg/kg	4.74×10^{-2}	4.77×10^{-2}	94.4
	B	8.07 mg/kg	0.22	0.27	
尿		0.59 μg/L	1.29×10^{-2}	1.36×10^{-2}	94.8

6.2.3 检测限：当气相色谱仪设在灵敏度最大时，以噪声的2倍作为仪器对甲基汞的检测限。本方法要求仪器的灵敏度不低于10^{-12} g。

附录 A
（标准的附录）
巯基纱布或巯基棉回收率的测定

取氯化甲基汞标准水溶液（2.2.16.2）1.0 mL，加入1 L蒸馏水（2.2.9）中，以下巯基纱布按4.3.1.1步骤，巯基棉按4.3.1.2步骤分别处理，分别与1.0 mL氯化甲基汞标准水溶液的苯萃取液比较，计算巯基纱布或巯基棉的回收率。回收率不低于80%，方可使用。

附录 B
（标准的附录）
氯化汞柱处理液的使用

当色谱峰出现拖尾及甲基汞组分的保留时间出现较大变化时，考虑与色谱柱效能下降有关。遇此情况，注10 μL氯化汞苯溶液（2.2.18）2 h后可继续测定。也可在完成当天测定后，注入100 μL柱处理液，保持柱温过夜，次日柱效可恢复正常。

10.6.2　液相色谱-原子荧光法（DB 22/T 2464—2016）

水中甲基汞的测定　液相色谱-原子荧光法

1　范围

本标准规定了水中甲基汞的测定原理、试剂与材料、仪器与设备、分析步骤、结果计算和表述、精密度。

本标准适用于地表水、生活污水、工业废水中甲基汞的测定。

2　规范性引用文件

下列文件对于本文件的应用是必不可少的。凡是注明日期的引用文件，仅所注日期的版本适用于本文件。凡是未注明日期的引用文件，其最新版本（包括所有的修改单）适用于本文件。

GB/T 6682　分析实验室用水规格和试验方法。

3　原理

水样通过改性的C_{18}固相萃取小柱净化，收集液与混合还原剂和盐酸发生氢化反应，用液相色谱分离、原子荧光法检测、外标法定量。

4　试剂与材料

除非另有说明，所用试剂均为优级纯，实验室用水符合GB/T 6682规定的一级水。

4.1　甲醇（CH_3OH）（分析纯）。

4.2　甲醇（CH_3OH）。

4.3　乙腈（CH_3CN）。

4.4　乙酸铵（CH_3COONH_4）。

4.5　L-半胱氨酸［$HSCH_2CH(NH_2)COOH$］。

4.6　盐酸（HCl）。

4.7　硼氢化钾（KBH_4）。

4.8　二乙基二硫代氨基甲酸钠（$C_5H_{10}NNaS_2 \cdot 3H_2O$）（分析纯）。

4.9　甲基汞标准溶液（CAS NO：22967-92-6，浓度：10 μg/mL，1.2 mL）。

4.10　甲基汞标准储备液：移取甲基汞标准溶液（4.9）500 μL于100 mL容量瓶中，用甲醇定容，制成浓度为50 μg/L的甲基汞标准储备溶液，4℃保存，备用。

4.11　甲基汞标准工作溶液：分别准确移取甲基汞标准储备液（4.10）10.00 mL、5.00 mL、

2.50 mL、1.00 mL、0.50 mL于50 mL容量瓶中，用甲醇稀释定容，得到浓度为10 μg/L、5.0 μg/L、2.5 μg/L、1.0 μg/L、0.5 μg/L标准工作溶液。

4.12　10%乙腈洗脱液：称取乙酸铵（4.4）5.0 g，L-半胱氨酸（4.5）1.2 g，溶于少量水中，加入乙腈（4.3）100 mL，全部移入1 L容量瓶中，用水稀释至刻度，摇匀。

4.13　改性液：1 g/L二乙基二硫代氨基甲酸钠（4.8）（DDTC）。

4.14　醋酸纤维滤膜：0.22 μm。

4.15　C_{18}固相萃取小柱：100 mg，1 mL。

5　仪器与设备

5.1　液相-原子荧光联用仪。

5.1.1　液相色谱参考条件如下：

a）色谱柱：Venusil MP C_{18}色谱柱（150 mm×4.6 mm，5 μm）。

b）流动相：乙腈-145 mmol/L乙酸铵-20 mmol/L半胱氨酸（5+45+50）混合液，经0.45 μm滤膜过滤后，在超声波清洗器中超声20 min。

c）流速：1.0 mL/min。

d）进样体积：100 μL。

5.1.2　原子荧光参考条件如下：

a）负高压：290 V。

b）电流：30 mA。

c）载气流量：300 mL/min。

d）屏蔽气流量：1 000 mL/min。

e）原子化器高度：10 mm。

f）原子化器温度：200℃。

5.1.3　形态分析参考条件如下：

a）载液：1.0 mol/L盐酸溶液。

b）还原剂：5 g/L氢氧化钾-1 g/L硼氢化钾溶液。

5.2　其他

5.2.1　天平：感量0.01 g。

5.2.2　分析天平：感量0.1 mg。

5.2.3　离心机：最大相对离心力5 030 g。

5.2.4　超纯水制备仪。

5.2.5　超声波清洗仪。

5.2.6　固相萃取仪。

6 分析步骤

6.1 试样制备和处理

6.1.1 C_{18}柱改性

依次用甲醇5 mL、水5 mL冲洗活化100 mg/mL的C_{18}固相萃取小柱，加1 g/L DDTC改性液5 mL进行改性。

6.1.2 水样处理

取水样5 mL以3 000 r/min离心5 min，上清液用0.2 mol/L盐酸溶液调节pH在4.0～5.0，过改性后的C_{18}小柱，然后移取10%乙腈洗脱液4 mL，流速约1.5 mL/min，收集洗脱液，浓缩定容至2 mL，过0.22 μm滤膜，用液相色谱-原子荧光仪测定。

6.2 空白试验

试验中除水样外其余按照6.1处理，采用液相色谱-原子荧光仪测定。

6.3 测定

6.3.1 标准曲线的绘制

按照4.11配制标准工作溶液，以荧光强度为纵坐标，浓度为横坐标，绘制标准曲线。甲基汞标准品的色谱图见附录A。

6.3.2 试样定量

试料注入液相色谱-原子荧光仪，根据标准曲线定量。

7 结果计算和表述

试样中甲基汞含量的计算公式如下：

$$X=(c-c_0)\times\frac{V_2}{V_1} \tag{1}$$

式中，X——试样中甲基汞的含量，单位为微克每升（μg/L）；

c——由工作曲线算出的试样溶液中甲基汞的浓度，单位为微克每升（μg/L）；

c_0——由工作曲线算出的空白试验中甲基汞的浓度，单位为微克每升（μg/L）；

V_2——定容后试液最终体积，单位为毫升（mL）；

V_1——水样的体积，单位为毫升（mL）；

结果取两次测定结果的平均值，保留三位有效数字。

8 方法检出限

本标准方法中甲基汞液相色谱-原子荧光法检出限为0.5 ng/L。

9 精密度

9.1 在重复性测定的条件下，获得的两次独立测试结果的绝对差值不超过算术平均值的8%。

9.2 在再现性测定的条件下，获得的两次独立测试结果的绝对差值不超过算术平均值的10%。

附录 A

（资料性附录）

甲基汞标准品的色谱图

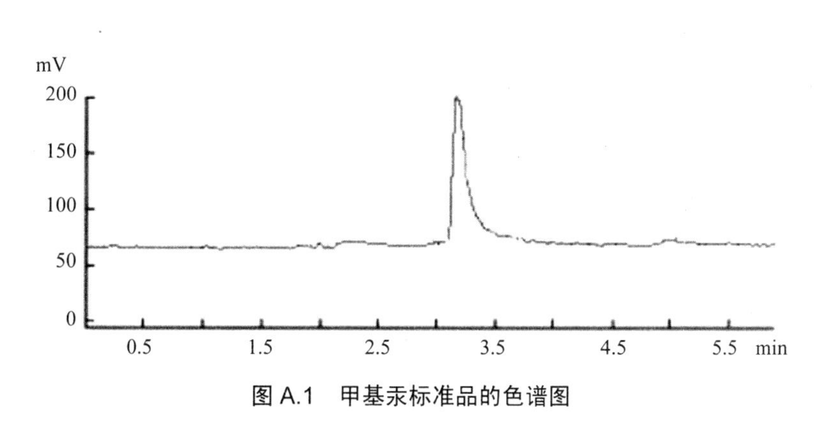

图 A.1　甲基汞标准品的色谱图

10.7　气态汞的检测方法

冷原子吸收分光光度法（HJ 910—2017）

环境空气　气态汞的测定

金膜富集/冷原子吸收分光光度法

1　适用范围

本标准规定了测定环境空气中气态汞的金膜富集/冷原子吸收分光光度法。

本标准适用于环境空气中气态汞的测定。

当采样体积为60 L（60 min，标准状态）时，方法检出限为2 ng/m^3，测定下限为8 ng/m^3；当采样体积为1 440 L（24 h，标准状态）时，方法检出限为0.1 ng/m^3，测定下限为0.4 ng/m^3。

2　规范性引用文件

本标准引用了下列文件或其中的条款。凡是未注明日期的引用文件，其有效版本适用于本标准。

HJ 194　环境空气质量手工监测技术规范

3　方法原理

以金膜微粒汞富集管采集环境空气中的气态汞，汞在金膜表面生成金汞齐。将采样后的富集管在600℃以上加热解析，汞被定量释放出来，随载气进入测汞仪内经过再次富集和解析，在253.7 nm下利用冷原子吸收分光光度法测定。

4　干扰和消除

酸碱性气体和水蒸气直接进入冷原子吸收池内会影响汞的测定结果。在冷原子吸收通气管路中串联一支装有缓冲液的气体洗涤缓冲瓶和一支除水缓冲瓶（空瓶），可有效消除干扰。

5　试剂和材料

除非另有说明，分析时均使用符合国家标准的分析纯试剂。实验用水为新制备的电阻率大于等于18 MΩ·cm的去离子水。

5.1　无水氯化钙（$CaCl_2$）：优级纯。

5.2　重铬酸钾（$K_2Cr_2O_7$）：优级纯。

5.3　氯化汞（$HgCl_2$）：优级纯。

使用前于105℃干燥2 h，置于硅胶干燥器中，备用。

5.4　氯化亚锡（$SnCl_2·2H_2O$）：优级纯。

5.5　氢氧化钠（NaOH）：优级纯。

5.6　磷酸二氢钾（KH_2PO_4）：优级纯。

使用前于105℃干燥2 h，置于硅胶干燥器中，备用。

5.7　磷酸氢二钠（Na_2HPO_4）：优级纯。

使用前于105℃干燥2 h，置于硅胶干燥器中，备用。

5.8　盐酸（HCl）：ρ=1.19 g/mL，优级纯。

5.9　硫酸（H_2SO_4）：ρ=1.84 g/mL，优级纯。

5.10　硝酸（HNO_3）：ρ=1.42 g/mL，优级纯。

5.11　氯化亚锡溶液：ρ（$SnCl_2·2H_2O$）＝0.25 g/mL。

称取25.0 g 氯化亚锡（5.4）于150 mL 干烧杯中，加25 mL 盐酸（5.8），加热至全部溶解后，用实验用水稀释至100 mL。用吹气装置（6.6）以1.0 L/min 流量通入氮气（5.22）15 min以上以除去汞。临用时现配。

5.12　氢氧化钠溶液：ρ（NaOH）＝0.30 g/mL。

称取30.0 g 氢氧化钠（5.5）于150 mL 干烧杯中，用少量实验用水溶解后稀释至100 mL。保存于聚乙烯瓶中。

5.13　磷酸盐缓冲溶液：pH≈6.8。

分别准确称取3.4 g磷酸二氢钾（5.6）和3.5 g磷酸氢二钠（5.7），在250 mL烧杯中用实验用水溶解，转移至1 000 mL容量瓶中定容，也可使用市售磷酸盐缓冲溶液。

5.14　缓冲液。

用磷酸盐缓冲溶液（5.13）与实验用水按1∶1的体积比配制。

5.15　硫酸溶液：1∶49。

用硫酸（5.9）与实验用水按1∶49的体积比配制。

5.16　固定液：ρ（$K_2Cr_2O_7$）=0.5 g/L。

称取0.5 g重铬酸钾（5.2）溶于950 mL实验用水中，再加入50 mL硝酸（5.10），于4℃以下冷藏可保存3个月。

5.17　汞标准贮备液：ρ（Hg）= 100 μg/mL。

称取0.135 4 g氯化汞（5.3），溶解于少量固定液（5.16）后，移入1 000 mL容量瓶中，再用固定液（5.16）稀释至标线，于4℃以下冷藏可保存1年，也可使用市售标准溶液。

5.18　汞标准中间液Ⅰ：ρ（Hg）= 10.0 μg/mL。

移取10.0 mL汞标准贮备液（5.17）于100 mL容量瓶中，用固定液（5.16）稀释至标线，于4℃以下冷藏可保存6个月。

5.19　汞标准中间液Ⅱ：ρ（Hg）= 1.00 μg/mL。

移取1.00 mL汞标准贮备液（5.17）于100 mL容量瓶中，用固定液（5.16）稀释至标线，于4℃以下冷藏可保存3个月。

5.20　汞标准使用液Ⅰ：ρ（Hg）= 0.10 μg/mL。

移取1.00 mL 汞标准中间液Ⅰ（5.18）于100 mL容量瓶中，用硫酸溶液（5.15）稀释至标线。临用时现配。

5.21　汞标准使用液Ⅱ：ρ（Hg）= 0.01 μg/mL。

移取1.00 mL汞标准中间液Ⅱ（5.19）于100 mL容量瓶中，用硫酸溶液（5.15）稀释至标线。临用时现配。

5.22　氮气：纯度≥99.99%。

6　仪器和设备

6.1　富集管

内含可富集汞的金膜微粒。富集管的制备方法及示意图见附录A。该管对汞的饱和吸收量为1 μg，也可直接购买市售金膜微粒汞富集管。

注 1：由于不同仪器使用的热解析器规格不同，因此制备或购买的富集管规格应与仪器配套。

注 2：采样前将富集管在马弗炉（6.5）内 750℃加热 3 h，富集管空白值应低于检出限（约 0.15 ng）。冷却后，富集管两端用聚乙烯或聚四氟乙烯塞塞紧，置于聚乙烯自封袋或专用具塞玻璃管中保存，1 个月内使用。

6.2　气态汞采样系统

6.2.1　由空气采样器（6.2.2）、采样系统连接管（6.2.3）、富集管（6.1）、膜托（6.2.4）和石英纤维滤膜（6.2.5）组成，示意图见图1。

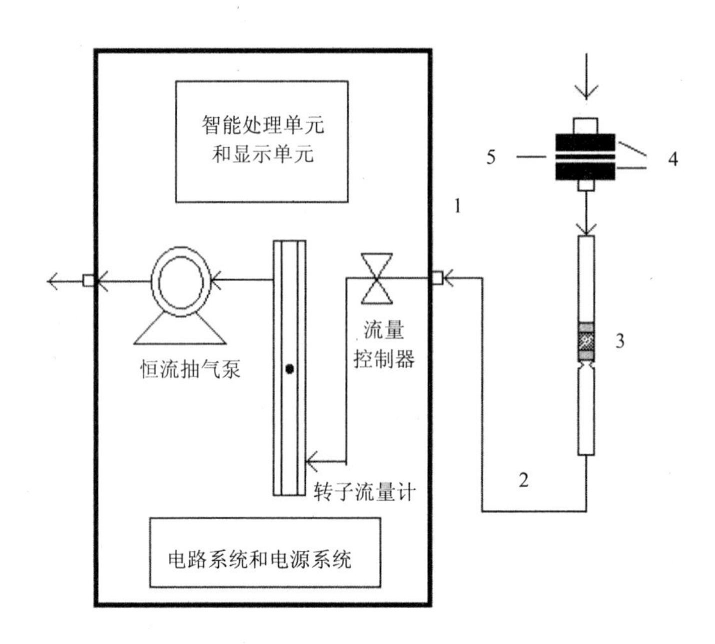

1-空气采样器；2-采样系统连接管；3-富集管；4-膜托；5-石英纤维滤膜

图1 气态汞采样系统组成示意图

6.2.2 空气采样器：应具备自动累计采样体积的功能，流量范围0.1～1.5 L/min，流量控制误差为±2.5%，采样前应进行流量校准。

6.2.3 采样系统连接管：聚乙烯或聚四氟乙烯管，与采样系统各接口或连接端配套。

6.2.4 膜托：聚乙烯或聚四氟乙烯材质，直径25 mm，与石英纤维滤膜（6.2.5）配套使用。

6.2.5 石英纤维滤膜：孔径0.45 μm，直径25 mm，用于采样时滤除空气中的颗粒物。

注：石英纤维滤膜使用前须先在马弗炉（6.5）内 500℃加热 1 h 以去除其中的汞，处理好的石英纤维滤膜用锡纸包好后置于硅胶干燥器中保存，1 个月内使用。

6.3 热解析-冷原子吸收测汞系统

6.3.1 由空气净化管（6.3.2）、热解析器（6.3.3）和冷原子吸收测汞仪（6.3.4）组成，示意图见图2。具有对热解析器温度进行调节和控制的功能，温度控制误差为±1℃；具有常量（0～1 000 ng）和微量（0～20 ng）两种测试模式。

6.3.2 空气净化管：为空白的富集管（6.1），用于热解析-冷原子吸收测汞系统管路入口空气的净化。

6.3.3 热解析器：可加热至600℃以上，工作曲线制作时装入制备的标准富集管，空白样品和样品测定时分别装入空白富集管和样品富集管。

6.3.4 冷原子吸收测汞仪：由含20 mm高缓冲液（5.14）的气体洗涤缓冲瓶、除水缓冲瓶（空瓶）、含一根空白富集管（6.1）的内置富集热解析器、冷原子吸收池、汞检测器、抽气泵、流量控制器、流量计、汞尾气过滤器和工作站组成。

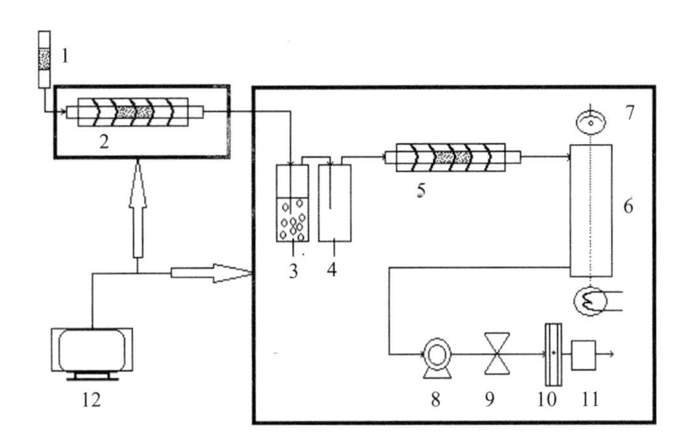

1-空气净化管；2-热解析器；3-气体洗涤缓冲瓶；4-除水缓冲瓶；5-内置富集热解析器；6-冷原子吸收池；

7-汞检测器；8-抽气泵；9-流量控制器；10-流量计；11-汞尾气过滤器；12-工作站

图 2　热解析-冷原子吸收测汞系统

6.4　汞发生富集系统

6.4.1　由空气净化管（6.4.2）、富集系统连接管（6.4.3）、汞蒸气发生瓶（6.4.4）、酸气吸收瓶（6.4.5）、U 型干燥管（6.4.6）、富集管（6.1）、汞尾气过滤器（6.4.7）、可调流量计（6.4.8）和抽气泵（6.4.9）组成。示意图见图3。

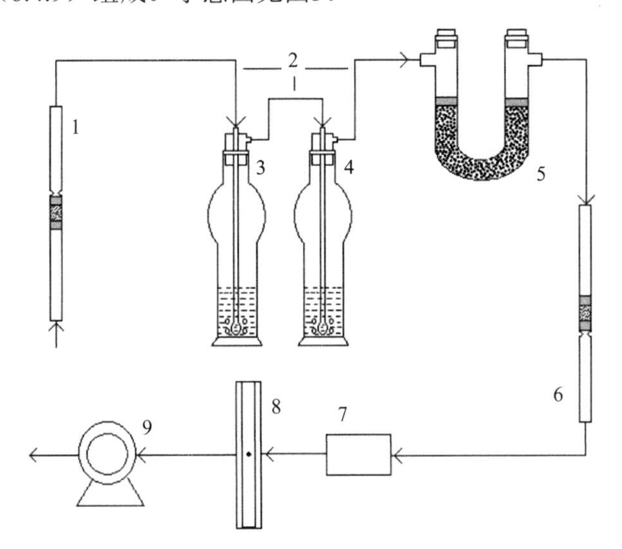

1-空气净化管；2-富集系统连接管；3-汞蒸气发生瓶；4-酸气吸收瓶；

5-U 型干燥管；6-富集管；7-汞尾气过滤器；8-可调流量计；9-抽气泵

图 3　汞发生富集系统

6.4.2　空气净化管：为空白的富集管（6.1），用于汞发生富集系统管路入口空气的净化。

6.4.3　富集系统连接管：聚乙烯或聚四氟乙烯管，与富集系统接口或连接端配套。

6.4.4 汞蒸气发生瓶：25 mL玻璃翻泡瓶，带莲蓬形多孔吹气头的磨口瓶塞，或其他与富集系统相匹配的反应装置。

6.4.5 酸气吸收瓶：25 mL玻璃翻泡瓶，带莲蓬形多孔吹气头的磨口瓶塞，内装10 mL氢氧化钠溶液（5.12），用于汞发生富集系统中酸气的吸收。

6.4.6 U型干燥管：管外径为1.3 cm、支管外径为0.5 cm、高度为10 cm的U型具塞玻璃管，内装无水氯化钙（5.1），填料两端用石英棉塞紧，也可直接购买市售无水氯化钙干燥管。

6.4.7 汞尾气过滤器：含碘活性炭管，直接购买市售或用自行制备的碘活性炭填管。碘活性炭制备参见附录B。

6.4.8 可调流量计：流量范围0.1～1.0 L/min，流量控制误差为±2.5%。

6.4.9 抽气泵：隔膜泵，负载流量≥1.0 L/min，流量使用范围0.1～1.0 L/min。

6.5 马弗炉：可加热至800℃以上。

6.6 吹气装置：由转子流量计、减压阀、压力表、恒流量阀、管道和接头组成的小流量控制器，流量范围0.1～1.0 L/min可调，流量控制误差为±2.5%。

6.7 玻璃器皿：使用符合国家标准的A级玻璃器皿。

6.8 一般实验室常用仪器设备。

7 样品

7.1 采样系统气密性检查

将一根与采样所用同规格的富集管（6.1）连接到气态汞采样系统（6.2）中，打开采样器，堵住进气端，若采样器流量归零，则表明气密性良好。

7.2 样品的采集

参照HJ 194 中气态污染物采样的有关要求进行采样。取下采样系统气密性检查（7.1）中使用的富集管，将另一根富集管（6.1）连接到气态汞采样系统（6.2）中，使富集管处于垂直位置，进气口朝上，以1.0 L/min 的流量采样60 min或24 h，并保持流量恒定。记录采样点位、时间、环境条件、采样开始流量、采样结束流量和采样管编号等信息。

注：在采样器组装及富集管取出的过程中，采样人员须戴无粉手套并位于样品的下风处，以避免由衣物及呼吸所带来的污染。操作时避免手指沾污富集管管端。

7.3 样品的保存

采样结束后，取下样品富集管，用聚乙烯或聚四氟乙烯塞子塞紧样品富集管的两端，置于聚乙烯自封袋或专用具塞玻璃管中保存，运输到实验室，1个月内测定。

7.4 全程序空白样品

将与样品采集同批次的一根富集管（6.1）带到采样现场，按样品的采集（7.2）相同步骤连接到采样系统后，立即取下，按样品的保存（7.3）相同步骤对全程序空白样品进行密封、运输和保存，待上机测定。

7.5　试剂空白样品

按8.2.1标准系列的配制步骤制备空白溶液，并将溶液移入汞蒸气发生瓶，取与样品采集同批次的一根富集管（6.1），参照8.2.2标准富集管的制备步骤制备试剂空白样品富集管，富集管两端用聚乙烯或聚四氟乙烯塞塞紧，装入聚乙烯自封袋或专用具塞玻璃管中保存，待上机测定。

8　分析步骤

8.1　热解析-冷原子吸收测汞系统参考条件

测定波长，253.7 nm；测试模式，根据环境空气中汞的浓度范围，对应选取常量或微量测试模式；热解析器解析温度，600℃以上，解析时间，2 min，转移时间，40 s；内置富集热解析器富集预热温度，160℃，解析温度，600℃以上，解析时间，1 min（微量）或2 min（常量）；抽气流量，0.5 L/min。

实际测试时，应参照仪器说明，设定最佳解析和测定条件。

8.2　工作曲线

8.2.1　标准系列的配制

8.2.1.1　高浓度工作标准系列的配制

常量测试时，取6支25 mL汞蒸气发生瓶，按表1配制高浓度工作标准系列。可根据实际样品中汞浓度情况调整工作标准系列的浓度范围。

表 1　高浓度汞标准系列

瓶号	0	1	2	3	4	5
汞标准使用液 I （5.20）/mL	0	0.05	0.10	0.50	1.00	2.00
硫酸溶液（5.15）/mL	5.00	4.95	4.90	4.50	4.00	3.00
汞含量/ng	0	5.00	10.0	50.0	100	200

8.2.1.2　低浓度工作标准系列的配制

微量测试时，取6支25 mL汞蒸气发生瓶，按表2配制低浓度工作标准系列。

表 2　低浓度汞标准系列

瓶号	0	1	2	3	4	5
汞标准使用液 I （5.21）/mL	0	0.05	0.10	0.50	1.00	2.00
硫酸溶液（5.15）/mL	5.00	4.95	4.90	4.50	4.00	3.00
汞含量/ng	0	0.50	1.00	5.00	10.0	20.0

8.2.2 标准富集管的制备

8.2.2.1 富集系统检漏

将一支汞蒸气发生瓶（6.4.4）、一根空石英管（代替富集管）串接在汞发生富集系统（6.4）中，开启并调整富集流量至0.8 L/min，堵住进气端，若流量归零，则表明气密性良好。

8.2.2.2 富集系统除汞

取下带有吹气头的汞蒸气发生瓶瓶塞，沿管壁往瓶内加入5 mL硫酸溶液（5.15）和0.5 mL氯化亚锡溶液（5.11），然后立即盖上瓶塞，抽气5 min以去除系统中可能存在的汞。

8.2.2.3 富集

依次将8.2.1 中不同浓度汞的标准系列汞蒸气发生瓶和富集管（6.1）串接到汞发生富集系统（6.4）中，开启并调整富集流量至0.8 L/min，取下带有吹气头的汞蒸气发生瓶瓶塞，沿管壁往瓶内迅速加入0.5 mL 氯化亚锡溶液（5.11），然后立即盖上瓶塞，富集3 min。依次取下制备好的标准富集管，富集管两端用聚乙烯或聚四氟乙烯塞塞紧，装入聚乙烯自封袋或专用具塞玻璃管中保存，待上机测定。

8.2.3 标准富集管的测定

将8.2.2.3制备好的标准富集管依次安装到热解析-冷原子吸收测汞系统（6.3）中并连接好管路。按照设定的最佳仪器条件运行热解析程序，使汞蒸气进入冷原子吸收池内进行测试，记录仪器的响应值（低浓度标准系列记录峰高，高浓度标准系列记录峰面积）。

8.2.4 工作曲线的建立

以各标准系列中汞的含量（ng）为横坐标，以其对应的响应值为纵坐标，建立工作曲线。

8.3 样品测定

8.3.1 样品富集管的测定

将采样后的富集管连接到热解析-冷原子吸收测汞系统（6.3）中，按照与标准富集管的测定（8.2.3）相同仪器条件和操作步骤进行样品的测定。

8.3.2 空白富集管的测定

分别将与样品采集同批制备的试剂空白样品富集管和全程序空白样品富集管连接到热解析-冷原子吸收测汞系统（6.3）中，按照与样品富集管的测定（8.3.1）相同仪器条件和操作步骤，进行试剂空白样品和全程序空白样品的测定。

9 结果计算与表示

9.1 结果计算

环境空气中气态汞的质量浓度按式（1）计算：

$$\rho(\mathrm{Hg}) = \frac{W \times 1\,000}{V_n} \tag{1}$$

式中，ρ（Hg）——环境空气中气态汞的浓度，ng/m^3；

W——样品富集管中测得的汞含量，ng；

V_n——标准状态（273.15 K，101.325 kPa）下的采样体积，L。

9.2　结果表示

当采样体积为60 L（60 min，标准状态），测定结果小于100 ng/m^{3}时，保留至整数位；测定结果大于等于100 ng/m^{3}时，保留三位有效数字。当采样体积为1 440 L（24 h，标准状态），测定结果小于10.0 ng/m^{3}时，保留小数点后1位；测定结果大于等于10.0 ng/m^{3}时，保留三位有效数字。

10　精密度和准确度

10.1　精密度

6家实验室分别对制备的汞含量为10.0 ng、50.0 ng和90.0 ng三个浓度水平的标准富集管（每个浓度水平各6根）进行了测定：实验室内相对标准偏差分别为0.93%～6.8%、1.1%～3.1%和0.47%～2.4%，实验室间相对标准偏差分别为6.7%、2.8%和1.4%，重复性限分别为1.2 ng、2.7 ng和3.6 ng，再现性限分别为2.2 ng、4.7 ng和4.9 ng。实验室内对制备的汞含量为0.5 ng和1.0 ng的两个浓度水平标准富集管（每个浓度水平各6根）进行了测定，实验室内相对标准偏差分别为7.9%和7.8%。实验室内对实际采集（24 h）的两个浓度水平的环境空气样品富集管进行测定（每个浓度水平各平行采集6根），得到气态汞平均含量分别为1.6 ng/m^{3}和12.4 ng/m^3，实验室内相对标准偏差分别为11%和9.5%。

10.2　准确度

6家实验室对两个不同浓度水平的汞标准样品溶液（11.4±1.1）μg/L和（20.4±1.6）μg/L利用金膜富集法分别制备了汞含量为11.4 ng和20.4 ng的标准样品富集管（每个浓度水平各6根），并对其汞含量进行了测定，相对误差分别为−7.0%～9.3%、−6.4%～5.0%；相对误差最终值分别为−0.07%±13%和−0.24%±8.6%。

11　质量保证和质量控制

11.1　采样流量

采样开始和结束时的流量相对偏差应在10%以内。

11.2　校准

工作曲线的相关系数应大于等于0.995，否则重新建立工作曲线。

每次分析前应该制备一个曲线中间点标准富集管验证工作曲线，如测定浓度偏差大于10%，则需重新建立工作曲线。

11.3　空白

每次工作曲线建立后应至少制备和分析一个试剂空白。空白值应低于检出限（约0.15 ng），否则应查明原因，必要时重新建立工作曲线，试剂空白合格后方能进行样品分析。每批次样品应至少采集和分析一个全程序空白。空白值应低于2倍检出限（约0.3 ng），否则应重新采样进行分析。

11.4 平行样品测定

每批次样品应至少采集一个平行样品，相对偏差应在20%以内。

11.5 标准样品测定

利用金膜富集法将市售有证标准样品溶液中一定量的汞通过汞发生富集系统（6.4）富集到富集管（6.1）中，即制备成标准样品富集管，每20个样品或每批次样品（当每批次样品少于20个时）测定一个中等浓度（5～50 ng）的标准样品富集管，其回收率应在85%～115%。

11.6 动态捕集效率和穿透率

每批次富集管在第一次使用前抽取10%的富集管通过汞发生富集系统（6.4）进行动态捕集效率测试，捕集效率按式（2）计算。动态捕集效率不应低于95%。

$$Y = \frac{W_2}{W_1} \times 100 \tag{2}$$

式中，Y——富集管动态捕集效率，%；

W_1——加入汞发生富集系统中的汞含量，ng；

W_2——利用汞发生富集系统制备得到的富集管中测得的汞含量，ng。

当测定高浓度气态汞时，需要串联两根富集管。富集管穿透率按式（3）计算。要求富集管穿透率≤20%，结果以两根富集管气态汞浓度之和报出。否则应减少采样体积重新采样。

$$K = \frac{M_2}{M_1 + M_2} \times 100 \tag{3}$$

式中，K——富集管穿透率，%；

M_1——第一根富集管中测得的气态汞含量，ng；

M_2——第二根富集管中测得的气态汞含量，ng。

其他质量保证和质量控制措施按照HJ 194中相关规定执行。

12 废物处理

实验过程中产生的含汞废气在排出之前用汞尾气过滤器吸附，以免污染空气；实验产生的含汞废渣和废液应集中收集在有盖的容器中，做好标记，分类保管，委托有资质的单位进行处置。

13 注意事项

13.1 富集管不适用于有油烟、油雾环境空气中气态汞的测定。

13.2 富集管反复使用后，金膜微粒在石英管中会发生松动，因而影响对汞的富集效果，故使用时需塞紧压实。

13.3 为避免污染，应定期更换采样与分析系统中的连接管，实验室内不存放金属汞或汞的化合物及其溶液，测试过程最好在具有净气系统的房间中进行。

13.4　所有玻璃器皿使用前均需用稀硝酸（1+1）浸泡过夜，再用实验用水清洗干净。

13.5　每次测定开始前和测定完高浓度样品后，应在仪器上运行一次净化程序，以消除仪器管路中残留汞的影响。

附录 A
（规范性附录）
富集管的制备及示意图

称取0.20 g氯金酸（HAuC14·3H_2O）溶解于50 mL实验用水中，加入5.0 g石英砂（80～50目），搅拌均匀，在沸水浴上蒸干，然后装在空石英管中，在管状电炉内加热到800℃以上灼烧，同时吹入净化的空气使氯金酸分解，在石英砂颗粒表面形成金膜薄层，然后放在干燥器中冷却，将制备好的金膜微粒装瓶备用。

称取约0.45 g金膜微粒，装入内径约为0.5 cm、与热解析器长度相配套的石英管中，并使金膜微粒处于石英管的中间位置，长度约1 cm，金膜微粒两端用石英棉固定，塞紧压实，但不要使其破碎，如图A.1所示。

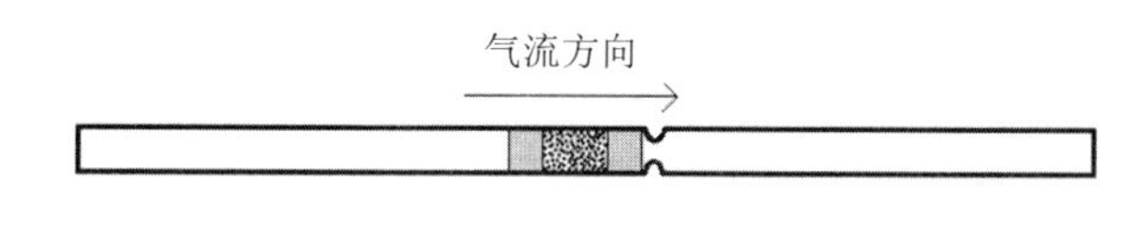

图 A.1　富集管示意图

附录 B
（资料性附录）
碘活性炭的制备

称取10 g碘（I2）和20 g碘化钾（KI）于烧杯中，再加入200 mL实验用水，配成溶液，然后向溶液中加入约100 g 71 μm以下的木质活性炭粉，用力搅拌至溶液脱色后倾出溶液，将活性炭在100～110℃烘干，置于干燥器中备用。

参考文献

[1] 国家统计局. 2018中国统计年鉴[M]. 北京：中国统计出版社，2018.

[2] 张连辉. 中国污水灌溉与污染防治的早期探索（1949—1972年）[J]. 中国经济史研究，2014（2）：153-166.

[3] 中华人民共和国国务院办公厅. 国务院办公厅关于印发《近期土壤环境保护和综合治理工作安排》的通知[EB/OL]. http：//www.gov.cn/zwgk/2013-01/28/content_2320888.htm.

[4] 方玉东. 我国农田污水灌溉现状、危害及防治对策研究[J]. 农业环境与发展，2011，28（5）：1-6.

[5] 刘小楠，尚鹤，姚斌. 我国污水灌溉现状及典型区域分析[J]. 中国农村水利水电，2009（6）：7-11.

[6] 曲健，宋云横，苏娜. 沈抚灌区上游土壤中PAHs的含量分析[J]. 中国环境监测，2006（3）：29-31.

[7] 杨华锋，冯绍元. 北京市城近郊区污水灌溉农田发展过程探讨[J]. 中国农村水利水电，2005（8）：10-12.

[8] 王学军，席爽. 北京东郊污灌土壤重金属含量的克立格插值及重金属污染评价[J]. 中国环境科学，1997（3）：34-37.

[9] 王玉红. 北京市凉水河污灌区土壤重金属污染研究[D]. 北京：北京林业大学，2008.

[10] 朱宇恩，赵烨，李强，等. 北京城郊污灌土壤-小麦（*Triticum aestivum*）体系重金属潜在健康风险评价[J]. 农业环境科学学报，2011，30（2）：263-270.

[11] 王关禄. 北京郊区利用污水灌溉水稻获得增产的调查研究[J]. 土壤，1961（6）：20-22.

[12] 孟春香，郭建华，韩宝文. 污水灌溉对作物产量及土壤质量的影响[J]. 河北农业科学，1999（2）：15-17.

[13] 郑鹤龄，郑标伟，陆文龙. 不同污水对土壤重金属、作物产量及品质的影响[J]. 天津农业科学，2001（2）：17-20.

[14] 全国污水灌区农业环境质量普查协作组. 全国主要污水灌区农业环境质量普查评价（一）[J]. 农业环境科学学报，1984（5）：3-6.

[15] 辛术贞，李花粉，苏德纯. 我国污灌污水中重金属含量特征及年代变化规律[J]. 农业环境科学学报，2011，30（11）：2271-2278.

[16] 何冰. 中国水污染的农业经济损失研究[D]. 杭州：浙江工商大学，2015.

[17] 杨志新，郑大玮，靳乐山. 京郊农用地膜残留污染土壤的价值损失研究[J]. 生态经济：学术版，2007（2）：414-418.

[18] 刘凌，陆桂华. 含氮污水灌溉实验研究及污染风险分析[J]. 水科学进展，2002（3）：313-320.

[19] 姜翠玲，夏自强，刘凌，等. 污水灌溉土壤及地下水三氮的变化动态分析[J]. 水科学进展，1997（2）：87-92.

[20] 刘凌，工瑚，工则成. 污水灌溉过程中离了交换问题的研究[J]. 河海大学学报，1996（3）. 88 93.

[21] 刘凌，夏自强，姜翠玲，等. 污水灌溉中氮化合物迁移转化过程的研究[J]. 水资源保护，1995（4）：40-45.

[22] 田家怡，高奎江，王福花，等. 小清河有机化合物污染对污灌区农产品质量影响的研究[J]. 山东环境，1995（4）：11-12.

[23] 田家怡，张洪凯，周桂芬，等. 小清河沿岸地下水污染强度及发展速度预测的研究[J]. 环境科学学报，1994（2）：160-167.

[24] 田家怡，张洪凯，薄景美，等. 小清河有机化合物污染及其对污灌区生态系统的影响[J]. 生态学杂志，1993（4）：14-22.

[25] 中华人民共和国环境保护部，中华人民共和国国土资源部. 全国土壤污染状况调查公报[EB/OL].（2014-04-17）http：//www.zhb.gov.cn/gkmL/hbb/qt/201404/t20140417_270670.htm.

[26] 孙华，张桃林，孙波. 江西省贵溪市污灌水田重金属污染状况评价研究[J]. 农业环境保护，2001（6）：405-407.

[27] 陈涛，常庆瑞，刘京，等. 长期污灌农田土壤重金属污染及潜在环境风险评价[J]. 农业环境科学学报，2012，31（11）：2152-2159.

[28] 姜勇，梁文举，张玉革，等. 污灌对土壤重金属环境容量及水稻生长的影响研究[J]. 中国生态农业学报，2004，12（3）：124-127.

[29] 中国科学院南京土壤研究所微生物室. 土壤微生物研究法[M]. 北京：科学出版社，1985.

[30] 张翠英，汪永进，徐德兰，等. 污灌对农田土壤微生物特性影响研究[J]. 生态环境学报，2014，23（3）：490-495.

[31] 冯永春，胡本君，巫幸福，等. 西河污灌区环境污染对居民健康影响的调查研究[J]. 四川环境，1992（2）：27-30.

[32] 朱静戈，程先军，赵建东. 污水灌溉健康风险及其预防[J]. 卫生研究，2004，33（1）：118-120.

[33] 禹果，肖睿洋，王春霞，等. 利用umu/SOS实验评价污灌土壤的遗传毒性[J]. 环境科学，2006，27（6）：1162-1165.

[34] 杜宇欣，张淑兰. 清、污灌区深层地下水致突变性研究[J]. 环境与健康杂志，1996（4）：175.

[35] 韩树清，于德奎，吕严，等. 清、污灌区土壤、深井水和蔬菜的致突变研究[J]. 癌变：畸变，1995，7（6）：361-364.

[36] 孙增荣，吴丽娜. 污灌区土壤、地下水、蔬菜的致突变性研究[J]. 环境与健康杂志，1996（5）：203-205.

[37] 耿铭烁，王祖伟，苗钰婷，等. 天津市北京（武宝宁）排污河灌区居民头发中重金属特征[J]. 环境

科学与技术，2018，41（3）：42-46.

[38] 庄胜利. 汞污染农田土壤强化植物修复的初步研究[D]. 上海：上海师范大学，2018.

[39] 柴嘉琳. 添加剂条件下低温热解处理汞污染土壤初步研究[D]. 贵阳：贵州师范大学，2017.

[40] 钱晓莉. 典型汞矿区耐性植物及汞富集机制研究[D]. 贵阳：贵州大学，2018.

[41] SIERRA M J，MILLÁN R，ESTEBAN E，et al. Evaluation of mercury uptake and distribution in *Vicia* sativa L. applying two different study scales：Greenhouse conditions and lysimeter experiments[J]. Journal of Geochemical Exploration，2008，96（2）：203-209.

[42] GHASSEMI F，JAKEMAN A J，NIX H A. Salinisation of land and water resources：human causes，extent，management and case studies[J]. Mendeley，1995：XVIII，526.

[43] 国家林业和草原局. 中国荒漠化和沙化状况公报[EB/OL].（2015-12-19）http：//www.forestry.gov.cn/main/69/content-831684.html.

[44] 国家林业局调查规划设计院. 规划院组织召开第六次全国荒漠化和沙化监测技术准备研讨会[EB/OL].（2018-01-29）. http：//www.forestry.gov.cn/portal/zsb/s/982/content-1071589.html.

[45] 王青海，沈军辉，季恒玉. 我国西北地区土地盐渍化与水资源利用[J]. 四川环境，2000（4）：40-42.

[46] 陈绍荣，邵建华，王喜江，等. 我国土壤盐渍化的综合治理[J]. 化肥工业，2013，40（5）：65-69.

[47] LIM S，CHUNG H U，PAEK D. Low dose mercury and heart rate variability among community residents nearby to an industrial complex in Korea[J]. Neurotoxicology，2010，31（1）：10-16.

[48] NOELLEECKLEYSELIN. Mercury Rising：Is Global Action Needed to Protect Human Health and the Environment？[J]. Environment Science & Policy for Sustainable Development，2005，47（1）：22-35.

[49] STERN A H. A review of the studies of the cardiovascular health effects of methylmercury with consideration of their suitability for risk assessment[J]. Environmental Research，2005，98（1）：133-142.

[50] HARADA M，NAKANISHI J，YASODA E，et al. Mercury pollution in the Tapajos River basin，Amazon：mercury level of head hair and health effects[J]. Environment International，2002，27（4）：285-290.

[51] CLARKSON T W. The toxicology of mercury[J]. Crc Critical Reviews in Clinical Laboratory Sciences，1996，34（4）：369-403.

[52] SUNDSETH K，PACYNA J M，PACYNA E G，et al. Economic benefits from decreased mercury emissions：Projections for 2020[J]. Journal of Cleaner Production，2010，18（4）：386-394.

[53] APPLETON J D，WEEKS J M，CALVEZ J P S，et al. Impacts of mercury contaminated mining waste on soil quality，crops，bivalves，and fish in the Naboc River area，Mindanao，Philippines[J]. Science of the Total Environment，2006，354（2）：198-211.

[54] LI P，FENG X，QIU G，et al. Mercury pollution in Wuchuan mercury mining area，Guizhou，Southwestern China：The impacts from large scale and artisanal mercury mining[J]. Environment International，2012，42（SI）：59-66.

[55] HORVAT M，NOLDE N，FAJON V，et al. Total mercury，methylmercury and selenium in mercury polluted areas in the province Guizhou，China[J]. Science of the Total Environment，2003，304（1）：231-256.

[56] XINBIN F，PING L，GUANGLE Q，et al. Human exposure to methylmercury through rice intake in mercury mining areas，Guizhou province，China[J]. Environment Science & Technology，2008，42（1）：326-332.

[57] 迟清华. 汞在地壳、岩石和疏松沉积物中的分布[J]. 地球化学，2004，33（6）：641-648.

[58] NICHOLSON，CHAMBERS，BJ. Quantifying heavy metal inputs to agricultural soils in England and Wales[J]. Water & Environment Journal，2006，311（1）：205-219.

[59] 张学询，王连平，宋胜焕. 天津污灌区土壤、作物重金属污染状况的研究[J]. 中国环境科学，1988，8（2）：20-26.

[60] 瞿丽雅. 贵州省汞污染防治与生态恢复[J]. 贵州师范大学学报（自然科学版），2002，20（3）：56-59.

[61] 李琼，徐兴华，左余宝，等. 污泥农用对痕量元素在小麦-玉米轮作体系中的积累及转运的影响[J]. 农业环境科学学报，2009，28（10）：2042-2049.

[62] DONG H，LIN Z，WAN X，et al. Risk assessment for the mercury polluted site near a pesticide plant in Changsha，Hunan，China[J]. Chemosphere，2017，169：333-341.

[63] 石宁宁，丁艳锋，赵秀峰，等. 某农药工业园区周边土壤重金属含量与风险评价[J]. 应用生态学报，2010，21（7）：1835-1843.

[64] 马杰，朱云，王亚杰，等. 广东省工业点源大气汞排放清单更新研究[J]. 环境科学学报，2013，33（9）：2369-2377.

[65] FITZGERALD W F. Is mercury increasing in the atmosphere? The need for an atmospheric mercury network（AMNET）[J]. Water Air & Soil Pollution，1995，80（1-4）：245-254.

[66] 方凤满，王起超，李东侠. 长春市大气颗粒汞污染特征及影响因子分析[J]. 环境科学学报，2001，21（3）：368-372.

[67] 王定勇，牟树森，青长乐. 大气汞对土壤-植物系统汞累积的影响研究[J]. 环境科学学报，1998，18（2）：194-198.

[68] HOYER M，BURKE J，KEELER G. Atmospheric sources，transport and deposition of mercury in Michigan：Two years of event precipitation[J]. Water Air & Soil Pollution，1995，80（1-4）：199-208.

[69] 宋文，何天容. 贵州盘县煤矸石及其风化土壤中汞的分布特征[J]. 贵州大学学报（自然科学版），2009，26（1）：131-133.

[70] TERŠIČ T，BIESTER H，GOSAR M. Leaching of mercury from soils at extremely contaminated historical roasting sites（Idrija area，Slovenia）[J]. Geoderma，2014，226-227（s 226-227）：213-222.

[71] 王欣悦. 不同耕作制稻田土壤甲基汞的分布特征[D]. 重庆：西南大学，2016.

[72] 文雪琴，迟清华. 中国汞的地球化学空间分布特征[J]. 地球化学，2007，36（6）：621-627.

[73] GUANGLE Q，XINBIN F，SHAOFENG W，et al. Mercury contaminations from historic mining to water，soil and vegetation in Lanmuchang，Guizhou，southwestern China[J]. Science of the Total Environment，2006，368（1）：56-68.

[74] JIANXU W，XINBIN F，ANDERSON C W N，et al. Ammonium thiosulphate enhanced phytoextraction from mercury contaminated soil-results from a greenhouse study[J]. Journal of Hazardous Materials，2011，186（1）：119-127.

[75] 戴智慧，冯新斌，李平，等. 贵州万山汞矿区自然土壤汞污染特征[J]. 生态学杂志，2011，30（5）：902-906.

[76] FENG X，DAI Q，QIU G，et al. Gold mining related mercury contamination in Tongguan，Shaanxi Province，PR China[J]. Applied Geochemistry，2006，21（11）：1955-1968.

[77] QIU G，FENG X，BO M，et al. Environmental geochemistry of an active Hg mine in Xunyang，Shaanxi Province，China[J]. Applied Geochemistry，2012，27（12）：2280-2288.

[78] 刘雪姣. 夹皮沟金矿区土壤中汞和甲基汞的空间分布及汞的生态风险评价[D]. 长春：东北师范大学，2011.

[79] AO M，MENG B，SAPKOTA A，et al. The influence of atmospheric Hg on Hg contaminations in rice and paddy soil in the Xunyang Hg mining district，China[J]. 中国地球化学学报：英文版，2017.

[80] GNAMUŠ A，BYRNE A R，HORVAT M. Mercury in the soil-plant-deer-predator food chain of a temperate forest in Slovenia[J]. Environmental Science & Technology，2000，34（16）：3337-3345.

[81] 仇广乐，冯新斌，王少锋，等. 贵州汞矿矿区不同位置土壤中总汞和甲基汞污染特征的研究[J]. 环境科学，2006，27（3）：550-555.

[82] 杨海，李平，仇广乐，等. 世界汞矿地区汞污染研究进展[J]. 地球与环境，2009，37（1）：80-85.

[83] 刘鹏. 贵州典型矿区环境中汞的污染研究[D]. 贵阳：贵州大学，2006.

[84] 李柳. 溪口汞矿地区汞环境污染现状及风险评价研究[D]. 重庆：重庆大学，2014.

[85] DRAGOVIĆ S，ĆUJIĆ M，SLAVKOVIĆBEŠKOSKI L，et al. Trace element distribution in surface soils from a coal burning power production area：A case study from the largest power plant site in Serbia[J]. Catena，2013，104（2）：288-296.

[86] JOSÉ ANTONIO R M，NIKOS N，THEODOROS G，et al. Local deposition of mercury in topsoils around coal-fired power plants：is it always true？[J]. Environmental Science & Pollution Research International，2014，21（17）：10205-10214.

[87] 王凌青，卢新卫，王利军，等. 宝鸡燃煤电厂周围土壤环境Hg污染及其评价[J]. 土壤通报，2007，38（3）：622-624.

[88] 单平，伍震威，黄界颍，等. 安徽某燃煤电厂周边土壤汞分布特征及风险评价[J]. 中国环境监测，2015（5）.

[89] 冯新斌，陈业材，朱卫国. 土壤中汞存在形式的研究[J]. 矿物学报，1996（2）：218-222.

[90] HIGUERAS P，OYARZUN R，BIESTER H，et al. A first insight into mercury distribution and speciation in soils from the Almadén mining district，Spain[J]. Journal of Geochemical Exploration，2003，80（1）：95-104.

[91] 彭景权，肖唐付，何立斌，等. 黔西南滥木厂铊矿化区河流沉积物重金属形态特征及其生态环境效应[J]. 环保科技，2010，16（3）：30-34.

[92] 化玉谨，张敏英，陈明，等. 炼金区土壤中汞形态分布及其生物有效性[J]. 环境化学，2015（2）：234-240.

[93] 武超，张兆吉，费宇红，等. 天津污灌区水稻土壤汞形态特征及其食品安全评估[J]. 农业工程学报，2016，32（18）：207-212.

[94] 倪伟伟，翁焕新，章金骏，等. 污泥中汞的存在形态及其在干化过程中的动态变化[J]. 环境科学学报，2014，34（5）：1262-1267.

[95] 郑冬梅，王起超，孙丽娜，等. 不同污染类型沉积物中汞的形态分布[J]. 环境科学与技术，2010，33（7）：44-46.

[96] 范明毅，杨皓，黄先飞，等. 典型山区燃煤型电厂周边土壤重金属形态特征及污染评价[J]. 中国环境科学，2016，36（8）：2425-2436.

[97] TOMIYASU T，OKADA M，IMURA R，et al. Vertical variations in the concentration of mercury in soils around Sakurajima Volcano，Southern Kyushu，Japan[J]. Science of the Total Environment，2003，304（1）：221-230.

[98] 姚爱军，青长乐，牟树森. 腐植酸对矿物结合汞植物活性的影响[J]. 中国环境科学，2000（3）：215-219.

[99] NRIAGU J O. The biogeochemistry of mercury in the environment[M]. Amsterdam：Elsevier，1979.

[100] 丁疆华，温琰茂，舒强. 土壤汞吸附和甲基化探讨[J]. 农业资源与环境学报，2001，18（1）：34-36.

[101] 李杰颖. 污染土壤中汞的形态特征及其释放的初步研究[D]. 贵阳：贵州大学，2008.

[102] 巩俐彤，赵冬丽，王海云. 北京市大兴区2010—2011年食品中金属污染物状况分析[J]. 中国卫生检验杂志，2012（2）：330-331.

[103] 钱坤，齐月，何阳，等. 食品中重金属汞污染状况与治理对策研究[J]. 黑龙江农业科学，2016（5）：107-109.

[104] QIU G，FENG X，WANG S，et al. Mercury and methylmercury in riparian soil，sediments，mine-waste calcines，and moss from abandoned Hg mines in east Guizhou province，southwestern China[J]. Applied Geochemistry，2005，20（3）：627-638.

[105] 袁晓博，冯新斌，仇广乐，等. 中国大米汞含量研究[J]. 地球与环境，2011，39（3）：318-323.

[106] RI-QING Y，FLANDERS J R，E ERIN M，et al. Contribution of coexisting sulfate and iron reducing bacteria to methylmercury production in freshwater river sediments[J]. Environmental Science &

Technology，2012，46（5）：2684.

[107] FROHNE T，RINKLEBE J，LANGER U，et al. Biogeochemical factors affecting mercury methylation rate in 2 contaminated floodplain soils[J]. Biogeosciences，2012，9（1）：493-507.

[108] GRAHAM A M，AIKEN G R，GILMOUR C C. Dissolved organic matter enhances microbial mercury methylation under sulfidic conditions[J]. Environmental Science & Technology，2012，46(5)：2715-2723.

[109] ZHANG H，FENG X，LARSSEN T，et al. Bioaccumulation of methylmercury versus inorganic mercury in rice（*Oryza sativa* L.）grain[J]. Environmental science & technology，2010，44（12）：4499-4504.

[110] QIU G，FENG X，BO M，et al. Environmental geochemistry of an active Hg mine in Xunyang，Shaanxi Province，China[J]. Applied Geochemistry，2012，27（12）：2280-2288.

[111] 陈影，邵玉芳. 汞污染及人体负荷研究进展[J]. 环境化学，2012，31（12）：1934-1941.

[112] LI P，FENG X，QIU G，et al. Human hair mercury levels in the Wanshan mercury mining area，Guizhou Province，China[J]. Environmental Geochemistry & Health，2009，31（6）：683-691.

[113] 刘公棣. 汞对作物生长发育的影响[J]. 农业环境科学学报，1994（3）：139.

[114] 陈业材. 汞（Hg）在水稻植株各部位的分布[J]. 环保科技，1994（4）：1-2.

[115] 刘俊华，王文华，彭安. 土壤中汞生物有效性的研究[J]. 农业环境科学学报，2000，19（4）：216-220.

[116] 赵英民. 履行汞公约　谱写环境管理新篇章[N]. 中国能源报，2017.

[117] 夏堃堡. 汞文书谈判，协议是怎样达成的？——关于汞的水俣公约的谈判[J]. 环境经济，2015（Z1）：30-31.

[118] 成振华，贾兰英，刘淑萍. 天津市城市再生水农业利用现状及存在的问题[J]. 天津农林科技，2007（2）：30-32.

[119] 许萌萌，刘爱风，师荣光，等. 天津农田重金属污染特征分析及降雨沥浸影响[J]. 环境科学，2018，39（3）：1095-1101.

[120] 孙亚芳，王祖伟，孟伟庆，等. 天津污灌区小麦和水稻重金属的含量及健康风险评价[J]. 农业环境科学学报，2015，34（4）：679-685.

[121] 赵玉杰，周其文，刘潇威，等. 北京（武宝宁）排污河灌区耕地重金属富集特征研究：农业环境与生态安全[C]//第五届全国农业环境科学学术研讨会. 中国江苏南京，2013.

[122] 陶维藩. 刍议天津平原地区土壤的盐渍化[J]. 天津地质学会志，1990，8（2）：132-137.

[123] 张征云，孙贻超，孙静，等. 天津市土壤盐渍化现状与敏感性评价[J]. 农业环境科学学报，2006，25（4）：954-957.

[124] ArcGIS 8 Desktop 地理信息系统应用指南[M]. 北京：清华大学出版社，2003.

[125] 李晓军，李取生，刘长江. 松嫩平原西部不同土地利用方式盐渍化效应研究[J]. 土壤通报，2005，36（5）：655-658.

[126] 鲁如坤. 土壤农业化学分析方法[M]. 北京：中国农业科技出版社，2000.

[127] 王美丽，李军，岳甫均，等. 天津盐渍化农田土壤盐分变化特征[J]. 生态学杂志，2011，30（9）：

1949-1954.

[128] SLADEK C，GUSTIN M S. Evaluation of sequential and selective extraction methods for determination of mercury speciation and mobility in mine waste[J]. Applied Geochemistry，2003，18（4）：567-576.

[129] BEGLEY I S，SHARP B L. Characterisation and Correction of Instrumental Bias in Inductively Coupled Plasma Quadrupole Mass Spectrometry for Accurate Measurement of Lead Isotope Ratios[J]. Journal of Analytical Atomic Spectrometry，1997，12（4）：395-402.

[130] HUANG Z Y，CHEN T，YU J，et al. Labile Cd and Pb in vegetable-growing soils estimated with isotope dilution and chemical extractants[J]. Geoderma，2011，160（3）：400-407.

[131] RODRÍGUEZ-GONZÁLEZ P，MARCHANTE-GAYÓN J M，ALONSO J I G，et al. Isotope dilution analysis for elemental speciation：a tutorial review[J]. Spectrochimica Acta Part B：Atomic Spectroscopy，2005，60（2）：151-207.

[132] AMANDA JO Z，DAVID C. Heavy Metal and Trace Metal Analysis in Soil by Sequential Extraction：A Review of Procedures[J]. International Journal of Analytical Chemistry，2010，2010：1-7.

[133] ISSARO N，ABI-GHANEM C，BERMOND A. Fractionation studies of mercury in soils and sediments：A review of the chemical reagents used for mercury extraction[J]. Analytica Chimica Acta，2009，631（1）：1-12.

[134] BLOOM N S，PREUS E，KATON J，et al. Selective extractions to assess the biogeochemically relevant fractionation of inorganic mercury in sediments and soils[J]. Analytica Chimica Acta，2003，479（2）：233-248.

[135] RAHMAN G M，HM'SKIP'KINGSTON. Application of speciated isotope dilution mass spectrometry to evaluate extraction methods for determining mercury speciation in soils and sediments[J]. Analytical chemistry，2004，76（13）：3548-3555.

[136] YIN Y，Allen H E，Li Y，et al. Adsorption of mercury（II）by soil：effects of pH，chloride，and organic matter[J]. Journal of Environmental Quality，1996，25（4）：837-844.

[137] PENG L，LI Y C，CHAN Z，et al. Effects of salinity and humic acid on the sorption of Hg on Fe and Mn hydroxides[J]. Journal of Hazardous Materials，2013，s 244-245（2）：322-328.

[138] YIN Y，ALLEN H E，HUANG C P，et al. Kinetics of mercury（II）adsorption and desorption on soil[J]. Environmental Science & Technology，1997，31（2）：496-503.

[139] YANG Y K，CHENG Z，SHI X J，et al. Effect of organic matter and pH on mercury release from soils[J]. Journal of environmental sciences-China，2007，19（11）：1349-1354.

[140] LIAO L，SELIM H M，DELAUNE R D. Mercury adsorption-desorption and transport in soils[J]. Journal of Environmental Quality，2009，38（4）：1608-1616.

[141] KIM C S，RYTUBA J J，BROWN G E. EXAFS study of mercury（II）sorption to Fe- and Al-（hydr）oxides：Ⅱ. Effects of chloride and sulfate[J]. Journal of Colloid and Interface Science，2004，270（1）：

9-20.

[142] 梁佩玉，陈丽君，董祯，等. 土壤中无机钠盐对不同形态铅离子浓度的影响[J]. 南开大学学报：自然科学版，2011，44（12）：88-92.

[143] 刘平，徐明岗，宋正国. 伴随阴离子对土壤中铅和镉吸附-解吸的影响[J]. 农业环境科学学报，2007，26（1）：252-256.

[144] KARIMIAN N，KALBASI M，ZEE S V D. Cadmium and zinc in saline soil solutions and their concentrations in wheat[J]. Soil Science Society of America Journal，2006，70：582-589.

[145] WEGGLER-BEATON K，MCLAUGHLIN M J，GRAHAM R D. Salinity increases cadmium uptake by wheat and Swiss chard from soil amended with biosolids[J]. Soil Research，2000，38（1）：37-45.

[146] MCLAUGHLIN M J，LAMBRECHTS R M，SMOLDERS E，et al. Effects of sulfate on cadmium uptake by Swiss chard：Ⅱ. Effects due to sulfate addition to soil[J]. Plant & Soil，1998，202（2）：217-222.

[147] 丁能飞，周吉庆，龟和田国彦，等. 不同种类与浓度的阴离子对菠菜镉吸收的影响[J]. 植物营养与肥料学报，2008，14（6）：1137-1141.

[148] 王祖伟，弋良朋，高文燕，等. 碱性土壤盐化过程中阴离子对土壤中镉有效态和植物吸收镉的影响[J]. 生态学报，2012，32（23）：7512-7518.

[149] 郑顺安，唐杰伟，郑宏艳，等. 污灌区稻田汞污染特征及健康风险评价[J]. 中国环境科学，2015，35（9）：2729-2736.

[150] ZHU H，ZHONG H，EVANS D，et al. Effects of rice residue incorporation on the speciation，potential bioavailability and risk of mercury in a contaminated paddy soil[J]. Journal of Hazardous Materials，2015，293（Complete）：64-71.

[151] 陈宗娅，王永杰，舒瑞，等. 秸秆覆盖还田对稻麦轮作体系中土壤及作物甲基汞累积的影响[J]. 农业环境科学学报，2016，35（10）：1931-1936.

[152] LIU Y R，DONG J X，HAN L L，et al. Influence of rice straw amendment on mercury methylation and nitrification in paddy soils[J]. Environmental Pollution，2016，209：53-59.

[153] WINDHAM-MYERS L，MARVIN-DIPASQUALE M，KAKOUROS E，et al. Mercury cycling in agricultural and managed wetlands of California，USA：Seasonal influences of vegetation on mercury methylation，storage，and transport[J]. Science of the Total Environment，2014，484（24）：308-318.

[154] MARVIN-DIPASQUALE M，WINDHAM-MYERS L，AGEE J L，et al. Methylmercury production in sediment from agricultural and non-agricultural wetlands in the Yolo Bypass，California，USA[J]. Science of the Total Environment，2014，484（1）：288-299.

[155] ZHANG T，KIM B，LEVARD C，et al. Methylation of mercury by bacteria exposed to dissolved，nanoparticulate，and microparticulate mercuric sulfides[J]. Environmental Science & Technology，2012，46（13）：6950.

[156] YANG Y，LI L，WANG D. Effect of dissolved organic matter on adsorption and desorption of mercury

by soils[J]. J. Environ Sci，2008，20（9）：1097-1102.

[157] JINGJING P，ZHE L，JUNPENG R，et al. Dynamics of the methanogenic archaeal community during plant residue decomposition in an anoxic rice field soil[J]. Applied & Environmental Microbiology，2008，74（9）：2894.

[158] YANG，YONG-KUI，ZHANG，et al. Effect of organic matter and pH on mercury release from soils[J]. Journal of Environmental Sciences，2007，19（11）：1349-1354.

[159] 郑顺安，周玮，薛颖昊，等. 污灌区盐分累积对外源汞在土壤中甲基化的影响[J]. 中国环境科学，2017，37（11）：4195-4201.

[160] BOYD E S，YU R Q，BARKAY T，et al. Effect of salinity on mercury methylating benthic microbes and their activities in Great Salt Lake，Utah[J]. Science of the Total Environment，2017，581-582：495-506.

[161] LAPORTE，J. M，TRUCHOT，et al. Combined effects of water pH and salinity on the bioaccumulation of inorganic mercury and methylmercury in the shore crab Carcinus maenas[J]. Marine Pollution Bulletin，1997，34（11）：880-893.

[162] 常振海，刘薇. Logistic回归模型及其应用[J]. 延边大学学报（自然科学版），2012，38（1）：28-32.

[163] YIN Y，ALLEN H E，HUANG C P，et al. Adsorption of Mercury（Ⅱ）by Soil：Effects of pH，Chloride，and Organic Matter[J]. Journal of Environmental Quality，1996，25（4）：837-844.

[164] YIN Y，ALLEN H E，HUANG C P. Kinetics of Mercury（Ⅱ）Adsorption and Desorption on Soil[J]. Environmental Science & Technology，1997，1997（2）：496-503.

[165] YIN Y，ALLEN H E，HUANG C P，et al. Adsorption/Desorption Isotherms of Hg（Ⅱ）by Soil[J]. Soil Science，1997，162（1）：35-45.

[166] COMPEAU G，BARTHA R. Methylation and demethylation of mercury under controlled redox，pH and salinity conditions[J]. Appl Environ Microbiol，1984，48（6）：1203-1207.

[167] 陈效，徐盈，张甲耀，等. SRB对汞的甲基化作用及其影响因子[J]. 水生生物学报，2005，29（1）：50-54.

[168] BLUM J E，BARTHA R. Effect of salinity on methylation of mercury[J]. Bulletin of Environmental Contamination & Toxicology，1980，25（3）：404-408.

[169] COMPEAU G，BARTHA R. Effects of sea salt anions on the formation and stability of methylmercury[J]. Bulletin of Environmental Contamination & Toxicology，1983，31（4）：486-493.

[170] BARKAY T，SCHAEFER J K，POULAIN A J，et al. Microbial transformations in the mercury geochemical cycle[J]. Geochimica Et Cosmochimica Acta，2005，69（10）：A702.

[171] HELLAL J，GUÉDRON S，HUGUET L，et al. Mercury mobilization and speciation linked to bacterial iron oxide and sulfate reduction：A column study to mimic reactive transfer in an anoxic aquifer[J]. Journal of Contaminant Hydrology，2015，180：56-68.

[172] JEREMIASON J D，ENGSTROM D R，SWAIN E B，et al. Sulfate addition increases methylmercury

production in an experimental wetland[J]. Environmental Science & Technology，2006，40（12）：3800-3806.

[173] GUSTIN M S，LINDBERG S E，WEISBERG P J. An update on the natural sources and sinks of atmospheric mercury[J]. Applied Geochemistry，2008，23（3）：482-493.

[174] GUEDRON S，GRIMALDI M，GRIMALDI C，et al. Amazonian former gold mined soils as a source of methylmercury：evidence from a small scale watershed in French Guiana[J]. Water Research，2011，45（8）：2659-2669.

[175] ZHAO L，ANDERSON C W N，QIU G，et al. Mercury methylation in paddy soil：source and distribution of mercury species at a Hg mining area，Guizhou Province，China[J]. Biogeosciences，2016，13（8）：1-31.

[176] KIM D G，VARGAS R，BONDLAMBERTY B，et al. Effects of soil rewetting and thawing on soil gas fluxes：a review of current literature and suggestions for future research[J]. Biogeosciences，2012，9（7）：2459-2483.

[177] WANG S，FENG X，QIU G，et al. Mercury concentrations and air/soil fluxes in Wuchuan mercury mining district，Guizhou province，China[J]. Atmospheric Environment，2007，41（28）：5984-5993.

[178] 张成，宋丽，王定勇，等. 三峡库区消落带甲基汞变化特征的模拟[J]. 中国环境科学，2014，34（2）：499-504.

[179] ROLFHUS K R，HURLEY J P，BODALY R A D，et al. Production and retention of methylmercury in inundated boreal forest soils[J]. Environmental Science & Technology，2015，49（6）：3482-3489.

[180] POULIN B A，AIKEN G R，NAGY K L，et al. Mercury transformation and release differs with depth and time in a contaminated riparian soil during simulated flooding[J]. Geochimica Et Cosmochimica Acta，2016，176：118-138.

[181] YUN Q，YIN X，HUI L，et al. Why Dissolved Organic Matter Enhances Photodegradation of Methylmercury[J]. Environmental Science & Technology Letters，2014，1（10）：426-431.

[182] ORIHEL D M，PATERSON M J，GILMOUR C C，et al. Effect of loading rate on the fate of mercury in littoral mesocosms[J]. Environmental Science & Technology，2006，40（19）：5992-6000.

[183] DELAUNE R D，JUGSUJINDA A，DEVAI I，et al. Relationship of sediment redox conditions to methyl mercury in surface sediment of Louisiana Lakes[J]. Journal of Environmental Science & Health Part A Toxic/hazardous Substances & Environmental Engineering，2004，39（8）：1925-1933.

[184] SHI J B，LIANG L N，JIANG G B，et al. The speciation and bioavailability of mercury in sediments of Haihe River，China[J]. Environment International，2005，31（3）：357-365.

[185] 仇广乐，冯新斌，王少锋，等. 贵州汞矿矿区不同位置土壤中总汞和甲基汞污染特征的研究[J]. 环境科学，2006，27（3）：550-555.

[186] HINTELMANN H，KEPPELJONES K，EVANS R D. Constants of mercury methylation and

demethylation rates in sediments and comparison of tracer and ambient mercury availability[J]. Environmental Toxicology & Chemistry，2010，19（9）：2204-2211.

[187] BALOGH S J，SWAIN E B，NOLLET Y H. Elevated methylmercury concentrations and loadings during flooding in Minnesota rivers[J]. Science of the Total Environment，2006，368（1）：138-148.

[188] TJERNGREN I，MEILI M，BJÖRN E，et al. Eight Boreal Wetlands as Sources and Sinks for Methyl Mercury in Relation to Soil Acidity，C/N Ratio，and Small-Scale Flooding[J]. Environmental Science & Technology，2012，46（15）：8052-8060.

[189] 陈瑞，陈华，王定勇，等. 三峡库区消落带土壤中SRB对汞甲基化作用的影响[J]. 环境科学，2016，37（10）：3774-3780.

[190] 陶兰兰，向玉萍，王定勇，等. 1株兼具好、厌氧汞甲基化能力细菌的分离鉴定[J]. 环境科学，2016，37（11）：4389-4394.

[191] YIN Y，LI Y，TAI C，et al. Fumigant methyl iodide can methylate inorganic mercury species in natural waters[J]. Nature Communications，2014，5（1）：4633.

[192] ULLRICH S M，TANTON T W，ABDRASHITOVA S A. Mercury in the Aquatic Environment：A Review of Factors Affecting Methylation[J]. C R C Critical Reviews in Environmental Control，2001，31（3）：241-293.

[193] MERRITT K A，AMIRBAHMAN A. Mercury methylation dynamics in estuarine and coastal marine environments — A critical review[J]. Earth Science Reviews，2009，96（1）：54-66.

[194] KAMPALATH R A，LIN C C，JAY J A. Influences of Zero-Valent Sulfur on Mercury Methylation in Bacterial Cocultures[J]. Water Air & Soil Pollution，2013，224（2）：1399.

[195] ECKLEY C S，GUSTIN M，LIN C J，et al. The influence of dynamic chamber design and operating parameters on calculated surface-to-air mercury fluxes[J]. Atmospheric Environment，2010，44（2）：194-203.

[196] 郑顺安，韩允垒，郑向群. 天津污灌区内气态汞的污染特征及在叶菜类蔬菜中的富集[J]. 环境科学，2014（11）：4338-4344.

[197] GWOREK B，DMUCHOWSKI W，BACZEWSKA A H，et al. Air Contamination by Mercury，Emissions and Transformations—a Review[J]. Water Air & Soil Pollution，2017，228（4）：123.

[198] ZHANG L，WANG S，WU Q，et al. Mercury transformation and speciation in flue gases from anthropogenic emission sources：a critical review[J]. Atmospheric Chemistry & Physics，2015，16（4）：32889-32929.

[199] GILLIS A A，MILLER D R. Some local environmental effects on mercury emission and absorption at a soil surface[J]. Science of the Total Environment，2000，260（1-3）：191.

[200] MOORE C，CARPI A. Mechanisms of the emission of mercury from soil：Role of UV radiation[J]. Journal of Geophysical Research Atmospheres，2005，110（D24）：50.

[201] SCHLÜTER K. Review：evaporation of mercury from soils. An integration and synthesis of current knowledge[J]. Environmental Geology，2000，39（3-4）：249-271.

[202] SMITH-DOWNEY N V，SUNDERL E M，JACOB D J. Anthropogenic impacts on global storage and emissions of mercury from terrestrial soils：Insights from a new global model[J]. Journal of Geophysical Research Atmospheres，2010，115（G3）：227-235.

[203] MAUCLAIR C，LAYSHOCK J，CARPI A. Quantifying the effect of humic matter on the emission of mercury from artificial soil surfaces[J]. Applied Geochemistry，2008，23（3）：594-601.

[204] XIN M，GUSTIN M S. Gaseous elemental mercury exchange with low mercury containing soils：Investigation of controlling factors[J]. Applied Geochemistry，2007，22（7）：1451-1466.

[205] PARK S Y，HOLSEN T M，KIM P R，et al. Laboratory investigation of factors affecting mercury emissions from soils[J]. Environmental Earth Sciences，2014，72（7）：2711-2721.

[206] ZHOU J，WANG Z，ZHANG X，et al. Investigation of factors affecting mercury emission from subtropical forest soil：A field controlled study in southwestern China[J]. Journal of Geochemical Exploration，2017，176：128-135.

[207] YANG Y K，ZHANG C，SHI X J，et al. Effect of organic matter and pH on mercury release from soils[J]. JOURNAL OF ENVIRONMENTAL SCIENCES-CHINA，2007，19（11）：1349-1354.

[208] MILLER M B，GUSTIN M S，ECKLEY C S. Measurement and scaling of air-surface mercury exchange from substrates in the vicinity of two Nevada gold mines[J]. Science of the Total Environment，2011，409（19）：3879-3886.

[209] 郑顺安，李晓华，徐志宇. 污灌区盐分累积对土壤汞吸附行为影响的模拟研究[J]. 环境科学，2014，35（5）：1939-1945.

[210] 郑顺安，韩允垒，李晓华，等. 天津污灌区盐分累积对土壤汞赋存形态的影响[J]. 中国环境科学，2017，37（5）：1858-1865.

[211] ZHANG L，WRIGHT L P，BLANCHARD P. A review of current knowledge concerning dry deposition of atmospheric mercury[J]. Atmospheric Environment，2009，43（37）：5853-5864.

[212] 国家环境保护局南京环境科学研究所. 土壤环境质量标准[S]. 国家环境保护局，国家技术监督局，1995.

[213] 高扬，朱波，汪涛，等. 人工模拟降雨条件下紫色土坡地生物可利用磷的输出[J]. 中国环境科学，2008，28（6）：542-547.

[214] 环境保护部. HJ 694—2014 水质汞、砷、硒、铋和锑的测定（原子荧光法）[S]. 2014.

[215] 谢思琴，周德智，顾宗濂，等. 模拟酸雨下土壤中铜，铬行为及急性毒性效应[J]. 环境科学，1991，12（2）：24-28.

[216] YU J，KLARUP D. Extraction kinetics of copper，zinc，iron，and manganese from contaminated sediment using Disodium Ethylenediaminetetraacetate[J]. Water Air & Soil Pollution，1994，75（3-4）：205-225.

[217] FINŽGAR N，LEŠTAN D. Multi-step leaching of Pb and Zn contaminated soils with EDTA[J]. Chemosphere，2007，66（5）：824-832.

[218] LESTAN D，FINZGAR N. Leaching of Pb Contaminated Soil using Ozone/UV Treatment of EDTA Extractants[J]. Separation Science and Technology，2007，42（7）：1575-1584.

[219] 郭朝晖，廖柏寒，黄昌勇. 酸雨中SO_4^{2-}、NO_3^-、Ca^{2+}、NH_4^+对红壤中重金属的影响[J]. 中国环境科学，2002，22（1）：6-10.

[220] MILLER W P，MCFEE W W，KELLY J M. Mobility and retention of heavy metals in sandy soils[J]. J.environ.qual，1983，12（4）：579-584.

[221] 白雪，黄京晶，金旗，等. EDDS在模拟酸雨条件下对紫色土Cd、Hg淋溶风险研究[J]. 西南师范大学学报（自然科学版），2014，39（7）：151-156.

[222] BOLLEN A，BIESTER H. Mercury Extraction from Contaminated Soils by l -Cysteine：Species Dependency and Transformation Processes[J]. Water，Air，& Soil Pollution，2011，219（1-4）.

[223] 郑顺安，徐志宇，王飞，等. 稳定同位素（202）Hg稀释技术测定土壤汞有效性——与化学提取方法比较[J]. 土壤学报，2015，52（1）：87-94.

[224] 郑顺安，王飞，李晓华，等. 利用稳定同位素（202）Hg稀释技术判定不同来源有机肥施用对外源汞在土壤中形态分布的影响[J]. 环境科学学报，2013，33（11）：3111-3117.

[225] HAYNES K M，MITCHELL C P J. Precipitation input and antecedent soil moisture effects on mercury mobility in soil - laboratory experiments with an enriched stable isotope tracer[J]. Hydrological Processes，2015，29（18）：4161-4174.

[226] LINDE M，ÖBORN I，GUSTAFSSON J P. Effects of Changed Soil Conditions on the Mobility of Trace Metals in Moderately Contaminated Urban Soils[J]. Water Air & Soil Pollution，2007，183（1-4）：69-83.

[227] SCHUSTER E. The behavior of mercury in the soil with special emphasis on complexation and adsorption processes - A review of the literature[J]. Water Air & Soil Pollution，1991，56（1）：667-680.

[228] 丁振华，王文华，瞿丽雅，等. 贵州万山汞矿区汞的环境污染及对生态系统的影响[J]. 环境科学，2004，25（2）：111-114.

[229] 辛术贞，李花粉，苏德纯. 我国污灌污水中重金属含量特征及年代变化规律[J]. 农业环境科学学报，2011，30（11）：2271-2278.

[230] 王祖伟，张辉. 天津污灌区土壤重金属污染环境质量与环境效应[J]. 生态环境，2005（2）：211-213.

[231] 王婷，王静，孙红文，等. 天津农田土壤镉和汞污染及有效态提取剂筛选[J]. 农业环境科学学报，2012，31（1）：119-124.

[232] FAY L，GUSTIN M. Assessing the influence of different atmospheric and soil mercury concentrations on foliar mercury concentrations in a controlled environment[J]. Water，Air，and Soil Pollution，2007，181（1-4）：373-384.

[233] MENG B，FENG X，QIU G，et al. Inorganic mercury accumulation in rice（*Oryza sativa* L.）[J].

Environmental Toxicology and Chemistry，2012，31（9）：2093-2098.

[234] ZHANG H，FENG X，LARSSEN T，et al. Fractionation，distribution and transport of mercury in rivers and tributaries around Wanshan Hg mining district，Guizhou province，southwestern China：Part 1-Total mercury[J]. Applied Geochemistry，2010，25（5）：633-641.

[235] SPROVIERI F，PIRRONE N，EBINGHAUS R，et al. Worldwide atmospheric mercury measurements：a review and synthesis of spatial and temporal trends[J]. Atmospheric Chemistry & Physics Discussions，2010.

[236] YIN R，FENG X，MENG B. Stable mercury isotope variation in rice plants（*Oryza sativa* L.）from the Wanshan mercury mining district，SW China[J]. Environmental Science & Technology，2013，47（5）：2238-2245.

[237] YIN R，FENG X，WANG J，et al. Mercury speciation and mercury isotope fractionation during ore roasting process and their implication to source identification of downstream sediment in the Wanshan mercury mining area，SW China[J]. Chemical Geology，2013，336：72-79.

[238] HORVAT M，NOLDE N，FAJON V，et al. Total mercury，methylmercury and selenium in mercury polluted areas in the province Guizhou，China[J]. Science of the Total Environment，2003，304（1）：231-256.

[239] MENG B，FENG X，QIU G，et al. The process of methylmercury accumulation in rice（*Oryza sativa* L.）[J]. Environmental Science & Technology，2011，45（7）：2711-2717.

[240] QIU G，FENG X，MENG B，et al. Methylmercury in rice（*Oryza sativa* L.）grown from the Xunyang Hg mining area，Shaanxi province，northwestern China[J]. Pure and Applied Chemistry，2011，84（2）：281-289.

[241] ZHANG H，FENG X，LARSSEN T，et al. In inland China，rice，rather than fish，is the major pathway for methylmercury exposure[J]. Environmental health perspectives，2010，118（9）：1183-1188.

[242] PENG X，LIU F，WANG W，et al. Reducing total mercury and methylmercury accumulation in rice grains through water management and deliberate selection of rice cultivars[J]. Environmental Pollution，2012，162：202-208.

[243] LI B，SHI J B，WANG X，et al. Variations and constancy of mercury and methylmercury accumulation in rice grown at contaminated paddy field sites in three Provinces of China[J]. Environmental Pollution，2013，181：91-97.

[244] SCHWESIG D，KREBS O. The role of ground vegetation in the uptake of mercury and methylmercury in a forest ecosystem[J]. Plant and Soil，2003，253（2）：445-455.

[245] MENG B，FENG X，QIU G，et al. Distribution patterns of inorganic mercury and methylmercury in tissues of rice（*Oryza sativa* L.）plants and possible bioaccumulation pathways[J]. J Agric Food Chem，2010，58（8）：4951-4958.

[246] ROTHENBERG S E，WINDHAM-MYERS L，CRESWELL J E. Rice methylmercury exposure and mitigation：A comprehensive review[J]. Environmental research，2014，133：407-423.

[247] LI P，FENG X，QIU G. Methylmercury exposure and health effects from rice and fish consumption：a review[J]. International journal of environmental research and public health，2010，7（6）：2666-2691

[248] 中华人民共和国国家统计局. 中国统计年鉴2009[EB/OL]. [EB/OL]. http：//www.chuandong.com/htmL/yearbook/china2009/indexch.htm.

[249] 李筱薇，高俊全，陈君石. 2000 年中国总膳食研究——膳食汞摄入量[J]. 卫生研究，2006，35（3）：323-325.

[250] ROGERS R D. Methylation of mercury in agricultural soils[J]. Journal of Environmental Quality，1976，5（4）：454-458.

[251] WANG F，ZHANG J. Mercury contamination in aquatic ecosystems under a changing environment：Implications for the Three Gorges Reservoir[J]. Chinese Science Bulletin，2013，58（2）：141-149.

[252] 尹德良，何天容，安艳玲，等. 万山汞矿区稻田土壤甲基汞的分布特征及其影响因素分析[J]. 地球与环境，2014，6：1.

[253] REDDY M M，AIKEN G R. Fulvic acid-sulfide ion competition for mercury ion binding in the Florida Everglades[J]. Water，Air，and Soil Pollution，2001，132（1-2）：89-104.

[254] ROTHENBERG S E，FENG X. Mercury cycling in a flooded rice paddy[J]. Journal of Geophysical Research Biogeosciences，2015，117（G3）：3003.

[255] LIAN L，HORVAT M，FENG X，et al. Reevaluation of distillation and comparison with HNO_3 leaching/solvent extraction for isolation of methylmercury compounds from sediment/soil samples[J]. Applied Organometallic Chemistry，2010，18（6）：264-270.

[256] ROTHENBERG S E，XINBIN F，BIN D，et al. Characterization of mercury species in brown and white rice（*Oryza sativa* L.）grown in water-saving paddies[J]. Environmental Pollution，2011，159（5）：1283-1289.

[257] 李道西，彭世彰，徐俊增，等. 节水灌溉条件下稻田生态与环境效应[J]. 河海大学学报（自然科学版），2005，33（6）：629-633.

[258] PENG X，LIU F，WANG W X，et al. Reducing total mercury and methylmercury accumulation in rice grains through water management and deliberate selection of rice cultivars[J]. Environmental Pollution，2012，162（162）：202-208.

[259] XUN W，ZHIHONG Y，BING L，et al. Growing rice aerobically markedly decreases mercury accumulation by reducing both Hg bioavailability and the production of MeHg[J]. Environmental Science & Technology，2014，48（3）：1878.

[260] 刘玉荣. 不同农田生态系统土壤汞的初步研究[D]. 武汉：华中农业大学，2007.

[261] PELLETIER E. Mercury-selenium interactions in aquatic organisms：A review[J]. Marine Environmental

Research，1986，18（2）：111-132.

[262] CUVIN-ARALAR M L，FURNESS R W. Mercury and selenium interaction：a review[J]. Ecotoxicology & Environmental Safety，1991，21（3）：348-364.

[263] KHAN M A K，WANG F. Mercury-selenium compounds and their toxicological significance：toward a molecular understanding of the mercury-selenium antagonism[J]. Environmental Toxicology & Chemistry，2010，28（8）：1567-1577.

[264] RALSTON N V C，RALSTON C R，Ⅲ J L B，et al. Dietary and tissue selenium in relation to methylmercury toxicity[J]. Neurotoxicology，2008，29（5）：802-811.

[265] BJ RNBERG A，H KANSON L，LUNDBERGH K. A theory on the mechanisms regulating the bioavailability of mercury in natural waters[J]. Environmental Pollution，1988，49（1）：53-61.

[266] HUA Z，XINBIN F，JIANMING Z，et al. Selenium in soil inhibits mercury uptake and translocation in rice（*Oryza sativa* L.）[J]. Environmental Science & Technology，2012，46（18）：10040-10046.

[267] HUA Z，XINBIN F，HING MAN C，et al. New insights into traditional health risk assessments of mercury exposure：implications of selenium[J]. Environmental Science & Technology，2014，48（2）：1206-1212.

[268] CHAO Z，GUANGLE Q，ANDERSON C W N，et al. Effect of atmospheric mercury deposition on selenium accumulation in rice（*Oryza sativa* L.）at a mercury mining region in southwestern China[J]. Environmental Science & Technology，2015，49（6）：3540-3547.

[269] Ping Li，Buyun Du，Hing Man Chan，Xinbin Feng. Human inorganic mercury exposure，renal effects and possible pathways in Wanshan mercury mining area，China[J]. Environmental Research，2015，140：198-204.

[270] SHANKER K，MISHRA S，SRIVASTAVA S，et al. Effect of selenite and selenate on plant uptake and translocation of mercury by tomato（*Lycopersicum esculentum*）[J]. Plant & Soil，1996，183（2）：233-238.

[271] CHIASSON-GOULD S A，BLAIS J M，POULAIN A J. Dissolved organic matter kinetically controls mercury bioavailability to bacteria[J]. Environmental Science & Technology，2014，48（6）：3153.

[272] PING L，DU B，CHAN H M，et al. Human inorganic mercury exposure，renal effects and possible pathways in Wanshan mercury mining area，China[J]. Environmental Research，2015，140：198-204.

[273] TANG W，DANG F，EVANS D，et al. Understanding reduced inorganic mercury accumulation in rice following selenium application：Selenium application routes，speciation and doses[J]. Chemosphere，2017，169：369-376.

[274] 方勇，陈曦，陈悦，等. 外源硒对水稻籽粒营养品质和重金属含量的影响[J]. 江苏农业学报，2013，29（4）：760-765.

[275] ZHENG C，YONG-GUAN Z，WEN-JU L，et al. Direct evidence showing the effect of root surface iron

plaque on arsenite and arsenate uptake into rice（Oryza sativa）roots[J]. New Phytologist，2005，165（1）：91-97.

[276] PERUMALLA C J，PETERSON C A. Deposition of Casparian bands and suberin lamellae in the exodermis and endodermis of young corn and onion roots[J]. Can.j.bot，1986，64（64）：1873-1878.

[277] YU-DONG W，XU W，YUM-SHING W. Generation of selenium-enriched rice with enhanced grain yield，selenium content and bioavailability through fertilisation with selenite[J]. Food Chemistry，2013，141（3）：2385-2393.

[278] 孟其义，钱晓莉，陈淼，等. 稻田生态系统汞的生物地球化学研究进展[J]. 生态学杂志，2018，37（5）：1556-1573.

[279] GRANT C A，CLARKE J M，DUGUID S，et al. Selection and breeding of plant cultivars to minimize cadmium accumulation[J]. Science of the Total Environment，2008，390（2）：301-310.

[280] FANRONG Z，YING M，WANGDA C，et al. Genotypic and environmental variation in chromium，cadmium and lead concentrations in rice[J]. Environmental Pollution，2008，153（2）：309-314.

[281] NORTON G J，GUILAN D，TAPASH D，et al. Environmental and genetic control of arsenic accumulation and speciation in rice grain：comparing a range of common cultivars grown in contaminated sites across Bangladesh，China，and India[J]. Environmental Science & Technology，2009，43（21）：8381-8386.

[282] NORTON G J，M RAFIQUL I，DEACON C M，et al. Identification of low inorganic and total grain arsenic rice cultivars from Bangladesh[J]. Environmental Science & Technology，2009，43（15）：6070-6075.

[283] NORTON G J，PINSON S R M，JILL A，et al. Variation in grain arsenic assessed in a diverse panel of rice（*Oryza sativa*）grown in multiple sites[J]. New Phytologist，2012，193（3）：650-664.

[284] 吴启堂，陈卢，王广寿. 水稻不同品种对Cd吸收累积的差异和机理研究[J]. 生态学报，1999，19（1）：104-107.

[285] ARAO T，AE N. Genotypic variations in cadmium levels of rice grain[J]. Soil Science & Plant Nutrition，2003，49（4）：473-479.

[286] CUIYU-JING，ZHUYONG-GUAN，ANDREWSMITH F，et al. Cadmiumup take by different rice genotypes that produce white or darkgrains[J]. J Environ Sci，2004，16（6）：962-967.

[287] 邵国胜. 水稻镉耐性和积累的基因型差异与机理研究[D]. 杭州：浙江大学，2005.

[288] LIU J，KUNQUAN L I，JIAKUAN X U，et al. Lead toxicity，uptake，and translocation in different rice cultivars[J]. Plant Science，2003，165（4）：793-802.

[289] ZHU C，SHEN G，YAN Y，et al. Genotypic variation in grain mercury accumulation of lowland rice[J]. Journal of Plant Nutrition & Soil Science，2010，171（2）：281-285.

[290] 余有见，胡海涛，施瑶佳，等. 不同基因型水稻耐汞性及汞积累差异比较[J]. 安徽农业科学，2009，

37（2）：492-493.

[291] 李冰，张朝晖. 贵州烂泥沟金矿区苔藓植物及其生态修复潜力分析[J]. 热带亚热带植物学报，2008，16（6）：511-515.

[292] ESSA A M M，MACAS KIE L E，BROWN N L. Mechanisms of mercury bioremediation[J]. Biochem Soc Trans，2002，30（4）：672-674.

[293] 费云芸，刘代成. 低剂量汞元素的毒性作用机理[J]. 山东师范大学学报：自然科学版，2003，18（1）：88-90.

[294] CANSTEIN H V，LI Y，TIMMIS K N，et al. Removal of mercury from chloralkali electrolysis wastewater by a mercury-resistant Pseudomonas putida strain[J]. Applied & Environmental Microbiology，1999，65（12）：5279-5284.

[295] PANHOU H S K，IMURA N. Role of hydrogen sulfide in mercury resistance determined by plasmid of Clostridium cochlearium T-2[J]. Archives of Microbiology，1981，129（1）：49-52.

[296] 朱一民，周东琴，魏德州. 啤酒酵母菌对汞离子（Ⅱ）的生物吸附[J]. 东北大学学报（自然科学版），2004，25（1）：89-91.

[297] DAVIS T A，FRANCISCO L，BOHUMIL V，et al. Metal selectivity of *Sargassum* spp. and their alginates in relation to their alpha-L-guluronic acid content and conformation[J]. Environmental Science & Technology，2003，37（2）：261.

[298] ROMERA E，GONZALEZ F，BALLESTER A，et al. Biosorption with algae：A statistical review[J]. Critical Reviews in Biotechnology，2006，26（4）：223.

[299] 高玉荣. 刚毛藻在半咸水中对汞的累积[J]. 海洋与湖沼，1991，22（1）：14-20.

[300] 湖北省水生生物研究所第五室藻类应用组. 利用丝状绿藻处理含汞污水的试验[J]. 水生生物学报，1976（1）：63-73.

[301] 何依琳，张倩，许端平，等. $FeCl_3$强化汞污染土壤热解吸修复[J]. 环境科学研究，2014，27（9）：1074-1079.

[302] 王明勇，乙引. 一种新发现的汞富集植物——乳浆大戟[J]. 江苏农业科学，2010，2010（2）：354-356.

[303] LIU Z C，WANG L A. A plant species（Trifolium repens）with strong enrichment ability for mercury[J]. Ecological Engineering，2014，70（5）：349-350.

[304] 韩志萍，胡晓斌，胡正海. 芦竹修复镉汞污染湿地的研究[J]. 应用生态学报，2005，16（5）：945-950.

[305] 何玉科，史宇. 转基因植物吸收和转化汞污染物的生物学原理[C]. 第二届全国环境化学学术报告会论文集，2004.

[306] 樊政，王新伟，喻小刚，等. 中低汞污染下2种汞富集植物的发现[J]. 安徽农业科学，2017，45（19）：62-65.

[307] 龙育堂，刘世凡，熊建平，等. 苎麻对稻田土壤汞净化效果研究[J]. 农业环境科学学报，1994（1）：30-33.

[308] 田吉林，诸海焘，杨玉爱，等. 大米草对有机汞的耐性、吸收及转化[J]. 分子植物（英文版），2004，30（5）：577-582.

[309] 韩志萍，王趁义. 不同生态型芦竹对Cd、Hg、Pb、Cu的富集与分布[J]. 生态环境学报，2007，16（4）：1092-1097.

[310] 骆永明. 强化植物修复的螯合诱导技术及其环境风险[J]. 土壤，2000，32（2）：57-61.

[311] 周琼. 我国超富集·富集植物筛选研究进展[J]. 安徽农业科学，2005，33（5）：910-912.

[312] 沈振国，刘友良. 重金属超量积累植物研究进展[J]. 植物生理学报，1998（2）：133-139.

[313] CHEN T，WEI C，HUANG Z，et al. Arsenic hyperaccumulator Pteris *Vittata* L. and its arsenic accumulation[J]. Chinese Science Bulletin，2002，47（11）：902-905.

[314] 韦朝阳，陈同斌. 重金属超富集植物及植物修复技术研究进展[J]. 生态学报，2001，21：1196-1203.

[315] 刘小红. 九华铜矿重金属污染调查及耐铜植物的筛选、耐性机理研究[D]. 合肥：安徽农业大学，2005.

[316] 狄晓颖. 施用钝化剂对汞污染土壤及小白菜中养分和汞含量的影响[D]. 晋中：山西农业大学，2017.

[317] 陈敏会. 微生物修复汞、铅等重金属污染的研究[D]. 贵阳：贵州大学，2015.

[318] 魏赢，刘阳生. 汞污染农田土壤的化学稳定化修复[J]. 环境工程学报，2017，11（3）：1878-1884.

[319] 袁俊，张玲，靳明华，等. 不同形态硫对木榄吸收土壤汞的影响[J]. 生态学杂志，2016，35（6）：1525-1530.

[320] 金吟. 汞污染土壤化学稳定化修复技术[D]. 北京：北京化工大学，2012.

[321] 谢园艳，冯新斌，王建旭. 膨润土联合磷酸氢二铵原位钝化修复汞污染土壤田间试验[J]. 生态学杂志，2014，33（7）：1935-1939.

[322] 任丽英，赵敏，董玉良，等. 两种铁氧化物对土壤有效态汞的吸附作用研究[J]. 环境科学学报，2014，34（3）：749-753.

[323] 孙雪城. 卡林型金矿尾矿汞和砷的原位钝化技术研究与小试——以贵州丹寨为例[D]. 北京：中国科学院大学，2015.

[324] 陶延鹏. 生物炭在典型土壤汞污染农田治理修复的实验研究[D]. 重庆：重庆交通大学，2018.

[325] 彭国栋. 腐植酸对土壤汞形态分配及生物有效性的调控作用及机理研究[D]. 重庆：西南大学，2012.

[326] 郑顺安，李晓华，周玮，等. 降低酸性稻田甲基汞污染的改良剂及方法：CN 201610973759.7[P]. 2017-03-22.

[327] 王亚玲，李述贤，杨合. 有机改性蒙脱石负载巯基修复汞污染土壤[J]. 环境工程学报，2018，12（12）.

[328] 王萌，陈世宝，李娜，等. 纳米材料在污染土壤修复及污水净化中应用前景探讨[J]. 中国生态农业学报，2010，18（2）：434-439.

[329] WANG X，LI Y，ZHANG J，et al. Preparation and characterization of chitosan-poly（vinyl alcohol）/ bentonite nanocomposites for adsorption of Hg（Ⅱ）ions[J]. Chemical Engineering Journal，2014，251（9）：404-412.

[330] GONG Y，LIU Y，XIONG Z，et al. Immobilization of mercury in field soil and sediment using carboxymethyl cellulose stabilized iron sulfide nanoparticles[J]. Nanotechnology，2012，23（29）：294007.

[331] XIONG Z，HE F，ZHAO D，et al. Immobilization of mercury in sediment using stabilized iron sulfide nanoparticles[J]. Water Research，2009，43（20）：5171-5179.

[332] 王立辉，邹正禹，张翔宇，等. 土壤中汞的来源及土壤汞污染修复技术概述[J]. 现代化工，2015（5）：43-47.

[333] 刘钊钊，唐浩，吴健，等. 土壤汞污染及其修复技术研究进展[J]. 环境工程，2013，31（5）：80-84.

[334] 冯钦忠，陈扬，姚高扬，等. 典型汞土壤污染综合防治先行区治理与修复技术初探[C]. 环境工程2018年全国学术年会论文集（中册），2018.

[335] 李力，陆宇超，刘娅，等. 玉米秸秆生物炭对Cd（Ⅱ）的吸附机理研究[J]. 农业环境科学学报，2012（11）：2277-2283.

[336] 袁帅，赵立欣，孟海波，等. 生物炭主要类型、理化性质及其研究展望[J]. 植物营养与肥料学报，2016，22（5）：1402-1417.

[337] JIN J，WANG M，CAO Y，et al. Cumulative effects of bamboo sawdust addition on pyrolysis of sewage sludge：biochar properties and environmental risk from metals[J]. Bioresource Technology，2017，228：218-226.

[338] JIN J，LI Y，ZHANG J，et al. Influence of pyrolysis temperature on properties and environmental safety of heavy metals in biochars derived from municipal sewage sludge[J]. Journal of Hazardous Materials，2016，320：417-426.

[339] NGUYEN B T，LEHMANN J，KINYANGI J，et al. Long-term black carbon dynamics in cultivated soil[J]. Biogeochemistry，2009，92（1-2）：163-176.

[340] KIMETU J M，LEHMANN J，NGOZE S O，et al. Reversibility of Soil Productivity Decline with Organic Matter of Differing Quality Along a Degradation Gradient[J]. Ecosystems，2008，11（5）：726-739.

[341] BIRD M I，ASCOUGH P L，YOUNG I M，et al. X-ray microtomographic imaging of charcoal[J]. Journal of Archaeological Science，2008，35（10）：2698-2706.

[342] LEHMANN J. Bio-Energy in the Black[J]. Frontiers in Ecology & the Environment，2007，5（7）：381-387.

[343] 赵伟，丁弈君，孙泰朋，等. 生物质炭对汞污染土壤吸附钝化的影响[J]. 江苏农业科学，2017，45（11）：192-196.

[344] 李庆召，罗旭，李春光，等. 汞污染土壤的原位修复方法：CN 201610182203.6[P]. 2016-05-25.

[345] 余亚伟，杨雨浛，张成，等. 施用污泥堆肥品对土壤和植物总汞及甲基汞的影响[J]. 环境科学，2017，38（1）：405-411.

[346] SHU R，WANG Y，ZHONG H. Biochar amendment reduced methylmercury accumulation in rice plants[J]. Journal of Hazardous Materials，2016，313：1-8.

[347] LIU P，PTACEK C J，BLOWES D W，et al. Stabilization of Mercury in Sediment by Using Biochars under Reducing Conditions[J]. Journal of Hazardous Materials，2016，325：120-128.

[348] O'CONNOR D，PENG T，LI G，et al. Sulfur-modified rice husk biochar：A green method for the remediation of mercury contaminated soil[J]. Science of the Total Environment，2017，621：819-826.

[349] 盛下放，白玉，夏娟娟，等. 镉抗性菌株的筛选及对番茄吸收镉的影响[J]. 中国环境科学，2003，23（5）：467-469.

[350] 宗良纲，李义纯，张丽娜. 土壤重金属污染的植物修复中转基因技术的应用[J]. 生态环境学报，2005，14（6）：976-980.

[351] 王建旭，冯新斌，商立海，等. 添加硫代硫酸铵对植物修复汞污染土壤的影响[J]. 生态学杂志，2010，29（10）：1998-2002.

[352] 赵丽红，杨宝玉，吴礼树，等. 重金属污染的转基因植物修复——原理与应用[J]. 中国生物工程杂志，2004，24（6）：68-73.

[353] NAGATA T，MORITA H，AKIZAWA T，et al. Development of a transgenic tobacco plant for phytoremediation of methylmercury pollution[J]. Applied Microbiology & Biotechnology，2010，87（2）：781.

[354] 刘钊钊，黄沈发，唐浩. 蚯蚓活动对汞污染土壤植物修复效果的影响[J]. 环境污染与防治，2018，40，309（8）：21-24.

[355] 茹铁军，王家盛. 腐植酸与腐植酸肥料的发展[J]. 磷肥与复肥，2007，22（4）：51-53.

[356] WALLSCHLÄGER D，DESAI M V M，SPENGLER M，et al. Mercury speciation in floodplain soils and sediments along a contaminated river transect[J]. Journal of Environmental Quality，1998，27（5）：1034-1044.

[357] 姚爱军，青长乐. 腐植酸对矿物结合汞植物活性的影响[J]. 土壤学报，1999，36（4）：477-483.

[358] 李家家. 超声波活化风化煤对土壤中汞形态及土壤酶活性的影响研究[D]. 济南：山东农业大学，2014.

[359] HONG C，GUTIERREZ J S，LEE Y，et al. Heavy metal contamination of arable soil and corn plant in the vicinity of a zinc smelting factory and stabilization by liming[J]. Archives of Environmental Contamination & Toxicology，2009，56（2）：190-200.

[360] 陈宏，陈玉成，杨学春. 石灰对土壤中Hg、Cd、Pb的植物可利用性的调控研究[J]. 农业环境科学学报，2003，22（5）：549-552.

[361] KOSTIC L，NIKOLIC N，SAMARDZIC J，et al. Liming of anthropogenically acidified soil promotes phosphorus acquisition in the rhizosphere of wheat[J]. Biology & Fertility of Soils，2015，51（3）：289-298.

[362] 王娅. 硒对水稻甲基汞吸收和迁移转化的影响[D]. 贵阳：贵州大学，2015.

[363] 依艳丽，李迎，张大庚，等. 不同水分条件下汞在土壤中形态转化的研究[J]. 沈阳农业大学学报，

2010，41（1）：42-45.

[364] 陈瑞，陈华，王定勇，等. 三峡库区消落带土壤中SRB对汞甲基化作用的影响[J]. 环境科学，2016，37（10）：3774-3780.

[365] 郑顺安，周玮，尹建锋，等. 水分条件对稻田土壤汞甲基化影响的模拟研究[J]. 环境科学学报，2017，37（12）：4765-4771.

[366] ZHU H，ZHONG H，EVANS D，et al. Effects of rice residue incorporation on the speciation，potential bioavailability and risk of mercury in a contaminated paddy soil[J]. Journal of Hazardous Materials，2015，293：64.

[367] SHU R，FEI D，ZHONG H. Effects of incorporating differently-treated rice straw on phytoavailability of methylmercury in soil[J]. Chemosphere，2016，145：457-463.

[368] LIU Y R，DONG J X，HAN L L，et al. Influence of rice straw amendment on mercury methylation and nitrification in paddy soils[J]. Environmental Pollution，2016，209：53-59.